Python 钢筋混凝土结构计算

马瑞强　胡田亚
郭　猛　李传涛　著

中国建筑工业出版社

图书在版编目（CIP）数据

Python钢筋混凝土结构计算 / 马瑞强等著. —北京：
中国建筑工业出版社，2022.10
ISBN 978-7-112-27975-3

Ⅰ.①P… Ⅱ.①马… Ⅲ.①软件工具–程序设计–
应用–钢筋混凝土结构–结构计算 Ⅳ.①TU375.01–39

中国版本图书馆CIP数据核字（2022）第176684号

本书介绍如何用 Python 开发钢筋混凝土结构的应用程序，解决钢筋混凝土结构各种需迭代计算、不适合手算或重复计算的内容，将 Python 钢筋混凝土结构计算的理论知识与工程实际结合起来，通过大量的典型工程实例引导读者快速入门。

本书的主要内容包括：钢筋混凝土受弯构件；钢筋混凝土轴心受压构件；钢筋混凝土偏心受压构件；钢筋混凝土受拉构件；钢筋混凝土受扭构件；混凝土受冲切、牛腿、预埋件及疲劳计算；钢筋混凝土叠合梁；钢筋混凝土剪力墙；钢筋混凝土楼盖设计；预应力混凝土结构；混凝土基础设计。

本书内容丰富、通俗易懂，可作为利用 Python 从事钢筋混凝土结构的工程技术人员的参考书，也可供大学本科、研究生等各层次院校师生参考。并可供自学使用。

配套资源下载方法：中国建筑工业出版社官网 www.cabp.com.cn →输入书名或征订号查询→点选图书→点击增值资源即可下载。（重要提示：下载配套资源需注册网站用户并登录）

责任编辑： 郭　栋
责任校对： 赵　菲

Python钢筋混凝土结构计算

马瑞强　胡田亚　郭　猛　李传涛　著

*

中国建筑工业出版社出版、发行（北京海淀三里河路9号）

各地新华书店、建筑书店经销

北京科地亚盟排版公司制版

北京建筑工业印刷厂印刷

*

开本：787毫米×1092毫米　1/16　印张：18　字数：446千字

2023年2月第一版　　2023年2月第一次印刷

定价：**68.00**元

ISBN 978-7-112-27975-3

（39941）

前　言

土木工程结构设计，存在大量的试算问题，比如确定钢筋混凝土梁横截面的合理尺寸、根据指定的经济配筋率来拟定构件横截面尺寸、确定独立基础底面的尺寸等。试算问题的初始数据取值是否得当，会影响试算结果是否合理、有效，这就与工程师的个人实践经验密切相关。

土木工程结构设计，存在另外一个实际问题是设计内容的重复性，常规结构构件的设计过程，本质是按照土木工程设计标准、规范与规程等验算各个构件的各个要素是否满足相关要求。比如，构件最小截面、最小配筋率、最低混凝土强度等级、最少螺栓数量等构造要求，是土木工程结构需满足的基本要求。这些工作均会耗费工程师大量的工作时间，减少创造性的工作时间。是否能用计算机编程来改变重复劳动的窘境，将对工程师的工作效率有重大影响。

鉴于此，作者编写了 Python 与土木工程的系列图书。本书是系列图书中的一本，主要介绍如何用 Python 开发钢筋混凝土结构的应用程序，将 Python 钢筋混凝土结构计算的理论知识与工程实际结合起来，通过大量的典型工程实例引导读者快速入门。

本书的每个项目均采用三段式结构：项目描述、项目代码和输出结果。项目描述简略给出本项目所涉及的基本公式和规范要求的内容；项目代码为解决本项目问题的完整代码；输出结果为运行项目代码后得到的结果（数据或图示）。

本书的程序代码，为简明计，未给出异常处理的代码，读者可以根据情况自行添加。程序代码的输入参数，也是在程序提示栏提供或直接在程序本身中给出，读者可以根据情况写出读取文件的模式，代入程序所需参数。

本书内容丰富，通俗易懂，可作为利用 Python 从事钢筋混凝土结构的工程技术人员的参考书，也适合高等院校相关专业的本科生和研究生阅读，作为高等院校相关专业的参考书。

本系列图书给出的完整计算机代码均属原创代码，这些代码可用于学术研究工作，不得用于商业用途。本系列图书的代码受知识产权保护，并已经或正在申请计算机软件著作权。

本书主要编写人员：马瑞强、胡田亚、郭猛、李传涛；参编人员：巩艳国、赵东黎、毛展飞、岳永兵。本图书的计算机代码著作权归瑞远联建工程顾问（上海）有限公司所有。

图 书 体 例

　　下面代码段是书中程序中多次出现的内容，在此做统一说明。❶为能正确显示中文设定的编码方式；❷为导入库及其简称；❸为导入库的部分函数，且在代码中采用的函数名称为 tan，而不是 math.tan，已达到精简代码的目的；❹为主函数，此处一般会输入本代码中出现的各个参数的赋值，赋值一般采用❺处的多重赋值方式，减少代码行数；❻为引入本程序运行所生成的计算书时间；❼为本程序运行所生成 docx 格式计算书的文件名，本 docx 文件的所在位置在程序的同一文件夹下；❽为采用上下文管理器来管理 docx 文件的创建与写入；❾为判断是否执行正确。

```python
# -*- coding: utf-8 -*-                                     ❶
import sympy as sp                                          ❷
import numpy as np
from datetime import datetime                               ❸
from math import tan, radians

def main():                                                 ❹
    "                b, l,   Mk,  number "
    b,l,Mk,number = 2, 2,   866, 0.1                        ❺

    dt = datetime.now()                                     ❻
    localtime = dt.strftime('%Y-%m-%d  %H:%M:%S')
    print('-'*many)
    print(" 本计算书生成时间 :", localtime)

    filename = ' 确定梁横截面的合理尺寸 .docx'                  ❼
    with open(filename,'w',encoding = 'utf-8') as f:        ❽

if __name__ == "__main__":                                 ❾
    many = 66
    print('='*many)
    main()
    print('='*many)
```

　　本书采用 Python 3.8.10 编写，书中代码所需安装的库见下表。

库名	版本号
matplotlib	3.5.0
numpy	1.21.2
scipy	1.7.1
sympy	1.1.1

目　录

1　钢筋混凝土受弯构件

1.1　混凝土强度设计值

1.1.1　项目描述

$$f_{ck} = 0.88\alpha_{c1}\alpha_{c2}f_{cu,k} \tag{1-1}$$

$$f_c = f_{ck}/1.4 \tag{1-2}$$

$$f_{tk} = 0.88 \times 0.395 f_{cu,k}^{0.55}(1-1.645\delta)^{0.45} \times \alpha_{c2} \tag{1-3}$$

$$f_t = f_{tk}/1.4 \tag{1-4}$$

式中　α_{c1}——棱柱强度与立方体强度之比，对 C50 及以下，取 α_{c1}=0.76；对 C80，取 α_{c1}=0.82；中间按线性规律变化；

　　　　α_{c2}——脆性折减系数，对 C40 及以下，取 α_{c2}=1.0；对 C80，取 α_{c2}=0.87；中间按线性规律变化；

　　　　δ——混凝土立方体强度变异系数。

1.1.2　项目代码

本计算程序可以计算混凝土强度设计值，代码清单 1-1 的❶为定义混凝土抗压强度设计值的函数，❷为定义混凝土抗拉强度设计值的函数，❸为定义混凝土抗压强度曲线的函数，❹为定义混凝土抗拉强度曲线的函数，❺为混凝土抗压、抗拉强度设计值的函数赋值。具体见代码清单 1-1。

代 码 清 单　　　　　　　　　　　　1-1

```
# -*- coding: utf-8 -*-
from decimal import Decimal
from datetime import datetime

def fc1(fcuk):                                                   ❶
    α_c1 = max((0.76+(0.82-0.76)*(fcuk-50)/(80-50)),0.76)
    α_c2 = min((1-(1-0.87)*(fcuk-40)/(80-40)),1.0)
    fck = 0.88*α_c1*α_c2*fcuk
    fc = fck/1.4
    fc = Decimal(fc).quantize(Decimal('0.1'))
    return fc
```

```
def ft1(fcuk):                                                    ❷
    δ = [0.21, 0.18, 0.16, 0.14, 0.13, 0.12, 0.12,
            0.11, 0.11, 0.1, 0.1, 0.1, 0.1, 0.1]
    i = int((fcuk-15)/5)
    α_c2 = min((1-(1-0.87)*(fcuk-40)/(80-40)),1.0)
    ftk = 0.88*0.395*fcuk**0.55*(1-1.645*δ[i])**0.45*α_c2
    ft = ftk/1.4
    ft = Decimal(ft).quantize(Decimal('0.2'))
return ft

def fc_curve(fcuk1):                                              ❸
    fig = plt.figure(figsize=(5.7,4.6), facecolor="#f1f1f1")
    left, bottom, width, height = 0.1, 0.1, 0.85, 0.8
    fig.add_axes((left, bottom, width, height), facecolor="#f1f1f1")
    plt.rcParams['font.sans-serif'] = ['SimHei']

    plt.title('混凝土抗压强度设计值曲线')
    fc = [fc1(fcuk) for fcuk in fcuk1]
    plt.plot(fcuk1, fc, color='b', linewidth=2, linestyle='-')
    plt.xticks(np.arange(20,85,5))
    plt.yticks(np.arange(0,45,5))

    plt.grid()
    plt.xlabel('混凝土强度等级 ($N/mm^2$)')
    plt.ylabel('抗压强度设计值 ($N/mm^2$)')
    plt.show()
    graph = '混凝土抗压强度设计值曲线 '
    fig.savefig(graph, dpi=600, facecolor="#f1f1f1")
    return 0

def ft_curve(fcuk1):                                             ❹
    fig = plt.figure(figsize=(5.7,4.6), facecolor="#f1f1f1")
    left, bottom, width, height = 0.12, 0.1, 0.85, 0.8
    fig.add_axes((left, bottom, width, height), facecolor="#f1f1f1")
    plt.rcParams['font.sans-serif'] = ['SimHei']

    plt.title('混凝土抗拉强度设计值曲线')
    ft = [ft1(fcuk) for fcuk in fcuk1]
    plt.plot(fcuk1, ft, color='r', linewidth=2, linestyle='-')
    plt.xticks(np.arange(20,85,5))
    plt.yticks(np.arange(0,2.55,0.25))

    plt.grid()
    plt.xlabel('混凝土强度等级 ($N/mm^2$)')
    plt.ylabel('抗拉强度设计值 ($N/mm^2$)')
    plt.show()
    graph = '混凝土抗拉强度设计值曲线 '
    fig.savefig(graph, dpi=600, facecolor="#f1f1f1")
```

```
return 0

def main():
    fcuk = int(input("输入混凝土强度等级 C20 ～ C80 的数字即可: "))    ❺
    fc = fc1(fcuk)
    ft = ft1(fcuk)

    print('计算结果:')
    print(f'混凝土抗压强度设计值   fc = {fc:<3.1f} N/mm^2')
    print(f'混凝土抗拉强度设计值   ft = {ft:<3.2f} N/mm^2')

    fcuk1 = [20, 25, 30, 35, 40, 45, 50, 55, 60, 65, 70, 75, 80]
    fc_curve(fcuk1)
    ft_curve(fcuk1)

    dt = datetime.now()
    localtime = dt.strftime('%Y-%m-%d  %H:%M:%S ')
    print('-'*many)
    print(f'本计算书生成时间 : {localtime}')

    filename = '混凝土抗压强度设计值.docx'
    with open(filename,'w',encoding = 'utf-8') as f:
        f.write('\n'+ fc.__doc__+'\n')
        f.write('计算结果:\n')
        f.write(f'混凝土抗压强度设计值   fc = {fc:<3.1f} N/mm^2\n')
        f.write(f'混凝土抗拉强度设计值   ft = {ft:<3.2f} N/mm^2 \n')
        f.write(f'本计算书生成时间 : {localtime}')

if __name__ == "__main__":
    many = 50
    print('='*many)
    main()
    print('='*many)
```

1.1.3　输出结果

运行代码清单 1-1，可以得到输出结果 1-1。

输 出 结 果　　　　　　　　　　　1-1

```
输入混凝土强度等级 C20 ～ C80 的数字即可: 30
计算结果:
混凝土抗压强度设计值   fc = 14.3  N/mm^2
混凝土抗拉强度设计值   ft = 1.40  N/mm^2
```

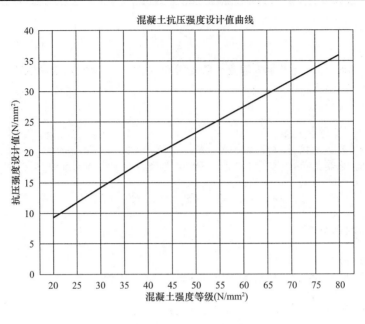

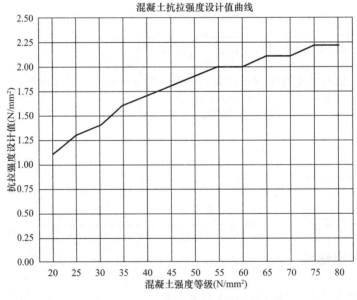

1.2 已知弯矩确定混凝土梁截面合理尺寸

1.2.1 项目描述

根据《混凝土结构设计规范》GB 50010—2010（2015 年版，以后有时简称《混规》）第 5.2.4 条、第 6.2.10 条、第 6.2.11 条、第 6.2.14 条，受弯构件正截面承载力计算如流程图 1-1 所示，流程图参数的含义如图 1-1～图 1-6 所示。

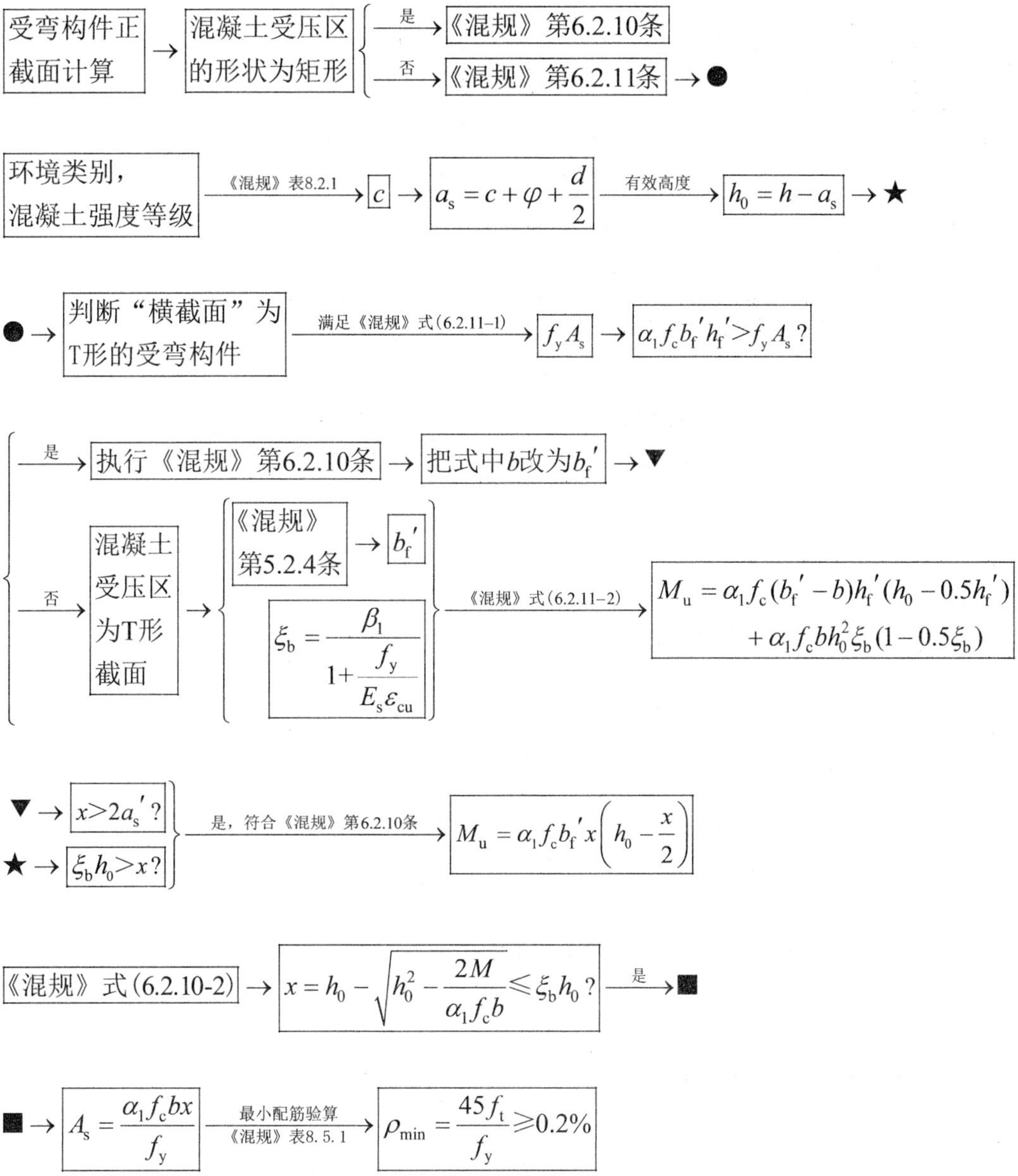

受弯构件正截面计算 → 混凝土受压区的形状为矩形 —是→《混规》第6.2.10条

—否→《混规》第6.2.11条 → ●

环境类别，混凝土强度等级 —《混规》表8.2.1→ c → $a_s = c + \varphi + \dfrac{d}{2}$ —有效高度→ $h_0 = h - a_s$ → ★

● → 判断"横截面"为T形的受弯构件 —满足《混规》式(6.2.11-1)→ $f_y A_s$ → $\alpha_1 f_c b_f' h_f' > f_y A_s$?

—是→ 执行《混规》第6.2.10条 → 把式中 b 改为 b_f' → ▼

—否→ 混凝土受压区为T形截面 → 《混规》第5.2.4条 → b_f'

$\xi_b = \dfrac{\beta_1}{1 + \dfrac{f_y}{E_s \varepsilon_{cu}}}$

—《混规》式(6.2.11-2)→ $M_u = \alpha_1 f_c (b_f' - b) h_f' (h_0 - 0.5 h_f') + \alpha_1 f_c b h_0^2 \xi (1 - 0.5 \xi_b)$

▼ → $x > 2 a_s'$?

★ → $\xi_b h_0 > x$?

—是，符合《混规》第6.2.10条→ $M_u = \alpha_1 f_c b_f' x \left(h_0 - \dfrac{x}{2} \right)$

《混规》式(6.2.10-2) → $x = h_0 - \sqrt{h_0^2 - \dfrac{2M}{\alpha_1 f_c b}} \leqslant \xi_b h_0$? —是→ ■

■ → $A_s = \dfrac{\alpha_1 f_c b x}{f_y}$ —最小配筋验算《混规》表8.5.1→ $\rho_{min} = \dfrac{45 f_t}{f_y} \geqslant 0.2\%$

流程图 1-1　受弯构件正截面计算

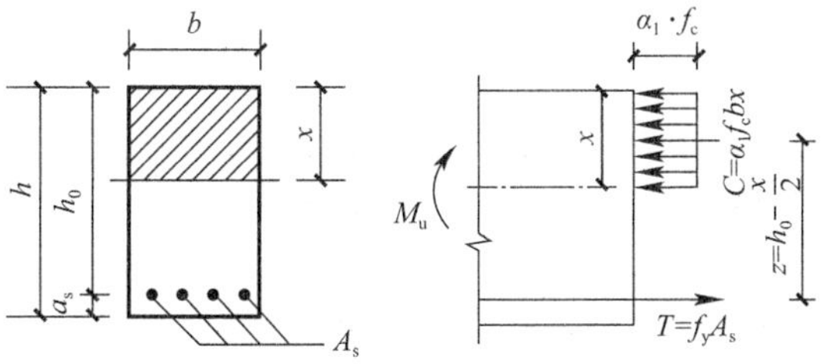

图 1-1　单筋矩形截面受弯构件正截面受弯承载力计算简图

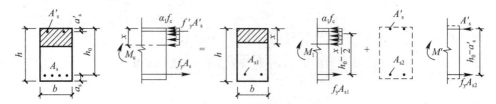

图 1-2　双筋矩形截面梁计算简图

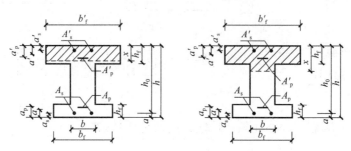

图 1-3　I 形截面受弯构件受压区高度示意图

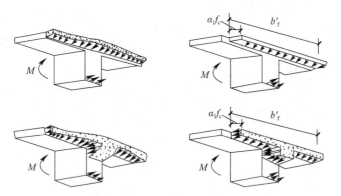

图 1-4　T 形截面受压区实际受力图和等效矩形应力图

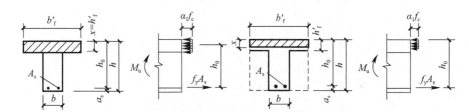

图 1-5　第 1 类 T 形截面梁计算简图

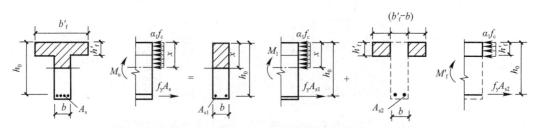

图 1-6　第 2 类 T 形截面梁计算简图

单筋矩形截面梁（图 1-1）是双筋矩形截面梁（图 1-2）和 T 形截面梁的计算基础，后两者的计算公式均建立在单筋矩形截面梁的基础上。

I 形（图 1-3）和 T 形（图 1-4）截面受弯构件的承载力计算与矩形截面基本相同，但应考虑由于翼板、腹板截面宽度不同，对受压区高度及承载力的影响。

第 1 类 T 形截面梁计算简图如图 1-5 所示，第 2 类 T 形截面梁计算简图如图 1-6 所示。

1.2.2 项目代码

本计算程序为已知弯矩确定混凝土梁截面合理尺寸，代码清单 1-2 的 ❶ 为定义混凝土抗压强度设计值的函数，❷ 为定义非均匀受压时的混凝土极限压应变的函数，❸ 为定义混凝土的调整系数的函数，❹ 为定义混凝土受压区高度的调整系数的函数，❺ 为定义混凝土受压区相对高度的函数，❻ 为定义最大配筋率的函数，❼ 为定义确定钢筋混凝土梁合理截面尺寸的函数，❽ 为定义弯矩与梁截面高度关系曲线的函数，❾ 为以上定义函数的参数赋值，❿ 为确定梁横截面的尺寸及配筋。具体见代码清单 1-2。number—构件取整用，取 25mm 或其倍数。

代 码 清 单   1-2

```
# -*- coding: utf-8 -*-
import sympy as sp
from datetime import datetime
import numpy as np
import matplotlib.pyplot as plt

def fc1(fcuk):                                                    ❶
    α_c1 = max((0.76 + (0.82-0.76)*(fcuk-50)/(80-50)), 0.76)
    α_c2 = min((1 - (1-0.87)*(fcuk-40)/(80-40)), 1.0)
    fck = 0.88*α_c1*α_c2*fcuk
    fc = fck/1.4
    return fc

def ε_cu(fcuk):                                                   ❷
    ε_cu = min((0.0033-(fcuk-50)*10**-5),0.0033)
    return ε_cu

def α11(fcuk):                                                    ❸
    α1 = min(1.0-0.06*(fcuk-50)/3, 1.0)
    return α1

def β1(fcuk):                                                     ❹
    β1 = min(0.8-0.06*(fcuk-50)/30, 0.8)
    return β1

def ξb1(fcuk,fy,Es):                                              ❺
```

```python
    ε_cu1 = ε_cu(fcuk)
    β11 = β1(fcuk)
    ξb = β11/(1+fy/(Es*ε_cu1))
    return ξb

def ρ_max(fy,fcuk,Es,ε_cu):
    fc = fc1(fcuk)
    ρmax = ξb1(fcuk,fy,Es)*fc/fy
    return ρmax

def determine_section_size_of_rect_beam(γ,M,n,k,fcuk,fy):
    '''--- 本程序为确定钢筋混凝土梁合理截面尺寸的计算程序 ---
    需要输入以下参数:
    γ----结构重要性系数或承载力抗震调整系数;
    M----弯矩设计值(kN·m);
    n----矩形截面的高宽比,合理数值在1.5~3之间;
    k----最大配筋率的比值,合理数值在0.5~0.75之间;
    fcuk-混凝土的强度等级, 直接输入数值, 比如35;
    fy---纵向受拉钢筋强度设计值(N/mm^2)。 '''

    b = sp.symbols('b', real=True)
    M = M*10**6
    ε_cu1 = ε_cu(fcuk)
    ρmax = ρ_max(fy,fcuk,Es,ε_cu1)
    ρ = k*ρmax

    α1 = α11(fcuk)
    fc = fc1(fcuk)
    R = ρ*fy*(1-ρ*fy/(α1*fc))
    h0 = n*b

    Eq = M-R*b*h0**2
    b = min(sp.solve(Eq,b))
    as1 = 65 if ρ > 0.01 else 40
    h = n*b+as1
    return b, h, ρ

def M_h(γ,M1,n,k,fcuk,fy):
    fig = plt.figure(figsize=(5.7,4.6), facecolor="#f1f1f1")
    left, bottom, width, height = 0.12, 0.1, 0.85, 0.8
    fig.add_axes((left, bottom, width, height), facecolor="#f1f1f1")
    plt.rcParams['font.sans-serif'] = ['SimHei']

    plt.title('弯矩与梁截面高度关系曲线')
    h = [determine_section_size_of_rect_beam(γ,M,n,k,fcuk,fy)[1] for M in M1]
    plt.plot(M1, h, color='r', linewidth=2, linestyle='-')
    plt.xticks(np.arange(100,1005,100))
    plt.yticks(np.arange(350,850,50))
```

❻

❼

❽

```
        plt.grid()
        plt.xlabel('弯矩设计值 ($kN·m$)')
        plt.ylabel('梁截面宽度 ($mm$)')
        plt.show()
        graph = '弯矩与梁截面高度关系曲线'
        fig.savefig(graph, dpi=600, facecolor="#f1f1f1")
        return 0

def main():
        print('\n', determine_section_size_of_rect_beam.__doc__,'\n')
        para = 1.0, 1000, 1.5, 0.45, 435, 40, 25
        γ, M, n, k, fy, fcuk, number = para                                         ❾
        b, h, ρ = determine_section_size_of_rect_beam (γ,M,n,k,fcuk,fy)             ❿
        b = int(number*((b//number)+1))
        h = int(number*((h//number)+1))

        M1 = [M for M in range(100, 1001, 100)]
        M_h(γ,M1,n,k,fcuk,fy)

        print('计算结果：')
        print(f'矩形截面的高宽比      n = {n:<1.0f} ')
        print(f'混凝土梁的配筋率      ρ = {ρ*100:<3.2f} %')
        print(f'混凝土梁的截面宽度   b = {b:<3.0f}','mm')
        print(f'混凝土梁的截面高度   h = {h:<3.0f}','mm')

        dt = datetime.now()
        localtime = dt.strftime('%Y-%m-%d   %H:%M:%S ')
        print('-'*many)
        print("本计算书生成时间 :", localtime)

        filename = '矩形截面钢筋混凝土梁截面合理尺寸计算程序.docx'
        with open(filename,'w',encoding = 'utf-8') as f:
            f.write('\n'+ determine_section_size_of_rect_beam.__doc__+'\n')
            f.write('计算结果：\n')
            f.write(f'矩形截面的高宽比      n = {n:<1.0f} \n')
            f.write(f'混凝土梁的配筋率      ρ = {ρ*100:<3.2f} % \n')
            f.write(f'混凝土梁的截面宽度   b = {b:<3.0f}   mm \n')
            f.write(f'混凝土梁的截面高度   h = {h:<3.0f} mm \n')
            f.write(f'本计算书生成时间 : {localtime}')

if __name__ == "__main__":
    Es = 2.0*10**5
    many = 60
    print('='*many)
    main()
    print('='*many)
```

1.2.3 输出结果

运行代码清单 1-2，可以得到输出结果 1-2。

	输　出　结　果	1-2

--- 本程序为确定钢筋混凝土梁合理截面尺寸的计算程序 ---
　　需要输入以下参数：
　　γ----结构重要性系数或承载力抗震调整系数；
　　M----弯矩设计值(kN·m)；
　　n----矩形截面的高宽比，合理数值在1.5～3之间；
　　k----最大配筋率的比值，合理数值在0.5～0.75之间；
　　fcuk-混凝土的强度等级，直接输入数值，比如35；
　　fy---纵向受拉钢筋强度设计值(N/mm^2)。

计算结果：
矩形截面的高宽比　　n ＝ 2
混凝土梁的配筋率　　ρ ＝ 0.95 ％
混凝土梁的截面宽度　b ＝ 525 mm
混凝土梁的截面高度　h ＝ 825 mm

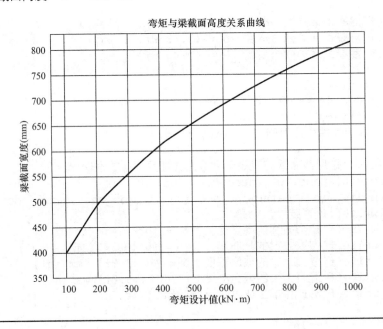

弯矩与梁截面高度关系曲线

1.3　确定钢筋混凝土梁截面尺寸

1.3.1　项目描述

项目描述与 1.2.1 节相同，不再赘述。

1.3.2　项目代码

本计算程序可以根据给定弯距设计值确定钢筋混凝土梁的纵向受拉钢筋面积，代码清单 1-3 的❶为定义混凝土的调整系数的函数，❷为定义混凝土和钢筋的材料设计值计算函数，❸为定义确定钢筋混凝土梁截面尺寸的函数，❹定义弯矩与受拉钢筋面积关系曲线的函数，❺到❻之间的代码为以上定义的函数由用户输入参数值，❼为计算混凝土梁有效高度、混凝土梁受压区高度和受拉钢筋横截面面积的函数，❽为弯矩与受拉钢筋面积关系曲线。具体见代码清单 1-3。

代 码 清 单　　　　　　　　　1-3

```python
# -*- coding: utf-8 -*-
from datetime import datetime
import sympy as sp
import numpy as np
import matplotlib.pyplot as plt

def α11(fcuk):                                                        ❶
    α1 = min(1.0-0.06*(fcuk-50)/3, 1.0)
    return α1

def material_strength(Concret,reinfbar):                             ❷
    con = {'C20':9.6,'C25':11.9,'C30':14.3,'C35':16.7,'C40':19.1,
           'C45':21.1,'C50':23.1,'C55':25.3,'C60':27.5,'C65':29.7,
           'C70':31.8,'C75':33.8,'C80':35.9}
    fc = con.get(Concret)

    reinf = {'HPB300':235,'HRB400':360,'HRB500':435}
    fy = reinf.get(reinfbar)
    return fc, fy

def beam(γ,h,b,as1,α1,fc,fy,M):                                      ❸
    '''--- 本程序为确定钢筋混凝土梁截面尺寸的计算程序 ---
    需要输入以下参数:
    γ----结构重要性系数或承载力抗震调整系数;
    M------弯矩设计值(kN·m);
    h------输入梁的高度(mm);
    b------输入梁的宽度(mm);
    as1----钢筋受拉区合力点到混凝土面的距离(mm);
    con----输入混凝土强度等级(C20~C80);
    reinf--输入纵向钢筋级别(HPB300,HRB400,HRB500)。'''
    M = M*10**6
    h0 = h-as1
    x = sp.symbols('x', real=True)
    Eq = γ*M-α1*fc*b*x*(h0-x/2)
    x = min(sp.solve(Eq, x))
    As = α1*fc*b*x/fy
```

```
        return h0, x, As

def M_As(γ,h,b,as1,α1,fc,fy,M1):                                              ❹
    fig = plt.figure(figsize=(5.7,4.6), facecolor="#f1f1f1")
    left, bottom, width, height = 0.12, 0.1, 0.85, 0.8
    fig.add_axes((left, bottom, width, height), facecolor="#f1f1f1")
    plt.rcParams['font.sans-serif'] = ['SimHei']

    plt.title('弯矩与受拉钢筋面积关系曲线')
    As = [beam(γ,h,b,as1,α1,fc,fy,M)[2] for M in M1]
    plt.plot(M1, As, color='r', linewidth=2, linestyle='-')
    plt.xticks(np.arange(0,1005,100))
    plt.yticks(np.arange(0,5500,500))

    plt.grid()
    plt.xlabel('弯矩设计值 ($kN·m$)')
    plt.ylabel('受拉钢筋面积 ($mm^2$)')
    plt.show()
    graph = '弯矩与受拉钢筋面积关系曲线'
    fig.savefig(graph, dpi=600, facecolor="#f1f1f1")
    return 0

def main():
    print('\n',beam.__doc__,'\n')
    h = float(input("输入梁的高度(mm) h = "))                                    ❺
    b = float(input("输入梁的宽度(mm) b = "))
    as1 = float(input("输入参数(mm) as1 = "))
    Concret = input("输入混凝土强度等级( C20 ~ C80 ) ")
    reinfbar = input("输入纵向钢筋级别( HPB300,HRB400,HRB500 ) ")
    γ = float(input("结构重要性系数或承载力抗震调整系数 γ = "))
    M = float(input("输入梁的弯矩设计值(kN·m) M = "))                            ❻

    fcuk = int(Concret[1:])
    α1 = α11(fcuk)
    fc, fy = material_strength(Concret,reinfbar)
    h0, x, As = beam(γ,h,b,as1,α1,fc,fy,M)                                     ❼

    print('计算结果: ')
    print(f'混凝土抗压强度设计值        fc = {fc:<3.1f} N/mm^2')
    print(f'钢筋抗拉强度设计值          fy = {fy:<3.0f} N/mm^2')
    print(f'混凝土梁有效高度            h0 = {h0:<3.0f} mm')
    print(f'混凝土梁受压区高度          x = {x:<3.0f} mm')
    print(f'受拉钢筋截面积              As = {As:<3.0f} mm^2')

    M1 = [M for M in range(10, 1001, 100)]
    M_As (γ,h,b,as1,α1,fc,fy,M1)                                              ❽
```

```
print('-'*many)
dt = datetime.now()
localtime = dt.strftime('%Y-%m-%d  %H:%M:%S ')
print ("本计算书生成时间 :", localtime)

filename = '已知弯矩确定钢筋混凝土梁的纵向受拉钢筋面积.docx'
with open(filename,'w',encoding = 'utf-8') as f:
    f.write('计算结果: \n')
    f.write(f'混凝土抗压强度设计值      fc = {fc:<3.1f} N/mm^2\n')
    f.write(f'钢筋抗拉强度设计值        fy = {fy:<3.0f} N/mm^2\n')
    f.write(f'混凝土梁有效高度           h0 = {h0:<3.0f} mm\n')
    f.write(f'混凝土梁受压区高度         x = {x:<3.0f} mm\n')
    f.write(f'受拉钢筋截面积             As = {As:<3.0f} mm^2\n')
    f.write(f'本计算书生成时间 : {localtime}')

if __name__ == "__main__":
  many = 50
  print('='*many)
  main()
  print('='*many)
```

1.3.3 输出结果

运行代码清单 1-3，可以得到输出结果 1-3。

输 出 结 果   1-3

```
---  本程序为确定钢筋混凝土梁截面尺寸的计算程序  ---
    需要输入以下参数:
    γ----结构重要性系数或承载力抗震调整系数;
    M------弯矩设计值(kN·m);
    h------输入梁的高度(mm);
    b------输入梁的宽度(mm);
    as1----钢筋受拉区合力点到混凝土面的距离(mm);
    con----输入混凝土强度等级(C20～C80);
    reinf--输入纵向钢筋级别(HPB300,HRB400,HRB500)。

    输入梁的高度(mm) h = 600
    输入梁的宽度(mm) b = 300
    输入参数(mm) as1 = 30
    输入混凝土强度等级(C20～C80)C30
    输入纵向钢筋级别(HPB300,HRB400,HRB500)HRB400
    结构重要性系数或承载力抗震调整系数 γ = 1.0
    输入梁的弯矩设计值(kN·m) M = 160
    计算结果:
    混凝土抗压强度设计值          fc = 14.3 N/mm^2
```

钢筋抗拉强度设计值　　　　　fy = 360 N/mm^2
混凝土梁有效高度　　　　　　h0 = 570 mm
混凝土梁受压区高度　　　　　x = 70　mm
受拉钢筋截面积　　　　　　　As = 830　mm^2

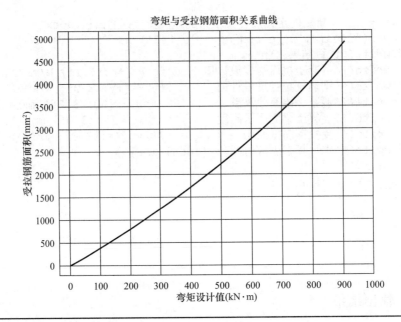

弯矩与受拉钢筋面积关系曲线

1.4 已知弯矩确定钢筋混凝土梁的纵向受拉钢筋面积

1.4.1 项目描述

项目描述与 1.2.1 节相同，不再赘述。

1.4.2 项目代码

本计算程序可以已知弯矩确定钢筋混凝土梁的纵向受拉钢筋面积，代码清单 1-4 的❶为定义混凝土抗压强度设计值的函数，❷为定义混凝土抗拉强度设计值的函数，❸为定义非均匀受压时的混凝土极限压应变的函数，❹为定义混凝土的调整系数的函数，❺为定义混凝土受压区高度的调整系数的函数，❻为定义混凝土受压区相对高度的函数，❼为定义已知弯矩确定钢筋混凝土梁的纵向受拉钢筋面积的函数，❽为以上定义函数的参数赋值，❾为计算混凝土受压区高度、受拉钢筋面积、受压钢筋面积和配筋率函数。具体见代码清单 1-4。

代 码 清 单　　　　　　　　　　　　　　　1-4

```
# -*- coding: utf-8 -*-
import sympy as sp
```

```python
from math import pi
from datetime import datetime

def fc1(fcuk):                                                          ❶
    α_c1 = max((0.76 + (0.82-0.76)*(fcuk-50)/(80-50)),0.76)
    α_c2 = min((1 - (1-0.87)*(fcuk-40)/(80-40)),1.0)
    fck = 0.88*α_c1*α_c2*fcuk
    fc = fck/1.4
    return fc

def ft1(fcuk):                                                         ❷
    δ = [0.21, 0.18, 0.16, 0.14, 0.13, 0.12, 0.12,
            0.11, 0.11, 0.1, 0.1, 0.1, 0.1, 0.1]
    i = int((fcuk-15)/5)
    α_c2 = min((1-(1-0.87)*(fcuk-40)/(80-40)),1.0)
    ftk = 0.88*0.395*fcuk**0.55*(1-1.645*δ[i])**0.45*α_c2
    ft = ftk/1.4
    return ft

def ε_cu(fcuk):                                                        ❸
    ε_cu = min((0.0033-(fcuk-50)*10**-5),0.0033)
    return ε_cu

def α11(fcuk):                                                         ❹
    α1 = min(1.0-0.06*(fcuk-50)/3, 1.0)
    return α1

def β1(fcuk):                                                          ❺
    β1 = min(0.8-0.06*(fcuk-50)/30, 0.8)
    return β1

def ξ_b1(fcuk,fy,Es):                                                  ❻
    ε_cu1 = ε_cu(fcuk)
    β11 = β1(fcuk)
    ξb = β11/(1+fy/(Es*ε_cu1))
    return ξb

def beam(γ,M,b,h,as1,as2,fcuk,fc,fy,Es,α1,ξb):                        ❼
    '''--- 本程序为已知弯矩确定钢筋混凝土梁的纵向受拉钢筋面积的程序 ---
    需要输入以下参数:
    γ----结构重要性系数或承载力抗震调整系数;
    M----弯矩设计值(kN·m);
    b----矩形截面梁宽(mm);
    h----矩形截面梁高(mm);
    as1--钢筋受拉区合力点到混凝土面的距离(mm);
    as2--钢筋受压区合力点到混凝土面的距离(mm);
    fcuk-混凝土的强度等级,直接输入数值,比如35;
```

```
    fy---纵向受拉钢筋强度设计值(N/mm^2)。'''

    M = M*10**6
    h0 = h-as1
    x = sp.symbols('x', real=True)
    Eq = γ*M-α1*fc*b*x*(h0-x/2)
    x = min(sp.solve(Eq,x))

    As1 = 0
    ρ_min = max(0.002,0.45*ft1(fcuk)/fy)

    if x <= ξb*h0:
        As = fc*b*x/fy
        As = max(As, ρ_min*b*h)
        ρ = As/(b*h0)
    else:
        x = ξb*h0
        As = fc*b*x/fy
        ρ = As/(b*h0)
        h0 = h-65 if  ρ > 0.01 else h-40
        x = ξb*h0
        As = fc1*b*x/fy
        M1 = fc*b*x*(h0-x/2)
        As1 = (γ*M-M1) / (fy*(h0-as2))
        As = As+As1
        ρ = As/(b*h0)
    return x, As, As1, ρ

def main():
    print('\n',beam.__doc__,'\n')
    '''    γ,   M,   b,    h,   as1, as2, fcuk, fy,  d,  d1  '''
    para = 1.0, 330, 300, 500, 35,  35,  30,   360, 22, 16
    γ, M, b, h, as1, as2, fcuk, fy, d, d1 = para                    ❽
    fc = fc1(fcuk)
    α1 = α11(fcuk)
    ξb = ξ_b1(fcuk,fy,Es)
    h0 = h-as1

    x, As, As1, ρ = beam(γ,M,b,h,as1,as2,fcuk,fc,fy,Es,α1,ξb)        ❾
    print('计算结果: ')
    print(f'混凝土受压区高度最大值比值     ξb = {ξb:<3.2f}')
    print(f'混凝土受压区高度最大值      ξb*h0 = {ξb*h0:<3.1f} mm')

    if x <= ξb*h0:
        print(f'混凝土受压区高度                 x = {x:<3.1f} mm')
        print('---无需配置受压钢筋，采用单筋梁即可---')
    else:
        print(f'混凝土受压区高度                 x = {x:<3.1f} mm')
```

```
            print('---需配置受压钢筋，采用双筋梁---')

        n0 = 4*As/(pi*d**2)
        n1 = 4*As1/(pi*d1**2)
        ρ_min = max(0.002, 0.45*ft1(fcuk)/fy)
        As_min = ρ_min*b*h
        if As_min >= As:
            print('---受拉钢筋面积由最小配筋率控制--- ')

    print(f'受拉钢筋配筋率(%)              ρ = {ρ *100 :<3.3f}')
    print(f'最小受拉钢筋截面积            As_min = {As_min:<3.0f} mm^2')
    print(f'受拉钢筋截面积                As = {As:<3.0f} mm^2')
    print(f'直径{d}mm的受拉钢筋根数        n = {n0:<2.0f} 根')
    print(f'受压钢筋截面积                As1 = {As1:<3.0f} mm^2')
    print(f'直径{d1}mm的受压钢筋根数       n = {n1:<2.0f} 根')

    dt = datetime.now()
    localtime = dt.strftime('%Y-%m-%d  %H:%M:%S ')
    print('-'*many)
    print("本计算书生成时间 :", localtime)

    filename = '已知弯矩确定钢筋混凝土梁的纵向受拉钢筋面积.docx'
    with open(filename,'w',encoding = 'utf-8') as f:
        f.write('\n'+ beam.__doc__ +'\n')
        f.write('计算结果: \n')
        if As_min >= As:
            f.write('---受拉钢筋面积由最小配筋率控制---\n')
        f.write(f'受拉钢筋配筋率              ρ  = {ρ*100 :<3.3f} %  \n')
        f.write(f'最小受拉钢筋截面积 As_min = {As_min:<3.0f} mm^2 \n')
        f.write(f'受拉钢筋截面积              As = {As:<3.1f}  mm^2 \n')
        f.write(f'直径{d}mm的受拉钢筋根数 n = {n0:<2.0f} 根 \n')
        f.write(f'受压钢筋截面积              As1 = {As1:<3.1f}  mm^2 \n')
        f.write(f'直径{d1}mm的受压钢筋根数 n = {n1:<2.0f} 根 \n')
        f.write(f'本计算书生成时间 : {localtime}')

if __name__ == "__main__":
    many = 65
    Es = 2.0*10**5
    ρmin = 0.006
    ρmax = 0.05
    print('='*many)
    main()
    print('='*many)
```

1.4.3 输出结果

运行代码清单 1-4，可以得到输出结果 1-4。

--- 本程序为已知弯矩确定钢筋混凝土梁的纵向受拉钢筋面积的程序 ---
    需要输入以下参数：
    γ----结构重要性系数或承载力抗震调整系数；
    M----弯矩设计值(kN·m)；
    b----矩形截面梁宽(mm)；
    h----矩形截面梁高(mm)；
    as1--钢筋受拉区合力点到混凝土面的距离(mm)；
    as2--钢筋受压区合力点到混凝土面的距离(mm)；
    fcuk-混凝土的强度等级，直接输入数值，比如35；
    fy---纵向受拉钢筋强度设计值(N/mm^2)。

计算结果：
混凝土受压区高度最大值(mm)   ξ_b*h0 = 240.7
混凝土受压区高度最大值比值   ξ_b = 0.52

---无需配置受压钢筋，采用单筋梁即可---
混凝土受压区高度(mm)   x = 214.6
受拉钢筋配筋率(%)   ρ = 1.837
最小受拉钢筋截面积(mm^2)   As_min = 300
受拉钢筋截面积(mm^2)   As = 2563
直径22mm的受拉钢筋根数(根)   n = 7
受压钢筋截面积(mm^2)   As1 = 0
直径16mm的受压钢筋根数(根)   n = 0

1.5 已知纵向受拉钢筋面积确定弯矩

1.5.1 项目描述

项目描述同 1.2.1 节相同，不再赘述。

1.5.2 项目代码

本计算程序可以已知纵向受拉钢筋面积确定弯矩，代码清单 1-5 的❶为定义混凝土抗压强度设计值的函数，❷为定义混凝土抗压强度设计值的函数，❸为定义非均匀受压时的混凝土极限压应变的函数，❹为定义混凝土的调整系数的函数，❺为定义混凝土受压区高度的调整系数的函数，❻为定义混凝土受压区相对高度的函数，❼为定义已知弯矩确定钢筋混凝土梁的纵向受拉钢筋面积的函数，❽为以上定义函数的参数赋值，❾为用定义函数计算实际配筋率等内容。具体见代码清单 1-5。

```
# -*- coding: utf-8 -*-
```

```
from datetime import datetime

def fc1(fcuk):                                                        ❶
    α_c1 = max((0.76+(0.82-0.76)*(fcuk-50)/(80-50)), 0.76)
    α_c2 = min((1-(1-0.87)*(fcuk-40)/(80-40)), 1.0)
    fck = 0.88*α_c1*α_c2*fcuk
    fc = fck/1.4
    return fc

def ft1(fcuk):                                                       ❷
    δ = [0.21, 0.18, 0.16, 0.14, 0.13, 0.12, 0.12,
            0.11, 0.11, 0.1, 0.1, 0.1, 0.1, 0.1]
    i = int((fcuk-15)/5)
    α_c2 = min((1-(1-0.87)*(fcuk-40)/(80-40)), 1.0)
    ftk = 0.88*0.395*fcuk**0.55*(1-1.645*δ[i])**0.45*α_c2
    ft = ftk/1.4
    return ft

def ε_cu1(fcuk):                                                     ❸
    ε_cu = min((0.0033-(fcuk-50)*10**-5), 0.0033)
    return ε_cu

def α(fcuk):                                                         ❹
    α1 = min(1.0-0.06*(fcuk-50)/3, 1.0)
    return α1

def β(fcuk):                                                         ❺
    β1 = min(0.8-0.06*(fcuk-50)/30, 0.8)
    return β1

def ξ_b(fcuk,fy,Es):                                                 ❻
    ε_cu = ε_cu1(fcuk)
    β1 = β(fcuk)
    ξb = β1/(1+fy/(Es*ε_cu))
    return ξb

def beam(γ,b,h,As,a1,fcuk,reinf):                                    ❼
    '''--- 本程序为已知纵向受拉钢筋面积确定弯矩的程序 ---
    需要输入以下参数：
    γ----结构重要性系数或承载力抗震调整系数；
    M----弯矩设计值(kN·m)；
    b----矩形截面梁宽(mm)；
    h----矩形截面梁高(mm)；
    as1--钢筋受拉区合力点到混凝土面的距离(mm)；
    as2--钢筋受压区合力点到混凝土面的距离(mm)；
    fcuk-混凝土的强度等级，直接输入数值，比如35；
    fy---纵向受拉钢筋强度设计值(N/mm^2)。'''
    h0 = h-a1
    reinforcment = {'HPB300':235,'HRB400':360,'HRB500':435}
```

```python
    fy = reinforcment[reinf]
    fc, ft, α1 = fc1(fcuk), ft1(fcuk), α(fcuk)
    ξb = ξ_b(fcuk,fy,Es)
    ρ = As/(b*h0)
    ρmin = max(0.002,0.45*ft/fy)
    x = fy*As/(α1*fc*b)
    ρmin = max(0.002,0.45*ft1(fcuk)/fy)
    M = α1*fc*b*x*(h0-x/2)
    M = M/γ/10**6
    return γ, M, x, ξb, ρ, ρmin

def main():
    print('\n',beam.__doc__,'\n')
    '''      γ,     b,    h,    As,  a1, fcuk, reinf    '''
    para = 0.75, 300, 500, 800, 40, 30, 'HRB400'                    ❽
    γ, b, h, As, a1, fcuk, reinf = para
    h0 = h-a1
    γ, M, x, ξb, ρ, ρmin = beam(γ,b,h,As,a1,fcuk,reinf)            ❾

    print('计算结果:')
    print(f'结构重要性或承载力抗震调整系数    γ = {γ:<3.2f} ')
    print(f'弯矩设计值                     M = {M:<3.1f} kN·m ')
    print(f'混凝土受压区高度               x = {x:<3.2f} mm ')
    print(f'混凝土受压区高度最大值比值     ξb = {ξb:<3.3f} ')
    print(f'实际配筋率                     ρ = {ρ*100:<3.3f} %')
    print(f'最小配筋率                  ρmin = {ρmin*100:<3.3f} % ')
    if x >= ξb*h0 :
        print(f'混凝土受压区高度最大值(mm)   ξb*h0 = {ξb*h0:<3.1f}')
        print(f'混凝土受压区高度最大值比值      ξb = {ξb:<3.2f} ')
    if ρ<ρmin:
        print('配筋率太小!')

    dt = datetime.now()
    localtime = dt.strftime('%Y-%m-%d  %H:%M:%S ')
    print('-'*many)
    print("本计算书生成时间 :", localtime)

    filename = '已知梁的纵向受拉钢筋面积矩确定弯矩设计值.docx'
    with open(filename,'w',encoding = 'utf-8') as f:
        f.write('\n'+ beam.__doc__+'\n')
        f.write('计算结果:\n')
        f.write(f'结构重要性或承载力抗震调整系数    γ = {γ :<3.2f}\n')
        f.write(f'弯矩设计值                     M = {M:<3.1f} kN·m\n')
        f.write(f'混凝土受压区高度               x = {x:<3.2f} mm\n')
        f.write(f'混凝土受压区高度最大值比值     ξb = {ξb:<3.3f}\n')
        f.write(f'实际配筋率                     ρ = {ρ*100:<3.3f} %\n')
        f.write(f'最小配筋率                  ρmin = {ρmin*100:<3.3f} %\n')
        f.write(f'本计算书生成时间 : {localtime}')
```

```
if __name__ == "__main__":
    many = 60
    Es = 2.0*10**5
    ρmin = 0.006
    ρmax = 0.05
    print('='*many)
    main()
    print('='*many)
```

1.5.3　输出结果

运行代码清单 1-5，可以得到输出结果 1-5。

输　出　结　果　　　　　　　　　　　　1–5

```
--- 本程序为已知纵向受拉钢筋面积确定弯矩的程序 ---
    需要输入以下参数：
    γ----结构重要性系数或承载力抗震调整系数；
    M----弯矩设计值(kN·m)；
    b----矩形截面梁宽(mm)；
    h----矩形截面梁高(mm)；
    as1--钢筋受拉区合力点到混凝土面的距离(mm)；
    as2--钢筋受压区合力点到混凝土面的距离(mm)；
    fcuk-混凝土的强度等级，直接输入数值，比如35；
    fy---纵向受拉钢筋强度设计值(N/mm^2)。

计算结果：
结构重要性或承载力抗震调整系数    γ = 0.75
弯矩设计值                        M = 163.8 kN·m
混凝土受压区高度                  x = 66.99 mm
混凝土受压区高度最大值比值        ξb = 0.518
实际配筋率                        ρ = 0.580 %
最小配筋率                        ρmin = 0.200 %
```

1.6　钢筋混凝土梁斜截面设计

1.6.1　项目描述

根据《混凝土结构设计规范》GB 50010—2010（2015 年版）第 6.3.1 条、第 9.2.9 条，受弯构件配箍计算见流程图 1-2 和流程图 1-3。

根据《混凝土结构设计规范》GB 50010—2010（2015 年版）第 6.3.4 条、第 9.2.9 条、第 10.1.13 条，受弯构件受剪计算见流程图 1-4。

$$\boxed{截面类型} \rightarrow \begin{cases} \boxed{矩形截面} \rightarrow \boxed{h_w = h_0} \\ \boxed{T形截面} \rightarrow \boxed{h_w = h_0 - h_f'} \\ \boxed{I形截面} \rightarrow \boxed{h_w = h - h_f' - h_f} \end{cases} \rightarrow \begin{cases} \boxed{\dfrac{h_w}{b} \leq 4} \xrightarrow{《混规》式(6.3.1-1)} \boxed{V \leq 0.25\beta_c f_c bh_0} \\ \boxed{4 < \dfrac{h_w}{b} < 6} \rightarrow \boxed{线性内插} \\ \boxed{\dfrac{h_w}{b} \geq 6} \xrightarrow{《混规》式(6.3.1-2)} \boxed{V \leq 0.2\beta_c f_c bh_0} \end{cases}$$

流程图 1-2 受弯构件受剪截面要求

$$\boxed{V > 0.7 f_t bh_0} \begin{cases} \xrightarrow{是} \boxed{V \leq 0.7 f_t bh_0 + f_{yv} \dfrac{A_{sv}}{s} h_0} \xrightarrow{配箍量} \boxed{\dfrac{A_{sv}}{s} = \dfrac{nA_{sv1}}{s} \geq \dfrac{V - 0.7 f_t bh_0}{f_{yv} h_0}} \\ \xrightarrow{否} \boxed{按构造配箍或按最小配箍率配筋} \end{cases}$$

流程图 1-3 受弯构件配箍计算

$$\boxed{《混规》第10.1.13条} \xrightarrow{《混规》第10.1.7条} \boxed{N_{p0} > 0.3 f_c A_0 ?} \begin{cases} \xrightarrow{否} \boxed{取计算值 N_{p0}} \\ \xrightarrow{是} \boxed{N_{p0} = 0.3 f_c A_0} \end{cases} \rightarrow ■$$

$$■ \rightarrow \boxed{N_{p0}} \xrightarrow{《混规》式(6.3.4-3)} \boxed{V_p = 0.05 N_{p0}} \rightarrow ★$$

$$\boxed{梁的类型} \begin{cases} \boxed{一般梁} \rightarrow \boxed{V_{cs} = 0.7 f_t bh_0 + f_{yv} \dfrac{A_{sv}}{s} h_0} \rightarrow ● \\ \boxed{独立梁} \rightarrow \boxed{\dfrac{V_集}{V_总} \geq 75\% ?} \xrightarrow{是} \boxed{\lambda = \dfrac{a}{h_0}} \rightarrow \begin{cases} \boxed{\lambda < 1.5 ?} \rightarrow \boxed{\lambda = 1.5} \\ \boxed{1.5 \leq \lambda \leq 3 ?} \rightarrow \boxed{算得值 \lambda} \\ \boxed{\lambda > 3 ?} \rightarrow \boxed{\lambda = 3} \end{cases} \rightarrow \boxed{\lambda} \rightarrow ◆ \end{cases}$$

$$◆ \rightarrow \boxed{\alpha_{cv} = \dfrac{1.75}{\lambda + 1}} \xrightarrow{《混规》式(6.3.4-2)} \begin{cases} \boxed{V_{cs} = 0.7 f_t bh_0 + f_{yv} \dfrac{A_{sv}}{s} h_0} \rightarrow ● \\ \boxed{\dfrac{A_{sv}}{s} = \dfrac{V_u - \dfrac{1.75}{\lambda + 1.0} f_t bh_0}{f_{yv} h_0}} \\ \boxed{\dfrac{A_{sv}}{s} \geq \dfrac{V_{cs} - \alpha_{cv} f_t bh_0}{f_{yv} h_0}} \end{cases} \xrightarrow{《混规》第9.2.9条} \boxed{\rho_{v,min} = \dfrac{0.24 f_t}{f_{yv}}}$$

流程图 1-4 受弯构件受剪计算（一）

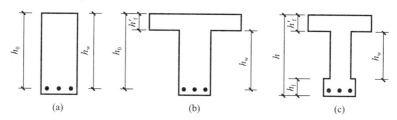

流程图 1-4　受弯构件受剪计算（二）

流程图 1-4 所采用的截面尺寸见图 1-7。

图 1-7　流程图 1-4 所采用截面尺寸的图示

1.6.2　项目代码

本计算程序为钢筋混凝土梁斜截面设计，代码清单 1-6 的❶为定义的函数，❷为定义混凝土抗压强度设计值的函数，❸为定义混凝土受剪承载力系数的函数，❹为定义选筋的函数，❺为定义受剪截面的系数取值的函数，❻为定义混凝土强度影响系数的函数，❼为定义确定钢筋混凝土梁截面箍筋的函数，❽为以上定义函数的参数赋值。具体见代码清单 1-6。

代　码　清　单　　　　　　1-6

```
# -*- coding: utf-8 -*-
import sympy as sp
from math import pi,sqrt,ceil
from datetime import datetime

def fc1(fcuk):                                                    ❶
    α_c1 = max((0.76+(0.82-0.76)*(fcuk-50)/(80-50)), 0.76)
    α_c2 = min((1-(1-0.87)*(fcuk-40)/(80-40)), 1.0)
    fck = 0.88*α_c1*α_c2*fcuk
    fc = fck/1.4
    return fc

def ft1(fcuk):                                                    ❷
    δ = [0.21, 0.18, 0.16, 0.14, 0.13, 0.12, 0.12,
         0.11, 0.11, 0.1, 0.1, 0.1, 0.1, 0.1]
    i = int((fcuk-15)/5)
    α_c2 = min((1-(1-0.87)*(fcuk-40)/(80-40)),1.0)
    ftk = 0.88*0.395*fcuk**0.55*(1-1.645* δ[i])**0.45*α_c2
    ft = ftk/1.4
    return ft
```

```python
def αcv1(λ):                                                              ❸
    αcv = 0.7  if λ == 0  else 1.75/(λ+1)
    return αcv


def d_reinf(ds):                                                         ❹
    d = [6, 8, 10, 12, 14, 16, 18, 20, 22, 25, 28, 32]
    for dd in d:
        if ds <= dd:
            ds = dd
            break
    return ds


def coefficient_of_shear_section(hw,b):                                  ❺
    if hw/b <= 4 :
        μ = 0.25
    elif hw/b >= 6 :
        μ = 0.2
    else:
        μ = 0.25-(0.25-0.2)*(hw/b-4)/(6-4)
    return μ


def βc1(fcuk):                                                          ❻
    if fcuk <= 50 :
        βc = 1.0
    elif fcuk >= 80 :
        βc = 0.8
    else:
        βc = 1.0-(1.0-0.8)*(fcuk-50)/(80-50)
    return βc


def Asv(γ,V,λ,αcv,b,h,as1,ft,fyv,s):                                    ❼
    '''--- 本程序为确定钢筋混凝土梁截面箍筋的程序 ---
    需要输入以下参数：
    γ----结构重要性系数或承载力抗震调整系数；
    V-----剪力设计值(kN)；
    αcv--斜截面混凝土受剪承载力系数；
    b-----钢筋混凝土梁宽(mm)；
    h-----钢筋混凝土梁宽(mm)；
    fcuk--混凝土的强度等级，直接输入数值，比如35；
    fyv---箍筋抗剪强度设计值(N/mm^2)；
    s-----箍筋间距(mm)。    '''

    Asv = sp.symbols('Asv', real=True)
    V = V*1000
    h0 = h - as1

    if γ*V < αcv*ft*b*h0 :
        Asv = 0.24*ft1/fyv*b*s
```

```
            Vconc = αcv*ft*b*h0/1000
            print(f'混凝土抗剪承载力设计值(kN) Vconc = {Vconc:<5.1f}')
        else:
            Eq = γ*V - αcv*ft*b*h0 - fyv*Asv/s*h0
            Asv = min(sp.solve(Eq, Asv))
            Asv_min = 0.24*ft/fyv*b*s
            Asv = max(Asv, Asv_min)
        return Asv

def main():
    print('\n',Asv.__doc__,'\n')
    '''      γ,    V,    λ,   b,    h,    as1, fcuk, fyv, s '''
    para = 1.0, 500, 3, 200, 500, 35,  30,   300, 200
    γ,V,λ,b,h,as1,fcuk,fyv,s = para
    h0 = h - 40
    hw = h0
    βc = βc1(fcuk)
    fc = fc1(fcuk)
    ft = ft1(fcuk)
    αcv = αcv1(λ)
    μ = coefficient_of_shear_section(hw,b)

    if V > μ*βc*fc*b*h0:
        print('重新确定受弯构件的截面尺寸。')
    else:
        print('受弯构件的截面尺寸符合规范要求。')
        Asv1 = Asv(γ,V,λ,αcv,b,h,as1,ft,fyv,s)
        print(f'矩形截面钢筋混凝土梁箍筋面积    Asv = {Asv1:<5.1f} mm^2')
        num_strup_legs = 2
        d = max(ceil(sqrt(4*Asv1/(num_strup_legs*pi))),6)
        d = d_reinf(d)
        if d > 12:
            num_strup_legs = 4
            d = max(ceil(sqrt(4*Asv1/(num_strup_legs*pi))),6)
            d = d_reinf(d)
        print(f'矩形截面钢筋混凝土梁箍筋直径     d = {d:<3.0f}mm')

    print(f'矩形截面钢筋混凝土梁配箍肢数      n = {num_strup_legs:<2.0f}')
    print(f'矩形截面钢筋混凝土梁配箍间距      s = {s:<3.0f} mm')
    ρsv = Asv1/(b*s)*100
    print(f'矩形截面钢筋混凝土梁配箍率       ρsv = {ρsv:<5.3f} %')

    dt = datetime.now()
    localtime = dt.strftime('%Y-%m-%d  %H:%M:%S ')
    print('-'*many)
    print("本计算书生成时间 :", localtime)

    filename = '矩形截面钢筋混凝土梁箍筋面积.docx'
```

```
    with open(filename,'w',encoding = 'utf-8') as f:
        f.write('\n'+ Asv.__doc__+'\n')
        f.write('计算结果: \n')
        f.write(f'矩形截面钢筋混凝土梁箍筋面积 Asv = {Asv1:<5.1f} mm^2\n')
        f.write(f'矩形截面钢筋混凝土梁箍筋直径     d = {d:<3.0f} mm\n')
        f.write(f'矩形截面钢筋混凝土梁配箍肢数   n = {num_strup_legs:<2.0f}\n')
        f.write(f'矩形截面钢筋混凝土梁配箍间距     s = {s:<3.0f} mm\n')
        f.write(f'矩形截面钢筋混凝土梁配箍率     ρsv = {ρsv:<5.3f} %\n')
        f.write(f'本计算书生成时间 : {localtime}')

if __name__ == "__main__":
    many = 50
    print('='*many)
    main()
    print('='*many)
```

1.6.3 输出结果

运行代码清单 1-6，可以得到输出结果 1-6。

输 出 结 果　　　　　　　　　　　1-6

```
--- 本程序为确定钢筋混凝土梁截面箍筋的程序 ---
    需要输入以下参数:
    γ----结构重要性系数或承载力抗震调整系数;
    V-----剪力设计值（kN）;
    αcv--斜截面混凝土受剪承载力系数;
    b-----钢筋混凝土梁宽（mm）;
    h-----钢筋混凝土梁宽（mm）;
    fcuk--混凝土的强度等级,直接输入数值,比如35;
    fyv---箍筋抗剪强度设计值（N/mm^2）;
    s-----箍筋间距（mm）。

受弯构件的截面尺寸符合规范要求 。
矩形截面钢筋混凝土梁箍筋面积   Asv = 633.3 mm^2
矩形截面钢筋混凝土梁箍筋直径     d = 16 mm
矩形截面钢筋混凝土梁配箍肢数     n = 4
矩形截面钢筋混凝土梁配箍间距     s = 200 mm
矩形截面钢筋混凝土梁配箍率     ρsv = 1.583 %
```

1.7　由钢筋混凝土梁裂缝限值反推纵向配筋

1.7.1 项目描述

裂缝宽度计算条文关系概览，如流程图 1-5 所示。

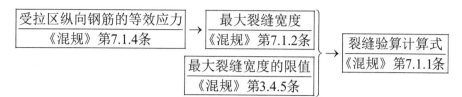

流程图 1-5 裂缝宽度计算条文关系概览

步骤 1：求 ρ_{te}（表 1-1、流程图 1-6）

A_{te}图示 表1-1

构件类型	受拉构件	受弯、偏心受压构件、偏心受拉构件
A_{te}图示	$A_{te}=A$	$A_{te} = 0.5bh + (b_f - b)h_f$

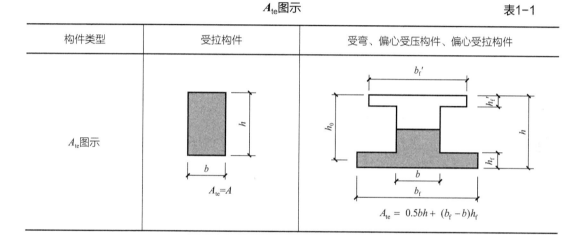

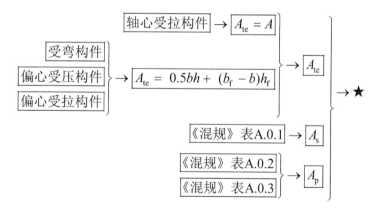

流程图 1-6 用《混规》式（7.1.2-4）求 ρ_{te}

步骤 2：求 σ_{sq}（流程图 1-7）

步骤 3：求 ψ（流程图 1-8）

步骤 4：求 w_{max}（表 1-2、表 1-3、流程图 1-9）

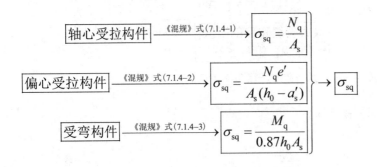

流程图 1-7 用《混规》式（7.1.4-1～7）求 σ_{sq}

$$\bigstar \xrightarrow{\text{《混规》式（7.1.4-5）}} \boxed{z=\left[0.87-0.12(1-\gamma_f')\left(\frac{h_0}{e}\right)^2\right]h_0\leqslant0.87h_0} \xrightarrow{\text{《混规》式（7.1.4-4）}} \boxed{\sigma_{sq}=\frac{N_q}{A_sz}(e-z)}$$

轴心受拉构件 $\xrightarrow{\text{《混规》式(7.1.4-1)}}$ $\boxed{\sigma_{sq}=\dfrac{N_q}{A_s}}$

偏心受拉构件 $\xrightarrow{\text{《混规》式(7.1.4-2)}}$ $\boxed{\sigma_{sq}=\dfrac{N_qe'}{A_s(h_0-a_s')}}$ $\rightarrow$ $\boxed{\sigma_{sq}}$

受弯构件 $\xrightarrow{\text{《混规》式(7.1.4-3)}}$ $\boxed{\sigma_{sq}=\dfrac{M_q}{0.87h_0A_s}}$

偏心受压构件 $\rightarrow$

$\boxed{h_f'>0.2h_0?}$ — 是 → $\boxed{h_f'=0.2h_0}$; 否 → $\boxed{\text{给定的 }h_f'}$ $\xrightarrow{\text{《混规》式(7.1.4-7)}}$ $\boxed{\gamma_f'=\dfrac{(b_f'-b)h_f'}{bh_0}}$

$\boxed{\dfrac{l_0}{h}\leqslant14?}$ — 是 → $\boxed{\eta_s=1.0}$; 否 → $\boxed{\eta_s=1+\dfrac{1}{4000\dfrac{e_0}{h_0}}\left(\dfrac{l_0}{h}\right)^2}$ $\xrightarrow{\text{《混规》式(7.1.4-6)}}$ $\boxed{e=\eta_se_0+y_s}$ $\rightarrow$ $\bigstar$

直接承受重复荷载的构件 $\rightarrow$ $\boxed{\psi=1.0}$

《混规》表4.1.3-2 $\rightarrow$ $\boxed{f_{tk}}$

《混规》式（7.1.2-4） $\rightarrow$ $\boxed{\rho_{te}}$ $\xrightarrow{\text{《混规》式(7.1.2-2)}}$ $\bigstar$

《混规》第7.1.4条 $\rightarrow$ $\boxed{\sigma_s}$

$\boxed{\psi=1.1-0.65\dfrac{f_{tk}}{\rho_{te}\sigma_s}}$ $\rightarrow$

$\boxed{\psi<0.2?}$ — 是 → $\boxed{\psi=0.2}$

$\boxed{0.2\leqslant\psi\leqslant1.0?}$ — 是 → $\boxed{\text{计算所得 }\psi}$

$\boxed{\psi>1.0?}$ — 是 → $\boxed{\psi=1.0}$

流程图 1-8 用《混规》式（7.1.2-2）求 ψ

构件受力特征系数 表1-2

类型	α_{cr}	
	钢筋混凝土构件	预应力混凝土构件
受弯、偏心受压	1.9	1.5
偏心受拉	2.4	—
轴心受拉	2.7	2.2

钢筋的相对粘结特征系数 表1-3

钢筋类别	钢筋		先张法预应力筋			后张法预应力筋		
	光圆钢筋	带肋钢筋	带肋钢筋	螺旋肋钢丝	钢绞线	带肋钢筋	钢绞线	光面钢丝
ν_i	0.7	1.0	1.0	0.8	0.6	0.8	0.5	0.4

注：对环氧树脂涂层带肋钢筋，其相对粘结特性系数应按表中系数的80%取用。

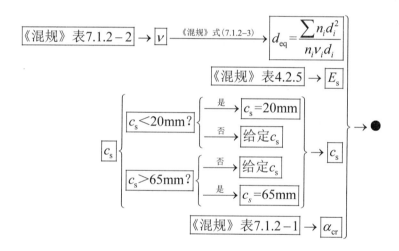

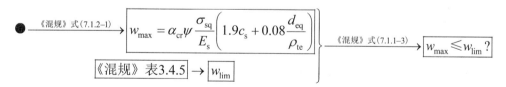

流程图 1-9　用《混规》式（7.1.2-1）求 w_{max}

1.7.2　项目代码

本计算程序可以由钢筋混凝土梁裂缝限值反推纵向配筋，代码清单 1-7 的❶为定义混凝土抗拉强度设计值的函数，❷为定义已知弯矩准永久组合确定钢筋混凝土梁钢筋面积的函数，❸为以上定义函数的参数赋值。具体见代码清单 1-7。

```python
# -*- coding: utf-8 -*-
from datetime import datetime
from math import pi
import sympy as sp

def ftk1(fcuk):                                                              ❶
    δ = [0.21, 0.18, 0.16, 0.14, 0.13, 0.12, 0.12,
            0.11, 0.11, 0.1, 0.1, 0.1, 0.1, 0.1]
    i = int((fcuk-15)/5)
    α_c2 = min((1-(1-0.87)*(fcuk-40)/(80-40)), 1.0)
    ftk = 0.88*0.395*fcuk**0.55*(1-1.645*δ[i])**0.45*α_c2
    return ftk

def crack_width_limit_of_beam(Mq,αcr,b,h,cs,as1,Ap,ftk,Wlim,deq):            ❷
    '''--- 本程序为已知弯矩准永久组合确定钢筋混凝土梁钢筋面积程序 ---
    需要输入以下参数:
    Mq----弯矩准永久组合设计值(kN·m);
    b----矩形截面梁宽(mm);
    h----矩形截面梁高(mm);
    as1----钢筋受拉区合力点到混凝土面的距离(mm);
    Wlim --裂缝限值(mm)。  '''

    As = sp.symbols('As', real=True)
    h0 = h-as1
    Ate = 0.5*b*h
    ρte = (As+Ap)/Ate
    σsq = Mq*10**6/(0.87*h0*As)
    cs = min(max(cs,20),65)
    ψ = 1.1-0.65*ftk/(ρte*σsq)
    ψ = min(max(ψ,0.2),1.0)
    Wmax = Wlim
    Eq = Wmax - αcr*ψ*σsq/Es*(1.9*cs+0.08*deq/ρte)
    As = max(sp.solve(Eq,As))
    number = As/((pi*deq**2)/4)
    return As, number

def main():
    print('\n',crack_width_limit_of_beam.__doc__,'\n')
    '''    Mq, αcr, b, h, cs, as1, Ap, fcuk, Wlim, deq '''
    para = 190, 1.9, 200, 500,30, 35, 0, 30, 0.2, 20            ❸
    Mq, αcr, b, h, cs, as1, Ap, fcuk, Wlim, deq = para
    ftk = ftk1(fcuk)
    As,number= crack_width_limit_of_beam(Mq,αcr,b,h,cs,as1,Ap,ftk,Wlim,deq)

    print('计算结果: ')
    print('根据弯矩准永久组合及裂缝限值计算所得的')
    print(f'钢筋混凝土梁钢筋面积(mm^2)        As = {As:<3.0f} ')
    print(f'钢筋混凝土梁钢筋直径为{deq}mm根数 number = {number:<2.0f} ')
```

```
    dt = datetime.now()
    localtime = dt.strftime('%Y-%m-%d  %H:%M:%S ')
    print('-'*many)
    print("本计算书生成时间 :", localtime)

    filename = '钢筋混凝土梁裂缝限值反推纵向配筋.docx'
    with open(filename,'w',encoding = 'utf-8') as f:
        f.write('\n'+ crack_width_limit_of_beam.__doc__+'\n')
        f.write('计算结果: \n')
        f.write(f'钢筋混凝土梁钢筋面积    As = {As:<3.0f} mm^2\n')
        f.write(f'钢筋混凝土梁钢筋直径为{deq}mm根数number = {number:
<2.0f}\n')
        f.write(f'本计算书生成时间 : {localtime}')

if __name__ == "__main__":
    many = 65
    Es = 2.0*10**5
    Ap = 0
    print('='*many)
    main()
    print('='*many)
```

1.7.3 输出结果

运行代码清单 1-7，可以得到输出结果 1-7。

输 出 结 果　　　　　　　　　　1-7

```
--- 本程序为已知弯矩准永久组合确定钢筋混凝土梁钢筋面积程序 ---
    需要输入以下参数:
    Mq----弯矩准永久组合设计值(kN·m);
    b----矩形截面梁宽(mm);
    h----矩形截面梁高(mm);
    as1----钢筋受拉区合力点到混凝土面的距离 (mm);
    Wlim --裂缝限值(mm)。

计算结果:
根据弯矩准永久组合及裂缝限值计算所得的
钢筋混凝土梁钢筋面积              As = 2056 mm^2
钢筋混凝土梁钢筋直径为20mm 根数 number = 7
```

1.8 钢筋混凝土梁裂缝计算

1.8.1 项目描述

项目描述与 1.7.1 节相同，不再赘述。

1.8.2　项目代码

本计算程序可以计算钢筋混凝土梁裂缝，代码清单 1-8 的❶为定义混凝土抗拉强度设计值的函数，❷为定义钢筋混凝土梁裂缝计算的函数，❸为定义弯矩与梁裂缝宽度关系曲线的函数，❹为以上定义函数的参数赋值，❺为计算梁的裂缝宽度及其相关参数，❻为弯矩与梁裂缝宽度关系曲线，具体见代码清单 1-8。

代 码 清 单　　　　　　　　　　1-8

```
# -*- coding: utf-8 -*-
from datetime import datetime
import numpy as np
import matplotlib.pyplot as plt

def ftk1(fcuk):                                                          ❶
    δ = [0.21, 0.18, 0.16, 0.14, 0.13, 0.12, 0.12,
            0.11, 0.11, 0.1, 0.1, 0.1, 0.1, 0.1]
    i = int((fcuk-15)/5)
    α_c2 = min((1-(1-0.87)*(fcuk-40)/(80-40)), 1.0)
    ftk = 0.88*0.395*fcuk**0.55*(1-1.645*δ[i])**0.45*α_c2
    return ftk

def crack_width_limit_of_beam(Mq,b,bf,hf,h,cs,as1,As,deq,Ap,ftk):       ❷
    '''--- 本程序为钢筋混凝土梁裂缝计算程序 ---
    需要输入以下参数:
    Mq----弯矩准永久组合设计值(kN·m);
    b----矩形截面梁宽(mm);
    h----矩形截面梁高(mm);
    as1----钢筋受拉区合力点到混凝土面的距离(mm);
    Wlim --裂缝限值(mm)。  '''
    h0 = h-as1
    Ate = max(0.5*b*h, 0.5*b*h+(bf-b)*hf)
    ρte = (As+Ap)/Ate
    σsq = Mq*10**6/(0.87*h0*As)
    cs = min(max(cs,20), 65)
    ψ = 1.1-0.65*ftk/(ρte*σsq)
    ψ = min(max(ψ,0.2), 1.0)
    Wmax = αcr*ψ*σsq/Es*(1.9*cs+0.08*deq/ρte)
    return Wmax, ψ, ρte, σsq

def Mq_Wmax(Mq1,b,bf,hf,h,cs,as1,As,deq,Ap,ftk):                        ❸
    fig = plt.figure(figsize=(5.7,4.6), facecolor="#f1f1f1")
    left, bottom, width, height = 0.12, 0.1, 0.85, 0.8
    fig.add_axes((left, bottom, width, height), facecolor="#f1f1f1")
    plt.rcParams['font.sans-serif'] = ['SimHei']

    plt.title('弯矩与梁裂缝宽度关系曲线')
    wlim = [0.25 for i in Mq1]
```

```
        Wmax = [crack_width_limit_of_beam(Mq,b,bf,hf,h,cs,as1,As,deq,Ap,ftk)[0]
                                                    for Mq in Mq1]
        plt.plot(Mq1, Wmax, color='g', linewidth=2, linestyle='-')
        plt.plot(Mq1, wlim, color='r', linewidth=2, linestyle='-')
        plt.xticks(np.arange(0,205,10))
        plt.yticks(np.arange(0.0,0.55,0.05))

        plt.grid()
        plt.xlabel('弯矩设计值 ($kN·m$)')
        plt.ylabel('梁裂缝宽度 ($mm$)')
        plt.show()
        graph = '弯矩与梁裂缝宽度关系曲线'
        fig.savefig(graph, dpi=600, facecolor="#f1f1f1")
        return 0

def main():
        print('\n',crack_width_limit_of_beam.__doc__,'\n')
        '''    Mq,   b,   bf,  hf,  h,   cs, as1, As,  deq, Ap, fcuk '''
        para = 100, 200, 200, 0, 500, 25, 35, 1030, 18.22, 0, 30         ❹
        Mq, b, bf, hf, h, cs, as1, As, deq, Ap, fcuk = para
        ftk = ftk1(fcuk)
        results = crack_width_limit_of_beam(Mq,b,bf,hf,h,cs,as1,As,deq,Ap,ftk)
        Wmax, ψ, ρte, σsq = results                                       ❺

        print('计算结果: ')
        print('根据弯矩准永久组合及裂缝限值计算所得的')
        print(f'钢筋混凝土梁裂缝宽度        Wmax = {Wmax:<3.3f} mm')
        print(f'纵向受拉钢筋不均匀系数        ψ = {ψ:<2.3f} ')
        print(f'纵向受拉钢筋配筋率          ρte = {ρte*100:<2.3f} % ')
        print(f'纵向受拉钢筋应力           σsq = {σsq:<2.2f} N/mm^2')

        Mq1 = [M for M in range(10, 201, 10)]
        Mq_Wmax(Mq1,b,bf,hf,h,cs,as1,As,deq,Ap,ftk)                      ❻

        dt = datetime.now()
        localtime = dt.strftime('%Y-%m-%d   %H:%M:%S ')
        print('-'*many)
        print("本计算书生成时间 :", localtime)

        filename = '钢筋混凝土梁裂缝计算.docx'
        with open(filename,'w',encoding = 'utf-8') as f:
            f.write('\n'+ crack_width_limit_of_beam.__doc__+'\n')
            f.write('计算结果: \n')
            f.write(f'钢筋混凝土梁裂缝宽度        Wmax = {Wmax:<3.3f}mm \n')
            f.write(f'纵向受拉钢筋不均匀系数        ψ = {ψ:<2.3f} \n')
            f.write(f'纵向受拉钢筋配筋率          ρte = {ρte*100:<2.3f} % \n')
            f.write(f'纵向受拉钢筋应力           σsq = {σsq:<2.2f} N/mm^2\n')
            f.write(f'本计算书生成时间 : {localtime}')
```

```
if __name__ == "__main__":
    many = 60
    Es = 2.0*10**5
    αcr = 1.9
    Ap = 0
    print('='*many)
    main()
    print('='*many)
```

1.8.3 输出结果

运行代码清单 1-8，可以得到输出结果 1-8。

输 出 结 果   1-8

--- 本程序为钢筋混凝土梁裂缝计算程序 ---
    需要输入以下参数:
    Mq----弯矩准永久组合设计值(kN·m);
    b----矩形截面梁宽(mm);
    h----矩形截面梁高(mm);
    as1----钢筋受拉区合力点到混凝土面的距离 (mm);
    Wlim --裂缝限值(mm)。

计算结果:
根据弯矩准永久组合及裂缝限值计算所得的
钢筋混凝土梁裂缝宽度   Wmax = 0.225 mm
纵向受拉钢筋不均匀系数 ψ = 0.836
纵向受拉钢筋配筋率 ρ_{te} = 2.060 %
纵向受拉钢筋应力 σ_{sq} = 239.99 N/mm^2

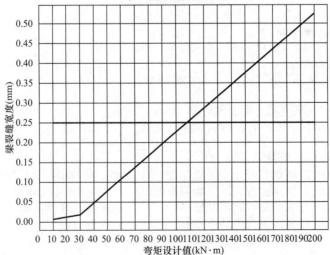

1.9 钢筋混凝土梁挠度计算

1.9.1 项目描述

步骤 1：求 γ_f'（流程图 1-10）

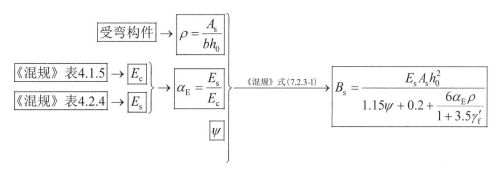

流程图 1-10 　用《混规》式（7.1.4-7）求 γ_f'

步骤 2：求 ρ_{te}（流程图 1-11）

$$ 受弯构件 \rightarrow \left\{ \begin{array}{l} 《混规》表A.0.1 \rightarrow A_s \\ A_{te}=0.5bh+(b_f-b)h_f \end{array} \right\} \xrightarrow{《混规》式(7.1.2-4)} \boxed{\rho_{te}=\dfrac{A_s}{A_{te}}<0.01?} \rightarrow \bigstar $$

$$ \bigstar \rightarrow \left\{ \begin{array}{ll} \text{否} & 计算所得 \rho_{te} \\ \text{是} & \rho_{te}=0.01 \end{array} \right\} \rightarrow \rho_{te} $$

流程图 1-11 　求 ρ_{te}

步骤 3：求 ψ（流程图 1-8）

步骤 4：求短期刚度 B_s（流程图 1-12）

$$ \begin{array}{l} 受弯构件 \rightarrow \rho=\dfrac{A_s}{bh_0} \\ \left. \begin{array}{l} 《混规》表4.1.5 \rightarrow E_c \\ 《混规》表4.2.4 \rightarrow E_s \end{array} \right\} \rightarrow \alpha_E=\dfrac{E_s}{E_c} \\ \psi \end{array} \xrightarrow{《混规》式(7.2.3-1)} B_s=\dfrac{E_s A_s h_0^2}{1.15\psi+0.2+\dfrac{6\alpha_E \rho}{1+3.5\gamma_f'}} $$

流程图 1-12 　求短期刚度 B_s

步骤 5：求刚度 B（流程图 1-13）

当 $\rho'=0$ 时，取 $\theta=2.0$；当 $\rho'=\rho$ 时，取 $\theta=1.6$。

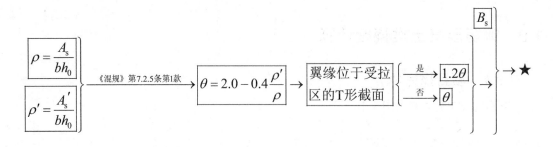

$$B = \frac{B_s}{\theta}$$

流程图 1-13 求刚度 B

步骤6：挠度计算（流程图 1-14）

$$M_q = 1.0M_{Gk} + 0.4M_{Gk} \quad \text{《混规》第7.1.4条} \quad \sigma_{sq} = \frac{M_q}{0.87h_0 A_s}$$

准永久组合荷载 → $q_q = q_G + 0.4q_Q$

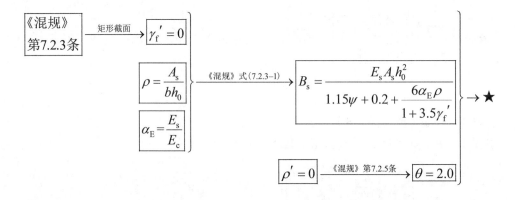

流程图 1-14 挠度计算

1.9.2 项目代码

本计算程序可以计算钢筋混凝土梁挠度，代码清单 1-9 的❶为定义混凝土抗拉强度设计值的函数，❷为定义钢筋混凝土梁挠度计算函数，❸为定义弯矩与梁挠度关系曲线的函数，❹为以上定义函数的参数赋值，❺为挠度函数得到的计算结果，❻为弯矩与梁挠度关系曲线。具体见代码清单 1-9。

```
# -*- coding: utf-8 -*-
from datetime import datetime

def ftk1(fcuk):                                                     ❶
    δ = [0.21, 0.18, 0.16, 0.14, 0.13, 0.12, 0.12,
            0.11, 0.11, 0.1, 0.1, 0.1, 0.1, 0.1]
    i = int((fcuk-15)/5)
    α_c2 = min((1-(1-0.87)*(fcuk-40)/(80-40)), 1.0)
    ftk = 0.88*0.395*fcuk**0.55*(1-1.645*δ[i])**0.45*α_c2
    return ftk

def beam_deflection_limit(Mq,b,bf,hf,h,l0,as1,As,As1,ftk):         ❷
    '''--- 本程序为钢筋混凝土梁挠度计算程序 ---
    需要输入以下参数:
    Mq----弯矩准永久组合设计值(kN·m);
    b----矩形截面梁宽(mm);
    h----矩形截面梁高(mm);
    as1----钢筋受拉区合力点到混凝土面的距离(mm);

    h0 = h-as1
    Mq = Mq*10**6
    γf1 = 0

    αE = Es/Ec
    ρ = As/(b*h0)
    ρ1 = As1/(b*h0)
    θ = 1.6+0.4*(1-ρ1/ρ)

    Ate = max(0.5*b*h, 0.5*b*h+(bf-b)*hf)
    ρte = As/Ate
    σsq = Mq/(0.87*h0*As)

    ψ = 1.1-0.65*ftk/(ρte*σsq)
    ψ = min(max(ψ,0.2),1.0)

    Bs = Es*As*h0**2/(1.15*ψ+0.2+6*αE*ρ/(1+3.5*γf1))
    B = Bs/θ
    f = 5*Mq*l0**2/(48*B)
    return Bs, θ, B, f

def M_f(Mq1,b,bf,hf,h,l0,as1,As,As1,ftk):                         ❸
    fig = plt.figure(figsize=(5.7,4.6), facecolor="#f1f1f1")
    left, bottom, width, height = 0.12, 0.1, 0.85, 0.8
    fig.add_axes((left, bottom, width, height), facecolor="#f1f1f1")
    plt.rcParams['font.sans-serif'] = ['SimHei']

    plt.title('弯矩与梁挠度关系曲线')
    flim = 10/200
```

```
    flim = [flim for i in Mq1]
    f = [beam_deflection_limit(Mq,b,bf,hf,h,l0,as1,As,As1,ftk)[3]
                                            for Mq in Mq1]
    plt.plot(Mq1, f, color='b', linewidth=2, linestyle='-')
    plt.plot(Mq1, flim, color='r', linewidth=2, linestyle='-')
    plt.xticks(np.arange(0, 205, 10))
    plt.yticks(np.arange(0, 46, 5))

    plt.grid()
    plt.xlabel('弯矩设计值 ($kN·m$)')
    plt.ylabel('挠度 ($mm$)')
    plt.show()
    graph = '弯矩与梁挠度关系曲线'
    fig.savefig(graph, dpi=600, facecolor="#f1f1f1")
    return 0

def main():
    print('\n',beam_deflection_limit.__doc__,'\n')
    '''      Mq,     b,   bf, hf,  h,   l0,  as1, As, As1, fcuk  '''
    para = 116.5, 250, 0, 0, 650, 6900, 35, 941, 0, 25               ❹
    Mq, b, bf, hf, h, l0, as1, As, As1, fcuk = para
    ftk = ftk1(fcuk)
    Bs, θ, B, f1 = beam_deflection_limit(Mq,b,bf,hf,h,l0,as1,As,As1,ftk)  ❺
    flim = l0/200

    print('计算结果；')
    print('根据弯矩准永久组合计算挠度')
    print(f'钢筋混凝土梁刚度          Bs = {Bs:<3.3e} N·mm^2')
    print(f'参数                     θ = {θ:<3.1f} ')
    print(f'钢筋混凝土梁刚度          B = {B:<3.3e} N·mm^2')
    print(f'钢筋混凝土梁挠度          f = {f1:<3.2f} mm')
    print(f'钢筋混凝土梁挠度限值 flim = {flim:<3.2f} mm')

    Mq1 = [M for M in range(1, 201, 5)]
    M_f(Mq1,b,bf,hf,h,l0,as1,As,As1,ftk)                            ❻

    dt = datetime.now()
    localtime = dt.strftime('%Y-%m-%d  %H:%M:%S ')
    print('-'*many)
    print("本计算书生成时间 :", localtime)

    filename = '钢筋混凝土梁挠度计算.docx'
    with open(filename,'w',encoding = 'utf-8') as f:
        f.write('\n'+ beam_deflection_limit.__doc__+'\n')
        f.write('计算结果:\n')
        f.write(f'钢筋混凝土梁刚度          Bs = {Bs:<3.3e} N·mm^2\n')
        f.write(f'参数                     θ = {θ:<3.1f} \n')
        f.write(f'钢筋混凝土梁刚度          B = {B:<3.3e} N·mm^2\n')
        f.write(f'钢筋混凝土梁挠度          f = {f1:<3.2f} mm\n')
```

```
        f.write(f'钢筋混凝土梁挠度限值    flim = {flim:<3.2f} mm\n')
        f.write(f'本计算书生成时间 : {localtime}')

if __name__ == "__main__":
    many = 60
    Es = 2.0*10**5
    Ec = 2.8*10**4
    αcr = 1.9
    Ap = 0
    print('='*many)
    main()
    print('='*many)
```

1.9.3 输出结果

运行代码清单 1-9，可以得到输出结果 1-9。

输 出 结 果   1-9

--- 本程序为钢筋混凝土梁挠度计算程序 ---
需要输入以下参数:
Mq----弯矩准永久组合设计值(kN·m);
b----矩形截面梁宽(mm);
h----矩形截面梁高(mm);
as1----钢筋受拉区合力点到混凝土面的距离 (mm);
Wlim --裂缝限值(mm)。

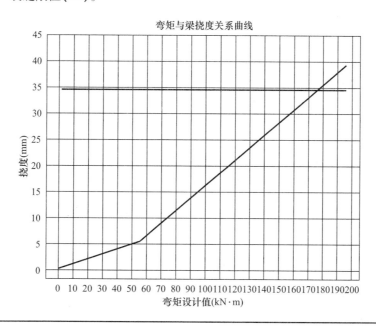

计算结果:
根据弯矩准永久组合计算挠度
钢筋混凝土梁刚度　　　　　Bs = 5.783e+13 N·mm^2
参数　　　　　　　　　　　θ = 2.0
钢筋混凝土梁刚度　　　　　B = 2.891e+13 N·mm^2
钢筋混凝土梁挠度　　　　　f = 19.98 mm
钢筋混凝土梁挠度限值　flim = 34.50 mm

1.10　钢筋混凝土梁由挠度限值确定截面高度

1.10.1　项目描述

项目描述与 1.9.1 节相同，不再赘述。

1.10.2　项目代码

本计算程序可以计算钢筋混凝土梁由挠度限值确定截面高度，代码清单 1-10 的❶为定义混凝土抗拉强度设计值的函数，❷为定义混凝土抗压强度设计值的函数，❸为定义非均匀受压时的混凝土极限压应变的函数，❹为定义混凝土受压区高度的调整系数的函数，❺为定义混凝土受压区相对高度的函数，❻为定义最大配筋率的函数，❼为定义根据挠度限值确定梁的截面尺寸的函数，❽为定义确定梁横截面后实际配筋面积的函数，❾为以上定义函数的参数赋值，❿为计算得到梁的配筋面积及配筋率。具体见代码清单 1-10。

代　码　清　单　　　　　　　　1-10

```
# -*- coding: utf-8 -*-
from datetime import datetime
import sympy as sp

def ftk1(fcuk):                                                          ❶
    δ = [0.21, 0.18, 0.16, 0.14, 0.13, 0.12, 0.12,
            0.11, 0.11, 0.1, 0.1, 0.1, 0.1, 0.1]
    i = int((fcuk-15)/5)
    α_c2 = min((1-(1-0.87)*(fcuk-40)/(80-40)), 1.0)
    ftk = 0.88*0.395*fcuk**0.55*(1-1.645*δ[i])**0.45*α_c2
return ftk

def fc1(fcuk):                                                          ❷
    α_c1 = max((0.76 + (0.82-0.76)*(fcuk-50)/(80-50)),0.76)
    α_c2 = min((1 - (1-0.87)*(fcuk-40)/(80-40)),1.0)
    fck = 0.88*α_c1*α_c2*fcuk
    fc = fck/1.4
    return fc
```

```
def ε_cu1(fcuk):                                                          ❸
    ε_cu = min((0.0033-(fcuk-50)*10**-5),0.0033)
    return ε_cu

def β(fcuk):                                                              ❹
    β1 = min(0.8-0.06*(fcuk-50)/30, 0.8)
    return β1

def ξ_b(fcuk,fy,Es):                                                      ❺
    ε_cu = ε_cu1(fcuk)
    β1 = β(fcuk)
    ξ_b = β1/(1+fy/(Es*ε_cu))
    return ξ_b

def ρ_max1(fy,fcuk,Es,ε_cu):                                              ❻
    fc = fc1(fcuk)
    ρ_max = ξ_b(fcuk,fy,Es)*fc/fy
    return ρ_max

def crack_width_limit(Mq,l0,k,n,q,as1,As1,ρ_max,fy,ftk,ε_cu,number):      ❼
    '''--- 本程序为根据挠度限值确定梁的截面尺寸 ---
    需要输入以下参数:
    Mq---弯矩准永久组合设计值(kN·m);
    l0---矩形截面梁长(mm);
    k----矩形截面梁高(mm);
    n----矩形截面梁宽(mm);
    q----矩形截面梁高(mm);
    as1--钢筋受拉区合力点到混凝土面的距离(mm);
    As1--矩形截面梁宽(mm);
    fy---矩形截面梁高(mm);
    fcuk-矩形截面梁高(mm);
    number-裂缝限值(mm)。    '''
    h = sp.symbols('h', real=True)
    h0 = h-as1
    b = h/n
    Mq = Mq*10**6
    γf1 = 0
    ρ = q*ρ_max

    αE = Es/Ec
    As = ρ*b*h0
    ρ1 = As1/(b*h0)
    θ = 1.6+0.4*(1-ρ1/ρ)

    Ate = 0.5*b*h
    ρte = As/Ate
```

41

```
        σsq = Mq/(0.87*h0*As)
        ψ = 1.1-0.65*ftk/(ρte*σsq)

        Bs = Es*As*h0**2/(1.15*ψ+0.2+6*αE*ρ/(1+3.5*γf1))
        B = Bs/θ
        flim = l0/200
        f = flim
        Eq = f-5*Mq*l0**2/(48*B)
        h = max(sp.solve(Eq,h))
        return h, ψ

def real_para_crack_width(b,h,as1,Mq,q,ρ_max,ftk):                              ❽
        h0 = h-as1
        Mq = Mq*10**6
        Ate = 0.5*b*h
        ρ = q*ρ_max
        As = ρ*b*h0
        ρte = As/Ate
        σsq = Mq/(0.87*h0*As)
        ψ = 1.1-0.65*ftk/(ρte*σsq)
        return ρ, As, ψ

def main():
        print('\n',crack_width_limit.__doc__,'\n')
        '''     Mq,   l0,   k,   n,   q,    as1, As1, fy, fcuk, number '''
        para = 180, 7800, 200, 2, 0.75, 30, 0, 360, 35, 25                       ❾
        Mq, l0, k, n, q, as1, As1, fy, fcuk, number = para
        ftk = ftk1(fcuk)
        ε_cu = ε_cu1(fcuk)
        ρ_max = ρ_max1(fy,fcuk,Es,ε_cu)
        h,ψ=crack_width_limit(Mq,l0,k,n,q,as1,As1,ρ_max,fy,ftk,ε_cu,number)

        h = int(number*((h//number)+1))
        b = h/n
        b = int(number*((b//number)+1))
        ρ, As, ψ = real_para_crack_width(b,h,as1,Mq,q,ρ_max,ftk)                 ❿

        print('计算结果: ')
        print(f'钢筋混凝土梁截面高度       h = {h:<3.1f} mm')
        print(f'钢筋混凝土梁截面宽度       b = {b:<3.1f} mm')
        print(f'参数                      ψ = {ψ:<3.3f} ')
        print(f'钢筋混凝土梁配筋面积    As = {As:<3.1f} mm^2')
        print(f'钢筋混凝土梁配筋率       ρ = {ρ*100:<3.2f} %')

        dt = datetime.now()
        localtime = dt.strftime('%Y-%m-%d  %H:%M:%S ')
        print('-'*many)
        print("本计算书生成时间 :", localtime)
```

```
filename = '根据挠度限值确定梁的截面尺寸.docx'
with open(filename,'w',encoding = 'utf-8') as f:
    f.write('\n'+ crack_width_limit.__doc__+'\n')
    f.write('计算结果: \n')
    f.write(f'钢筋混凝土梁截面高度      h = {h:<3.1f} mm\n')
    f.write(f'钢筋混凝土梁截面宽度      b = {b:<3.1f} mm\n')
    f.write(f'参数                     ψ = {ψ:<3.3f} \n')
    f.write(f'钢筋混凝土梁配筋面积     As = {As:<3.1f} \n')
    f.write(f'钢筋混凝土梁配筋率           ρ = {ρ*100:<3.2f} %\n')
    f.write(f'本计算书生成时间 : {localtime}')

if __name__ == "__main__":
    many = 65
    Es = 2.0*10**5
    Ec = 2.8*10**4
    αcr = 1.9
    Ap = 0
    print('='*many)
    main()
    print('='*many)
```

1.10.3 输出结果

运行代码清单 1-10,可以得到输出结果 1-10。

输 出 结 果　　　　　　　　1-10

```
--- 本程序为根据挠度限值确定梁的截面尺寸 ---
需要输入以下参数:
Mq---弯矩准永久组合设计值(kN·m);
l0---矩形截面梁长(mm);
k----矩形截面梁高(mm);
n----矩形截面梁宽(mm);
q----矩形截面梁高(mm);
as1--钢筋受拉区合力点到混凝土面的距离(mm);
As1--矩形截面梁宽(mm);
fy---矩形截面梁高(mm);
fcuk-矩形截面梁高(mm);
number-裂缝限值(mm)。

计算结果:
钢筋混凝土梁截面高度      h = 550.0 mm
钢筋混凝土梁截面宽度      b = 300.0 mm
参数                      ψ = 0.803
钢筋混凝土梁配筋面积     As = 2812.9 mm^2
钢筋混凝土梁配筋率        ρ = 1.80 %
```

2 钢筋混凝土轴心受压构件

2.1 普通箍筋轴心受压柱配筋计算

2.1.1 项目描述

根据《混凝土结构设计规范》GB 50010—2010（2015 年版）第 6.2.15 条、第 6.2.20 条、第 8.5.1 条，普通箍筋柱计算见流程图 2-1，部分符号见图 2-1。

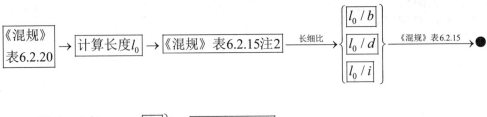

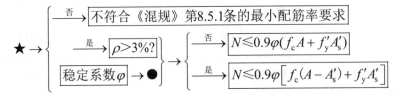

流程图 2-1 配置普通箍筋柱的计算

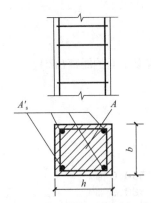

图 2-1 配置箍筋的轴心受压构件

根据《混凝土结构设计规范》GB 50010—2010（2015 年版）第 6.2.15 条文说明，当

需用公式计算 φ 值时，对矩形截面也可近似用 $\varphi=\left[1+0.002\left(\dfrac{l_0}{b}-8\right)\right]^{-1}$ 代替，查《混凝土结构设计规范》表 6.2.15 取值。

2.1.2 项目代码

本计算程序为普通箍筋轴心受压柱配筋计算，代码清单 2-1 的 ❶ 为定义混凝土抗压强度设计值的函数，❷ 为定义框架结构各层柱的计算长度系数 5 的函数，默认 μ=1.2，❸ 为定义轴心受压构件的稳定系数的函数，❹ 为定义已知轴心压力确定钢筋混凝土柱的纵向受压钢筋面积的函数，❺ 为如果是矩形截面则取矩形截面的面积，如果是圆形截面则取圆形截面的面积，❻ 定义轴向压力与纵向钢筋截面积关系曲线的函数，❼ 为以上定义函数的参数赋值，❽ 为确定轴心受压构件的受压钢筋的面积，❾ 为判断算得的受压面积是否大于 5% 及采取的措施，❿ 为轴向压力与纵向钢筋截面积关系曲线。具体见代码清单 2-1。

代 码 清 单   2-1

```
# -*- coding: utf-8 -*-
from datetime import datetime
from math import pi,sqrt
import numpy as np
import matplotlib.pyplot as plt

def fc1(fcuk):                                                    ❶
    α_c1 = max((0.76+(0.82-0.76)*(fcuk-50)/(80-50)),0.76)
    α_c2 = min((1-(1-0.87)*(fcuk-40)/(80-40)),1.0)
    fck = 0.88*α_c1*α_c2*fcuk
    fc = fck/1.4
    return fc

def l0(H,μ=1.25):                                                 ❷
    return μ*H

def φ1(H,b,d,μ):                                                  ❸
    l01=l0(H,μ)
    b = max(b,sqrt(3)*d/2)
    φ = 1/(1+0.002*(l01/b-8)**2)
    return φ

def axial_compression_column(γ,N,H,μ,b,h,φ,fc,fy1,d,ds):          ❹
    '''--- 本程序为已知轴心压力确定钢筋混凝土柱的纵向受压钢筋面积的程序 ---
    需要输入以下参数:
    γ----结构重要性系数或承载力抗震调整系数;
    N----偏心柱压力设计值(kN);
    H----轴心受压柱的层高(mm);
    μ----框架结构各层柱的计算长度系数;
```

```
        b----矩形截面柱宽(mm);
        h----矩形截面柱高(mm);
        d----圆柱截面直径(mm);
        fcuk-混凝土的强度等级, 直接输入数值, 比如35;
        fy1--纵向受压钢筋强度设计值(N/mm^2);
        ds---纵向受压钢筋直径(mm)。    '''
    A = max(b*h, pi*d**2/4)                                      ❺
    if 0.9*φ*fc*A >= γ*N*1000 :
        As1 = ρmin*A
    else:
        As1 = max((γ*N*1000/(0.9*φ)-(fc*A))/fy1, ρmin*A)
    if As1 > 0.03*A:
        As1 = (γ*N*1000/(0.9*φ)-(fc*A))/(fy1-fc)
    return As1


def N_As(γ,N1,H,μ,b,h,φ,fc,fy1,d,ds):                           ❻
    fig = plt.figure(figsize=(5.7,4.6), facecolor="#f1f1f1")
    left, bottom, width, height = 0.12, 0.1, 0.85, 0.8
    fig.add_axes((left, bottom, width, height), facecolor="#f1f1f1")
    plt.rcParams['font.sans-serif'] = ['SimHei']

    plt.title('轴向压力与纵向钢筋截面积关系曲线')
    As = [axial_compression_column(γ,N,H,μ,b,h,φ,fc,fy1,d,ds) for N in N1]
    plt.plot(N1, As, color='b', linewidth=2, linestyle='-')
    plt.xticks(np.arange(0,5005,500))
    plt.yticks(np.arange(0,9005,500))

    plt.grid()
    plt.xlabel('轴力设计值 ($kN$)')
    plt.ylabel('纵向钢筋截面积 ($mm^2$)')
    plt.show()
    graph = '轴向压力与纵向钢筋截面积关系曲线'
    fig.savefig(graph, dpi=600, facecolor="#f1f1f1")
    return 0

def main():
    print('\n',axial_compression_column.__doc__,'\n')
    '''     γ,   N,   H,   μ,   b,   h,  fcuk,fy1, d,   ds'''    ❼
    para = 1.0, 3892, 4200, 1.0, 100, 100, 40, 360, 400, 25
    γ, N, H, μ, b, h, fcuk, fy1, d, ds = para
    A = max(b*h, pi*d**2/4)
    fc = fc1(fcuk)
    φ = φ1(H,b,d,μ)
    As1 = axial_compression_column(γ,N,H,μ,b,h,φ,fc,fy1,d,ds)   ❽
    ρ = As1/A

    print('计算结果:       ')
    print(f'轴心受压柱稳定系数              φ = {φ:<3.3f} ')
```

```
    if ρ > ρmax:                                                              ❾
        ρ = As1/A
        print(f'受压配筋率为 {ρ*100:<3.2f}% 大于5%的最大配筋率,需增大截面尺
寸')
    else:
        print(f'轴心受压柱的配筋面积        As1 = {As1:<3.1f} mm^2')
        n0 = 4*As1/(pi*ds**2)
        print(f'直径{ds}mm的受压钢筋根数      n = {n0:<2.0f} 根')
        print(f'轴心受压柱的最大配筋率     ρmax = {ρmax*100:<3.2f} %')
        print(f'轴心受压柱的配筋率        ρ = {ρ*100:<3.2f} %')
        print(f'轴心受压柱的最小配筋率    ρmin = {ρmin*100:<3.2f} %')

    N1 = [N for N in range(100, 5001, 100)]
    N_As(γ,N1,H,μ,b,h,φ,fc,fy1,d,ds)                                          ❿

    dt = datetime.now()
    localtime = dt.strftime('%Y-%m-%d  %H:%M:%S ')
    print('-'*m)
    print("本计算书生成时间 :", localtime)

    filename = '普通柱轴心受压配筋计算.docx'
    with open(filename,'w',encoding = 'utf-8') as f:
        f.write('\n'+ axial_compression_column.__doc__+'\n')
        f.write('计算结果: \n')
        f.write(f'轴心受压柱稳定系数              φ = {φ:<3.3f} \n')
        if ρ > ρmax:
            f.write(f'受压配筋率{ρ*100:<3.3f}%>5%的最大配筋率,需增大截面尺寸')
        else:
            f.write(f'轴心受压柱的配筋面积      As1 = {As1:<3.1f} mm^2\n')
            f.write(f'直径{ds}mm的受压钢筋根数   n = {n0:<2.0f} 根 \n')
            f.write(f'轴心受压柱的配筋率        ρ = {ρ*100:<3.3f}%\n')
        f.write(f'本计算书生成时间 : {localtime}')

if __name__ == "__main__":
    m = 65
    Es = 2.0*10**5
    ρmin = 0.006
    ρmax = 0.05
    print('='*m)
    main()
    print('='*m)
```

2.1.3 输出结果

运行代码清单 2-1，可以得到输出结果 2-1。

--- 本程序为已知轴心压力确定钢筋混凝土柱的纵向受压钢筋面积的程序 ---
　需要输入以下参数:
　γ----结构重要性系数或承载力抗震调整系数;
　N----偏心柱压力设计值(kN);
　H----轴心受压柱的层高(mm);
　μ----框架结构各层柱的计算长度系数;
　b----矩形截面柱宽(mm);
　h----矩形截面柱高(mm);
　d----圆柱截面直径(mm);
　fcuk-混凝土的强度等级,直接输入数值,比如35;
　fy1--纵向受压钢筋强度设计值(N/mm^2);
　ds---纵向受压钢筋直径(mm)。

计算结果:
轴心受压柱稳定系数　　　　　　　　φ = 0.967
轴心受压柱的配筋面积　　　　　　　As1 = 6073.2 mm^2
直径25mm的受压钢筋根数　　　　　n = 12 根
轴心受压柱的最大配筋率　　　　　ρmax = 5.00 %
轴心受压柱的配筋率　　　　　　　ρ = 4.83 %
轴心受压柱的最小配筋率　　　　　ρmin = 0.60 %

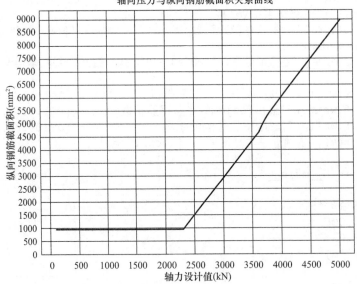

轴向压力与纵向钢筋截面积关系曲线

2.2　普通箍筋轴心受压柱承载力计算

2.2.1　项目描述

项目描述与 2.1.1 节相同,不再赘述。

2.2.2 项目代码

本计算程序为普通箍筋轴心受压柱承载力计算，代码清单 2-2 的 ❶ 为定义斜凝土抗压强度设计值的函数，❷ 为定义框架结构各层柱的计算长度系数的函数，默认 $\mu=1.25$，❸ 为定义轴心受压构件的稳定系数的函数，❹ 为定义已知钢筋混凝土柱的纵向受压钢筋面积确定轴心承载力设计值的函数，❺ 为如果是矩形截面则取矩形截面的面积，如果是圆形截面则取圆形截面的面积，❻ 为以上定义函数的参数赋值，❼ 为计算轴心压力设计值，❽ 为定义小于最小配筋率要求及大于最大配筋率时如何处理，具体见代码清单 2-2。

代 码 清 单   2-2

```
# -*- coding: utf-8 -*-
from datetime import datetime
from math import pi,sqrt

def fc1(fcuk):                                                    ❶
    α_c1 = max((0.76+(0.82-0.76)*(fcuk-50)/(80-50)), 0.76)
    α_c2 = min((1-(1-0.87)*(fcuk-40)/(80-40)), 1.0)
    fck = 0.88*α_c1*α_c2*fcuk
    fc = fck/1.4
    return fc

def l0(H,μ=1.25):                                                 ❷
    return μ*H

def φ1(H,b,d,μ):                                                  ❸
    l01=l0(H,μ)
    b = max(b,sqrt(3)*d/2)
    φ = 1/(1+0.002*(l01/b-8)**2)
    return φ

def axial_compression_column(H,μ,b,h,d,φ,fc,fy1,As1):            ❹
    '''- 本程序为已知钢筋混凝土柱的纵向受压钢筋面积确定轴心承载力设计值的程序 -
    需要输入以下参数：
    H----轴心受压柱的层高(mm);
    μ----框架结构各层柱的计算长度系数;
    b----矩形截面柱宽(mm);
    h----矩形截面柱高(mm);
    d----圆柱截面直径(mm);
    fcuk-混凝土的强度等级，直接输入数值，比如35;
    fy1--纵向受压钢筋强度设计值(N/mm^2);
    As1--纵向受压钢筋面积(mm^2)。  '''

    A = max(b*h, pi*d**2/4)                                      ❺
    ρ = As1/A
    if ρmin > ρ :
```

```
        N = 0.9*φ*fc*A
    elif As1 > 0.03*A :
        N = 0.9*φ*(fc*A+(fy1-fc)*As1)
    else:
        N = 0.9*φ*(fc*A+fy1*As1)
    return N

def main():
    print('\n',axial_compression_column.__doc__,'\n')
    '''    H,     μ,     b,     h,    d, fcuk, fy1, As1    '''
    para = 6000, 1.0, 400, 400, 0, 30, 300, 4926                    ❻
    H, μ, b, h, d, fcuk, fy1, As1 = para
    A = max(b*h, pi*d**2/4)

    fc = fc1(fcuk)
    φ = φ1(H,b,d,μ)

    Nu = axial_compression_column(H,μ,b,h,d,φ,fc,fy1,As1)          ❼
    ρ = As1/A
    print('计算结果: ')
    if Nu == 0 :                                                   ❽
        print(f'受压钢筋配置小于最小配筋率，需增大配筋面积至 {ρmin*A} mm^2')
    else:
        print(f'轴心受压柱稳定系数              φ = {φ:<3.3f} ')
        if ρ > ρmax:
            ρ = As1/A
            print(f'受压配筋率{ρ*100:<3.2f}%大于5%的最大配筋率,需增大截面尺
寸')
        else:
            print(f'轴心受压柱的承载力设计值(kN)Nu = {Nu/1000:<3.2f} ')
            print(f'轴心受压柱的最大配筋率      ρmax = {ρmax*100:<3.3f} %')
            print(f'轴心受压柱的配筋率           ρ = {ρ*100:<3.3f} %')
            print(f'轴心受压柱的最小配筋率      ρmin = {ρmin*100:<3.3f} %')

    dt = datetime.now()
    localtime = dt.strftime('%Y-%m-%d  %H:%M:%S ')
    print('-'*many)
    print("本计算书生成时间 :", localtime)

    filename = '矩形截面轴心受压柱配筋计算.docx'
    with open(filename,'w',encoding = 'utf-8') as f:
        f.write('\n'+ axial_compression_column.__doc__+'\n')
        f.write('计算结果: \n')
        f.write(f'轴心受压柱稳定系数              φ = {φ:<3.3f} \n')
        if ρ > ρmax:
            f.write(f'受压配筋率{ρ*100:<3.3f}%>5%的最大配筋率,需增大截面尺
寸')
        else:
```

```
            f.write(f'轴心受压柱的承载力设计值(kN)Nu = {Nu/1000:<3.2f} \n')
            f.write(f'轴心受压柱的配筋率              ρ = {ρ*100:<3.3f}%\n')
        f.write(f'本计算书生成时间 : {localtime}')

if __name__ == "__main__":
    many = 65
    ρmin = 0.006
    ρmax = 0.05
    print('='*many)
    main()
    print('='*many)
```

2.2.3 输出结果

运行代码清单 2-2，可以得到输出结果 2-2。

输 出 结 果　　　　　　　　　　2-2

```
- 本程序为已知钢筋混凝土柱的纵向受压钢筋面积确定轴心承载力设计值的程序 -
    需要输入以下参数:
    H----轴心受压柱的层高(mm);
    μ----框架结构各层柱的计算长度系数;
    b----矩形截面柱宽(mm);
    h----矩形截面柱高(mm);
    d----圆柱截面直径(mm);
    fcuk-混凝土的强度等级，直接输入数值，比如35;
    fy1--纵向受压钢筋强度设计值(N/mm^2);
    As1--纵向受压钢筋面积(mm^2);

计算结果:
轴心受压柱稳定系数          φ = 0.911
轴心受压柱的承载力设计值(kN)Nu = 3032.98
轴心受压柱的最大配筋率    ρmax = 5.000 %
轴心受压柱的配筋率        ρ = 3.079 %
轴心受压柱的最小配筋率    ρmin = 0.600 %
```

2.3 普通轴心受压柱截面尺寸及目标配筋率计算

2.3.1 项目描述

项目描述与 2.1.1 节相同，不再赘述。

2.3.2 项目代码

本计算程序为普通轴心受压柱截面尺寸及目标配筋率计算，代码清单 2-3 的❶为定义混凝土抗压强度设计值的函数，❷为定义框架结构各层柱的计算长度系数的函数，默认 $\mu=1.25$，❸为定义已知轴心压力与目标配筋率确定钢筋混凝土柱的截面尺寸的函数，❹为定义已知轴心压力与目标配筋率确定钢筋混凝土柱的截面尺寸的函数，❺为以上定义函数的参数赋值，❻为判断配筋率是否大于 3% 及采用的不同计算公式，❼为柱子的横截面宽度工程实用化，❽为采用实际截面后再判断配筋率是否大于 3% 及采用的不同计算公式。具体见代码清单 2-3。

代 码 清 单   2-3

```python
# -*- coding: utf-8 -*-
from datetime import datetime
import sympy as sp

def fc1(fcuk):                                                          ❶
    α_c1 = max((0.76+(0.82-0.76)*(fcuk-50)/(80-50)), 0.76)
    α_c2 = min((1-(1-0.87)*(fcuk-40)/(80-40)), 1.0)
    fck = 0.88*α_c1*α_c2*fcuk
    fc = fck/1.4
    return fc

def l01(H,μ=1.25):                                                     ❷
    return μ*H

def axial_compression_column_1(γ,N,l0,n,fc,fy1,ρ):                     ❸
    '''---  本程序为已知轴心压力与目标配筋率确定钢筋混凝土柱的截面尺寸的程序  ---
    需要输入以下参数:
    γ----结构重要性系数或承载力抗震调整系数;
    N----偏心柱压力设计值(kN);
    H----轴心受压柱的层高(mm);
    μ----框架结构各层柱的计算长度系数;
    n----矩形截面柱长宽比(1.0~2.0);
    fcuk-混凝土的强度等级，直接输入数值，比如35;
    fy1--纵向受压钢筋强度设计值(N/mm^2);
    ρ----目标配筋率。  '''

    b = sp.symbols('b', real=True)
    N = N*1000
    h = n*b
    A = b*h
    As1 = ρ*A
    φ = 1/(1+0.002*(l0/b-8)**2)
    Eq = γ*N-0.9*φ*(fc*A +fy1*As1)
    b = max(sp.solve(Eq,b))
```

```
        return b

def axial_compression_column_2(γ,N,l0,n,fc,fy1,ρ):        ❹
    '''--- 本程序为已知轴心压力与目标配筋率确定钢筋混凝土柱的截面尺寸的程序 ---
    需要输入以下参数:
    γ----结构重要性系数或承载力抗震调整系数;
    N----偏心柱压力设计值(kN);
    H----轴心受压柱的层高(mm);
    μ----框架结构各层柱的计算长度系数;
    n----矩形截面柱长宽比(1.0~2.0);
    fcuk-混凝土的强度等级,直接输入数值,比如35;
    fy1--纵向受压钢筋强度设计值(N/mm^2);
    ρ----目标配筋率。  '''

    b = sp.symbols('b', real=True)
    N = N*1000
    h = n*b
    A = b*h
    As1 = ρ*A
    φ = 1/(1+0.002*(l0/b-8)**2)
    Eq = γ*N-0.9*φ*(fc*(A-As1) + fy1*As1)
    b = max(sp.solve(Eq,b))
    return b

def main():
    print('\n',axial_compression_column_1.__doc__,'\n')
    '''    γ,    N,    H,    μ,    n,   fcuk,   fy1,   ρ '''
    para = 1.0, 3500, 4000, 1.0, 1.0,  50,      360,   0.03      ❺
    γ, N, H, μ, n, fcuk, fy1, ρ = para
    fc = fc1(fcuk)
    l0 = l01(H,μ)

    if ρ > 0.03:                                                 ❻
        b = axial_compression_column_2(γ,N,l0,n,fc,fy1,ρ)
    else:
        b = axial_compression_column_1(γ,N,l0,n,fc,fy1,ρ)

    b = int(50*((b//50)+1))                                      ❼
    A = n*b**2
    As1 = ρ*A
    φ = 1/(1+0.002*(l0/b-8)**2)
    if ρ > 0.03 :                                                ❽
        Nu = 0.9*φ*(fc*(A-As1) + fy1*As1)
    else:
        Nu = 0.9*φ*(fc*A + fy1*As1)

    print('计算结果: ')
```

```
    if ρ > ρmax:
        ρ = As1/A
        print(f'受压配筋率为 {ρ*100:<3.2f}% 大于5%的最大配筋率,需增大截面尺
寸')
    else:
        print(f'轴心受压柱的截面宽度              b = {b:<3.0f} mm')
        print(f'轴心受压柱的截面长度              h = {n*b:<3.0f} mm')
        print(f'实际承载力设计值                 Nu = {Nu/1000:<3.2f} kN')
        print(f'实际承载力设计值与荷载效应设计值的比值: {Nu/N/1000:<3.2f} ')
        print(f'轴心受压柱的最大配筋率        ρmax = {ρmax*100:<3.2f} %')
        print(f'轴心受压柱的配筋率              ρ = {ρ*100:<3.2f} %')
        print(f'轴心受压柱的最小配筋率        ρmin = {ρmin*100:<3.2f} %')

    dt = datetime.now()
    localtime = dt.strftime('%Y-%m-%d   %H:%M:%S ')
    print('-'*many)
    print("本计算书生成时间 :", localtime)

    filename = '已知轴心压力与目标配筋率确定钢筋混凝土柱的截面尺寸计算.docx'
    with open(filename,'w',encoding = 'utf-8') as f:
        f.write('\n'+ axial_compression_column_1.__doc__+'\n')
        f.write('计算结果: \n')
        if ρ > ρmax:
            f.write(f'受压配筋率{ρ*100:<3.3f}%>5%的最大配筋率,需增大截面尺
寸')
        else:
            f.write(f'轴心受压柱的截面尺寸       b = {b:<3.0f} mm\n')
            f.write(f'轴心受压柱的截面长度       h = {n*b:<3.0f}  mm\n')
            f.write(f'实际承载力设计值          Nu = {Nu/1000:<3.2f}  kN\n')
            f.write(f'实际承载力设计值与荷载效应设计值比{Nu/N/1000:<3.2f} \n')
            f.write(f'轴心受压柱的最大配筋率      ρmax = {ρmax*100:<3.2f} % \n')
            f.write(f'轴心受压柱的配筋率          ρ = {ρ*100:<3.2f} % \n')
            f.write(f'轴心受压柱的最小配筋率      ρmin = {ρmin*100:<3.2f} % \n')
        f.write(f'本计算书生成时间 : {localtime}')

if __name__ == "__main__":
    many = 65
    ρmin = 0.006
    ρmax = 0.05
    print('='*many)
    main()
    print('='*many)
```

2.3.3 输出结果

运行代码清单 2-3,可以得到输出结果 2-3。

-- 本程序为已知轴心压力与目标配筋率确定钢筋混凝土柱的截面尺寸的程序 ---
需要输入以下参数：

γ----结构重要性系数或承载力抗震调整系数；
N----偏心柱压力设计值(kN)；
H----轴心受压柱的层高(mm)；
μ----框架结构各层柱的计算长度系数；
n----矩形截面柱长宽比(1.0～2.0)；
fcuk-混凝土的强度等级，直接输入数值，比如35；
fy1--纵向受压钢筋强度设计值(N/mm^2)；
ρ----目标配筋率。

计算结果：

轴心受压柱的截面宽度	b =	350 mm
轴心受压柱的截面长度	h =	350 mm
实际承载力设计值	Nu =	3652.64 kN
实际承载力设计值与荷载效应设计值的比值：		1.04
轴心受压柱的最大配筋率	ρmax =	5.00 %
轴心受压柱的配筋率	ρ =	3.00 %
轴心受压柱的最小配筋率	ρmin =	0.60 %

2.4 螺旋箍筋柱轴心受压截面尺寸及目标配筋率计算

2.4.1 项目描述

根据《混凝土结构设计规范》GB 50010—2010（2015 年版）第 6.2.15 条、第 6.2.16 条、第 6.2.20 条、第 8.5.1 条，配置间接钢筋约束混凝土的受压构件计算如流程图 2-2 所示。部分符号含义见图 2-2。

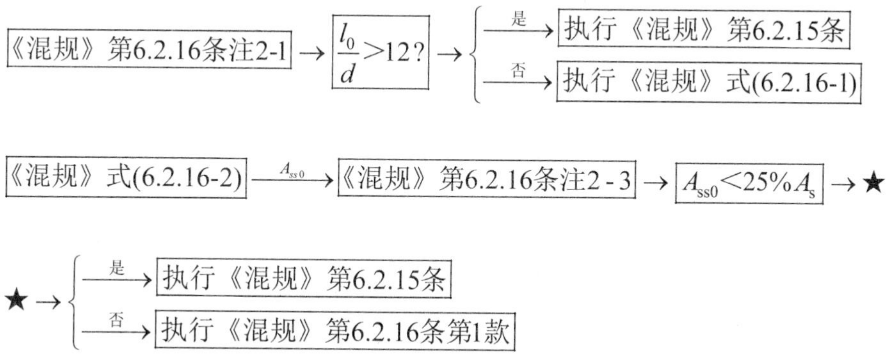

《混规》第6.2.16条注2-1 → $\dfrac{l_0}{d} > 12?$ → { 是 → 执行《混规》第6.2.15条 / 否 → 执行《混规》式(6.2.16-1) }

《混规》式(6.2.16-2) —A_{ss0}→ 《混规》第6.2.16条注2-3 → $A_{ss0} < 25\% A_s$ → ★

★ → { 是 → 执行《混规》第6.2.15条 / 否 → 执行《混规》第6.2.16条第1款 }

流程图 2-2　配置间接钢筋约束混凝土的受压构件计算（一）

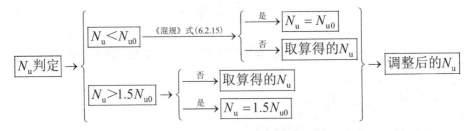

流程图 2-2　配置间接钢筋约束混凝土的受压构件计算（二）

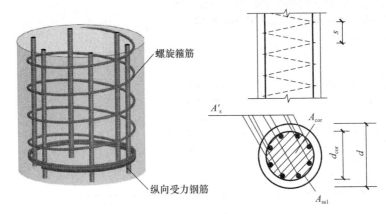

图 2-2　配置间接钢筋约束混凝土的受压构件

2.4.2　项目代码

本计算程序为螺旋箍筋柱轴心受压截面尺寸及目标配筋率计算，代码清单 2-4 的 ❶ 为定义混凝土抗压强度设计值的函数，❷ 为定义框架结构各层柱的计算长度系数的函数，默认 μ=1.25，❸ 为定义已知轴心压力与目标配筋率确定钢筋混凝土柱的截面尺寸的函数，❹ 为定义已知轴心压力与目标配筋率确定钢筋混凝土柱的截面尺寸的函数，❺ 为以上定义函数的参数赋值，❻ 为判断配筋率是否大于 3% 及采用的不同计算公式，❼ 为柱子的横截面宽度工程实用化，❽ 为采用实际截面后再判断配筋率是否大于 3% 及采用的不同计算公式。具体见代码清单 2-4。

代　码　清　单　　　　　　　2-4

```
# -*- coding: utf-8 -*-
from datetime import datetime
import sympy as sp
from math import pi,sqrt

def fc1(fcuk):                                                    ❶
    α_c1 = max((0.76+(0.82-0.76)*(fcuk-50)/(80-50)), 0.76)
    α_c2 = min((1-(1-0.87)*(fcuk-40)/(80-40)), 1.0)
    fck = 0.88*α_c1*α_c2*fcuk
```

```python
        fc = fck/1.4
        return fc


    def l01(H,μ=1.25):                                          ❷
        return μ*H


    def axial_compression_column_1(γ,N,l0,fc,fy1,ρ):            ❸
        '''-本程序为已知轴心压力与目标配筋率确定钢筋混凝土柱的截面尺寸的程序 -
        需要输入以下参数:
        γ----结构重要性系数或承载力抗震调整系数;
        N----偏心柱压力设计值(kN);
        H----轴心受压柱的层高(mm);
        μ----框架结构各层柱的计算长度系数;
        n----矩形截面柱长宽比(1.0~2.0);
        fcuk-混凝土的强度等级,直接输入数值,比如35;
        fy1--纵向受压钢筋强度设计值(N/mm^2);
        ρ----目标配筋率。   '''

        d = sp.symbols('d', real=True)

        N = N*1000
        A = pi*d**2/4
        b = d*sqrt(3)/2
        As1 = ρ*A
        φ = 1/(1+0.002*(l0/b-8)**2)
        Eq = γ*N - 0.9*φ*(fc*A +fy1*As1)

        d = max(sp.solve(Eq, d))
        return d


    def axial_compression_column_2(γ,N,l0,fc,fy1,ρ):            ❹
        d = sp.symbols('d', real=True)
        N = N*1000
        A = pi*d**2/4
        b = d*sqrt(3)/2
        As1 = ρ*A
        φ = 1/(1+0.002*(l0/b-8)**2)
        Eq = γ*N-0.9*φ*(fc*(A-As1) + fy1*As1)
        d = max(sp.solve(Eq, d))
        return d

def main():
    print('\n',axial_compression_column_1.__doc__,'\n')
    '''       γ,    N,    H,    μ,    fcuk, fy1,  ρ '''
    para = 1.0, 6500, 4500, 1.0,  50,   360, 0.035            ❺
    γ, N, H, μ, fcuk, fy1, ρ = para
    fc = fc1(fcuk)
```

```
    l0 = l01(H,μ)

    if ρ > 0.03:                                                          ❻
        d = axial_compression_column_2(γ,N,l0,fc,fy1,ρ)
    else:
        d = axial_compression_column_1(γ,N,l0,fc,fy1,ρ)

    d = int(50*((d//50)+1))                                              ❼
    A = pi*d**2/4
    As1 = ρ*A

    b = d*sqrt(3)/2
    φ = 1/(1+0.002*(l0/b-8)**2)
    if ρ > 0.03 :                                                        ❽
        Nu = 0.9*φ*(fc*(A-As1) + fy1*As1)
    else:
        Nu = 0.9*φ*(fc*A + fy1*As1)

    print('计算结果: ')
    if ρ > ρmax:
        ρ = As1/A
        print(f'受压配筋率为 {ρ*100:<3.2f}% 大于5%的最大配筋率,需增大截面尺
寸')
    else:
        print(f'轴心受压柱的截面直径              d = {d:<3.0f} mm')
        print(f'实际承载力设计值               Nu = {Nu/1000:<3.2f} kN')
        print(f'实际承载力设计值与荷载效应设计值的比值: {Nu/N/1000:<3.2f} ')
        print(f'轴心受压柱的最大配筋率      ρmax = {ρmax*100:<3.2f} %')
        print(f'轴心受压柱的配筋率            ρ = {ρ*100:<3.2f} %')
        print(f'轴心受压柱的最小配筋率      ρmin = {ρmin*100:<3.2f} %')

    dt = datetime.now()
    localtime = dt.strftime('%Y-%m-%d  %H:%M:%S ')
    print('-'*many)
    print("本计算书生成时间 :", localtime)

    filename = '螺旋箍筋柱轴心受压截面尺寸及目标配筋率计算.docx'
    with open(filename,'w',encoding = 'utf-8') as f:
        f.write('\n'+ axial_compression_column_1.__doc__+'\n')
        f.write('计算结果: \n')
        if ρ > ρmax:
            f.write(f'受压配筋率{ρ*100:<3.3f}%>5%的最大配筋率,需增大截面尺
寸')
        else:
            f.write(f'轴心受压柱的截面直径            d = {d:<3.0f} mm\n')
            f.write(f'实际承载力设计值             Nu = {Nu/1000:<3.2f} kN\n')
            f.write(f'实际承载力设计值与荷载效应设计值比{Nu/N/1000:<3.2f} \n')
            f.write(f'轴心受压柱的最大配筋率      ρmax = {ρmax*100:<3.2f} %\n')
```

```
            f.write(f'轴心受压柱的配筋率            ρ = {ρ*100:<3.2f} %\n')
            f.write(f'轴心受压柱的最小配筋率      ρmin = {ρmin*100:<3.2f} %\n')
        f.write(f'本计算书生成时间 : {localtime}')

if __name__ == "__main__":
    many = 65
    Es = 2.0*10**5
    ρmin = 0.006
    ρmax = 0.05
    print('='*many)
    main()
    print('='*many)
```

2.4.3 输出结果

运行代码清单 2-4，可以得到输出结果 2-4。

输 出 结 果　　　　　　　　　　2-4

-本程序为已知轴心压力与目标配筋率确定钢筋混凝土柱的截面尺寸的程序 -
　需要输入以下参数：
　γ----结构重要性系数或承载力抗震调整系数；
　N----偏心柱压力设计值(kN)；
　H----轴心受压柱的层高(mm)；
　μ----框架结构各层柱的计算长度系数；
　n----矩形截面柱长宽比(1.0~2.0)；
　fcuk-混凝土的强度等级，直接输入数值，比如35；
　fy1--纵向受压钢筋强度设计值(N/mm^2)；
　ρ----目标配筋率。

计算结果：
轴心受压柱的截面直径　　　　 d = 550 mm
实际承载力设计值　　　　　　 Nu = 7431.46 kN
实际承载力设计值与荷载效应设计值的比值: 1.14
轴心受压柱的最大配筋率　 ρmax = 5.00 %
轴心受压柱的配筋率　　　　　 ρ = 3.50 %
轴心受压柱的最小配筋率　 ρmin = 0.60 %

2.5 螺旋箍筋轴心受压柱配筋计算

2.5.1 项目描述

项目描述与 2.4.1 节相同，不再赘述。

2.5.2 项目代码

本计算程序为螺旋箍筋轴心受压配筋柱计算，代码清单 2-5 的❶为定义混凝土抗压强度设计值的函数，❷为定义框架结构各层柱的计算长度系数的函数，默认 $\mu=1.25$，❸为定义计算轴心受压构件的稳定系数的函数，❹为定义混凝土强度调整系数的函数，❺为定义已知轴心压力确定螺旋箍筋柱的纵向受压钢筋面积的函数，❻为已知轴心压力确定钢筋混凝土柱的纵向受压钢筋面积的函数，❼为以上定义函数的参数赋值，❽为计算螺旋箍筋柱的纵向受压钢筋面积，❾～❿为计算普通箍筋柱的纵向受压钢筋面积。具体见代码清单 2-5。

代 码 清 单   2-5

```python
# -*- coding: utf-8 -*-
from datetime import datetime
from math import pi,sqrt

def fc1(fcuk):                                                              ❶
    α_c1 = max((0.76+(0.82-0.76)*(fcuk-50)/(80-50)), 0.76)
    α_c2 = min((1-(1-0.87)*(fcuk-40)/(80-40)), 1.0)
    fck = 0.88*α_c1*α_c2*fcuk
    fc = fck/1.4
    return fc

def l01(H,μ=1.25):                                                         ❷
    return μ*H

def φ1(H,d,μ):                                                             ❸
    l0 = l01(H,μ)
    b = sqrt(3)*d/2
    φ = 1/(1+0.002*(l0/b-8)**2)
    return φ

def α(fcuk):                                                              ❹
    α = min(1-(1.0-0.85)*(fcuk-50)/(80-50), 1.0)
    return  α

def Spiral_stirrup_column(γ,N,φ,α1,fc,fy1,as1,d,ds,fyv,ds1,s):            ❺
    '''--- 本程序为已知轴心压力确定螺旋箍筋柱的纵向受压钢筋面积的程序 ---
    需要输入以下参数：
    γ----结构重要性系数或承载力抗震调整系数；
    N----偏心柱压力设计值(kN)；
    H----轴心受压柱的层高(mm)；
    μ----框架结构各层柱的计算长度系数；
    d----圆柱截面直径(mm)；
    fcuk-混凝土的强度等级，直接输入数值，比如35；
    fy1--纵向受压钢筋强度设计值(N/mm^2)；
    s----螺旋箍筋间距(mm)；
```

```
        ds---纵向受压钢筋直径(mm);      '''

    N = N*1000
    dcor = d-2*as1-20
    Acor = pi*dcor**2/4
    A = pi*d**2/4
    Ass1 = pi*ds1**2/4
    Ass0 = (pi*dcor*Ass1)/s
    if 0.9*fc*Acor >= γ*N :
        As1 = ρmin*A
    else:
        As1 = (γ*N/0.9-fc*Acor-2*α1*fyv*Ass0)/fy1
    return As1,Ass0


def axial_compression_column(γ,N,φ,fc,fy1,d):                    ❻
    '''--- 本程序为已知轴心压力确定钢筋混凝土柱的纵向受压钢筋面积的程序 ---
    需要输入以下参数:
    γ----结构重要性系数或承载力抗震调整系数;
    N----偏心柱压力设计值(kN);
    H----轴心受压柱的层高(mm);
    μ----框架结构各层柱的计算长度系数;
    d----圆柱截面直径(mm);
    fcuk-混凝土的强度等级, 直接输入数值, 比如35;
    fy1--纵向受压钢筋强度设计值(N/mm^2)。     '''

    N = N*1000
    A =  pi*d**2/4
    if 0.9*φ*fc*A >= γ*N:
        As1 = ρmin*A
    else:
        As1 =  (γ*N/(0.9*φ)-fc*A)/fy1
    if As1 > 0.03*A:
        As1 = (γ*N/(0.9*φ)-fc*A)/(fy1-fc1)
    return As1

def main():
    print('\n',Spiral_stirrup_column.__doc__,'\n')
    '''     γ,    N,    H,    μ,   fcuk,fy1,as1, d,   ds,  fyv, ds1, s'''
    para = 1.0, 5000, 4500, 1.0, 50, 360, 35, 500, 22, 360, 10, 80     ❼
    γ,N,H,μ,fcuk,fy1,as1,d,ds,fyv,ds1,s = para
    A =  pi*d**2/4
    φ = φ1(H,d,μ)
    α1 =  α(fcuk)
    fc = fc1(fcuk)
    l0 = l01(H,μ)

    results = Spiral_stirrup_column(γ,N,φ,α1,fc,fy1,as1,d,ds,fyv,ds1,s)
    As1, Ass0 = results                                              ❽
```

```
        print('计算结果: ')
        if l0/d < 12 :
            As1 = axial_compression_column(γ,N,φ,fc,fy1,d)        ❾
            Nu1 = 0.9*φ*(fc*A+fy1*As1)

            if N < 1.5*Nu1/1000 :
                print('由螺旋箍筋受压柱控制计算')
                As1 = As1
            else:
                As1 = axial_compression_column(γ,N,H,μ,fcuk,fy1,d)
        else:
            print('由普通轴心受压柱控制计算')
            As1 = axial_compression_column(γ,N,H,μ,fcuk,fy1,d)      ❿

            if Ass0 < 0.25*As1 :
                As1 = axial_compression_column(γ,N,H,μ,fcuk,fy1,d)
            print(f'轴心受压柱稳定系数              φ = {φ:<3.3f} ')

        ρ = As1/A
        if ρ > ρmax:
            print(f'受压配筋率为 {ρ*100:<3.2f}% 大于5%的最大配筋率,需增大截面尺
寸')
        else:
            print(f'轴心受压柱的配筋面积(mm^2)As1 = {As1:<3.1f} ')
            n0 = 4*As1/(pi*ds**2)
            print(f'直径{ds}mm的受压钢筋根数         n = {n0:<2.0f}')
            print(f'轴心受压柱的最大配筋率      ρmax = {ρmax*100:<3.2f} %')
            print(f'轴心受压柱的配筋率            ρ = {ρ*100:<3.2f} %')
            print(f'轴心受压柱的最小配筋率      ρmin = {ρmin*100:<3.2f} %')

        dt = datetime.now()
        localtime = dt.strftime('%Y-%m-%d  %H:%M:%S ')
        print('-'*many)
        print("本计算书生成时间 :", localtime)

        filename = '螺旋箍筋柱截面柱轴心受压配筋计算.docx'
        with open(filename,'w',encoding = 'utf-8') as f:
            f.write('\n'+ Spiral_stirrup_column.__doc__+'\n')
            f.write('计算结果: \n')
            f.write(f'轴心受压柱稳定系数              φ = {φ:<3.3f} \n')
            if ρ > ρmax:
                f.write(f'受压配筋率{ρ*100:<3.3f}%>5%的最大配筋率,需增大截面尺
寸')
            else:
                f.write(f'轴心受压柱的配筋面积(mm^2) As1 = {As1:<3.1f} \n')
                f.write(f'直径{ds}mm的受压钢筋根数         n = {n0:<2.0f} \n')
                f.write(f'轴心受压柱的配筋率            ρ = {ρ*100:<3.3f} % \n')
            f.write(f'本计算书生成时间 : {localtime}')
```

```
if __name__ == "__main__":
    many = 65
    ρmin = 0.006
    ρmax = 0.05
    print('='*many)
    main()
    print('='*many)
```

2.5.3　输出结果

运行代码清单 2-5，可以得到输出结果 2-5。

输 出 结 果　　　　　　　　　　　　2–5

--- 本程序为已知轴心压力确定螺旋箍筋柱的纵向受压钢筋面积的程序 ---
　　需要输入以下参数：
　　γ----结构重要性系数或承载力抗震调整系数；
　　N----偏心柱压力设计值(kN)；
　　H----轴心受压柱的层高(mm)；
　　μ----框架结构各层柱的计算长度系数；
　　d----圆柱截面直径(mm)；
　　fcuk-混凝土的强度等级，直接输入数值，比如35；
　　fy1--纵向受压钢筋强度设计值(N/mm^2)；
　　s----螺旋箍筋间距(mm)；
　　ds---纵向受压钢筋直径(mm)。

计算结果：
由螺旋箍筋受压柱控制计算
轴心受压柱的配筋面积(mm^2)　　As1 = 3004.5
直径22mm的受压钢筋根数　　　　　n = 8
轴心受压柱的最大配筋率　　ρmax = 5.00 %
轴心受压柱的配筋率　　　　　　ρ = 1.53 %
轴心受压柱的最小配筋率　　ρmin = 0.60 %

3 钢筋混凝土偏心受压构件

3.1 矩形偏心受压柱对称配筋计算

3.1.1 项目描述

由流程图 3-1 可知，不需要考虑二阶效应的框架柱的限值条件较多，《混凝土结构设计规范》GB 50010—2010（2015 年版）对二阶弯矩效应提出了较为严格的要求。弯矩 M_1、M_2 是否同方向（顺时针或逆时针），M_1、M_2 的绝对值大小关系，一定要注意 M_1、M_2 在柱顶还是柱底。

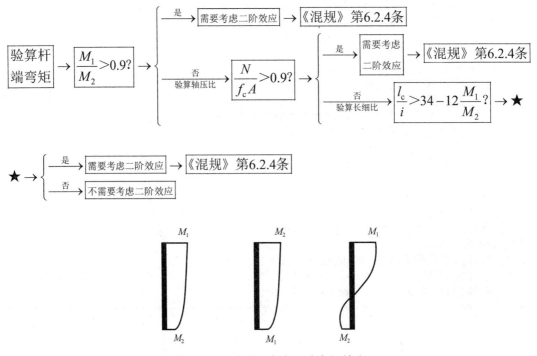

流程图 3-1　是否考虑二阶弯矩效应

根据《混凝土结构设计规范》GB 50010—2010（2015 年版）第 6.2.4 条、第 6.2.5 条、第 6.2.17 条、第 6.2.14 条，考虑二阶效应后的弯矩与配筋计算见流程图 3-2～流程图 3-6。

根据《混凝土结构设计规范》GB 50010—2010（2015 年版）第 6.2.5 条、第 6.2.7 条、第 6.2.17 条，偏心受压截面的配筋计算如流程图 3-7～流程图 3-10 所示，大偏心受压破坏的截面计算简图如图 3-1 所示，小偏心受压破坏的截面计算简图如图 3-2 所示。

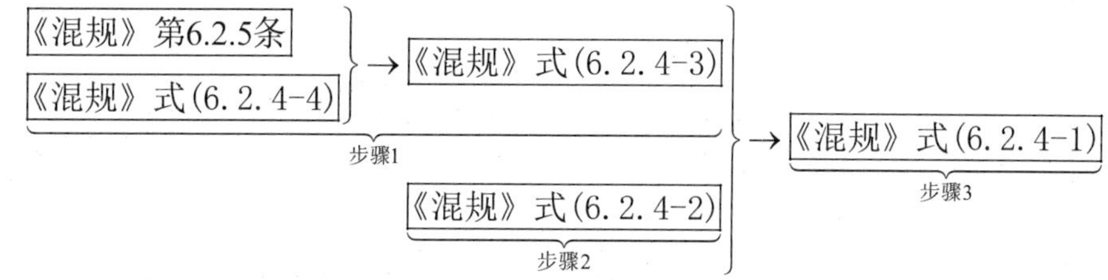

《混规》第6.2.5条
《混规》式(6.2.4-4) → 《混规》式(6.2.4-3)
步骤1
《混规》式(6.2.4-2)
步骤2
→ 《混规》式(6.2.4-1)
步骤3

流程图 3-2　考虑二阶效应后的弯矩计算

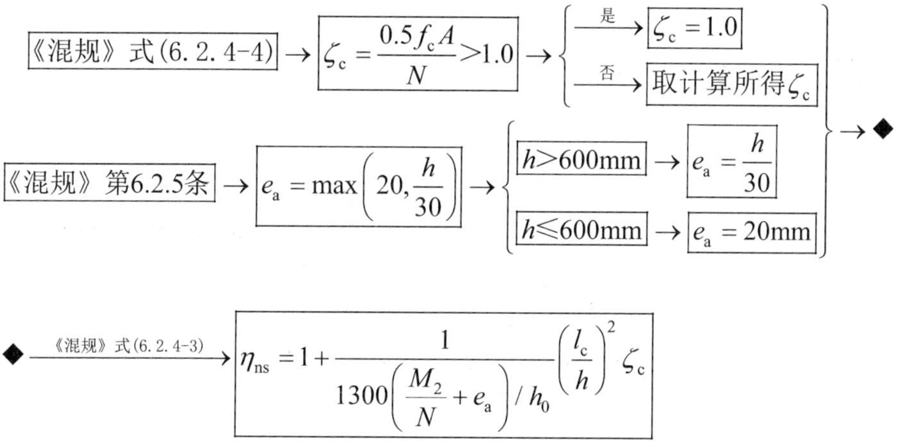

《混规》式(6.2.4-4) → $\zeta_c = \dfrac{0.5 f_c A}{N} > 1.0$ →
- 是 → $\zeta_c = 1.0$
- 否 → 取计算所得 ζ_c

《混规》第6.2.5条 → $e_a = \max\left(20, \dfrac{h}{30}\right)$ →
- $h > 600\text{mm} \to e_a = \dfrac{h}{30}$
- $h \leq 600\text{mm} \to e_a = 20\text{mm}$

→ ◆

◆ —《混规》式(6.2.4-3)→ $\eta_{ns} = 1 + \dfrac{1}{1300\left(\dfrac{M_2}{N} + e_a\right)/h_0}\left(\dfrac{l_c}{h}\right)^2 \zeta_c$

流程图 3-3　η_{ns} 的求解

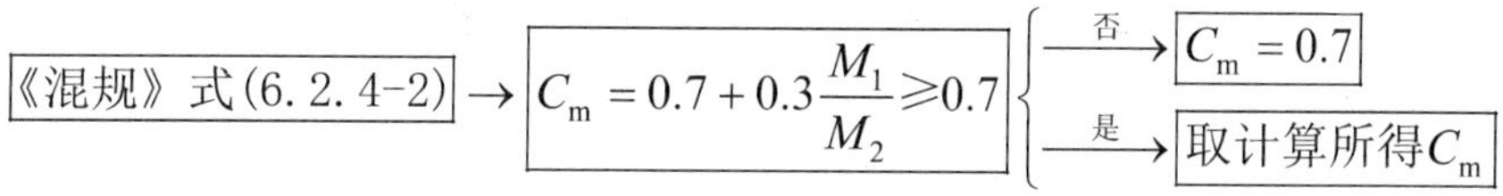

《混规》式(6.2.4-2) → $C_m = 0.7 + 0.3\dfrac{M_1}{M_2} \geq 0.7$
- 否 → $C_m = 0.7$
- 是 → 取计算所得 C_m

流程图 3-4　C_m 的求解

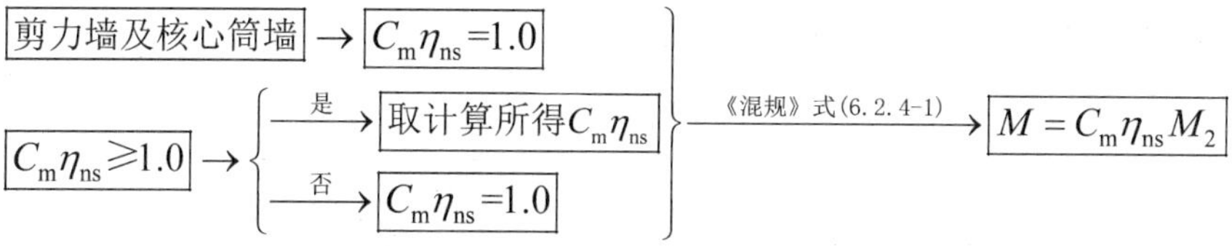

剪力墙及核心筒墙 → $C_m \eta_{ns} = 1.0$

$C_m \eta_{ns} \geq 1.0$ →
- 是 → 取计算所得 $C_m \eta_{ns}$
- 否 → $C_m \eta_{ns} = 1.0$

→《混规》式(6.2.4-1)→ $M = C_m \eta_{ns} M_2$

流程图 3-5　M 的求解

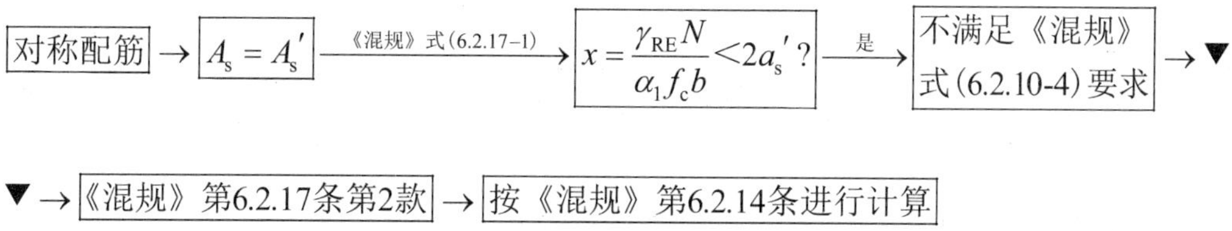

对称配筋 → $A_s = A_s'$ —《混规》式(6.2.17-1)→ $x = \dfrac{\gamma_{RE} N}{\alpha_1 f_c b} < 2a_s'$? —是→ 不满足《混规》式(6.2.10-4)要求 → ▼

▼ →《混规》第6.2.17条第2款 → 按《混规》第6.2.14条进行计算

流程图 3-6　对称配筋的受压构件计算（一）

$$e_0 = \frac{M}{N}$$

《混规》第6.2.5条 → $e_a = \max\left\{20, \dfrac{h}{30}\right\}$ → $e' = e_i - \dfrac{h}{2} + a_s'$ —《混规》式(6.2.14)→ $A_s = A_s'$ → 取较大值

《混规》表11.4.12−1 —满足构造要求→ $A_s = A_s'$

流程图 3-6　对称配筋的受压构件计算（二）

《混规》第6.2.5条 → $e_a = \max\left(20, \dfrac{h}{30}\right)$ —《混规》第6.2.17条→ ◆

◆ → $e_i = e_0 + e_a$ → $e = e_i + \dfrac{h}{2} - a_s$ → 大偏心受压 → $A_s' \geqslant \dfrac{\gamma_{RE} N e - \alpha_1 f_c bx(h_0 - x/2)}{f_y'(h_0 - a_s')}$

$\mu = \dfrac{N}{f_c bh} > 0.15$ —《混规》表11.1.6→ γ_{RE} → $2a_s' < x = \dfrac{\gamma_{RE} N}{\alpha_1 f_c b} < \xi h_0$

流程图 3-7　大偏心受压构件配筋计算

《混规》式(6.2.7−1) → $\xi_b = \dfrac{\beta_1}{1 + \dfrac{f_y}{E_s \varepsilon_{cu}}}$ → $x < \xi_b h_0$ → 按大偏心受压计算

《混规》第6.2.17条 → $x = \dfrac{N}{\alpha_1 f_c b}$

《混规》第6.2.17条 → $x = \dfrac{N}{\alpha_1 f_c b}$ → $x < 2a_s'$ —按《混规》第6.2.17条第2款→ 不满足《混规》式(6.2.10-4) → ●

● —《混规》式(6.2.14)计算→ Ne_s'代替式中的M → $e_s' = \dfrac{f_y A_s(h - a_s - a_s')}{N}$

流程图 3-8　大偏心非抗震钢筋混凝土构件计算

$\dfrac{N}{f_c A} < 0.15?$ —《混规》表11.1.6→ γ_{RE} → 《混规》第6.2.17条 —对称配筋→ $x = \dfrac{\gamma_{RE} N}{\alpha_1 f_c b} < \xi_b h_0?$ —是→ ★

★ → 大偏心受压构件 → 《混规》第6.2.17条第2款 → ●

流程图 3-9　大偏心抗震钢筋混凝土构件计算（一）

$$\text{可按《混规》第6.2.14条计算} \longrightarrow Ne_s' = \frac{f_y A_s (h - a_s - a_s')}{\gamma_{RE}} \longrightarrow \boxed{e_s'}$$

流程图 3-9 大偏心抗震钢筋混凝土构件计算（二）

$$\boxed{《混规》\text{第}6.2.5\text{条}} \rightarrow \boxed{e_a = \max\{20, h/30\}} \xrightarrow{《混规》\text{第}6.2.17\text{条}} \blacklozenge$$

$$\blacklozenge \rightarrow \boxed{e_i = e_0 + e_a} \rightarrow \boxed{e = e_i + \frac{h}{2} - a_s} \rightarrow \boxed{\text{大偏心受压}}$$

$$\boxed{\mu = \frac{N}{f_c b h} > 0.15} \xrightarrow{《混规》\text{表}11.1.6} \boxed{\gamma_{RE}} \rightarrow \boxed{x \geqslant \frac{\gamma_{RE} N}{\alpha_1 f_c b} > 2a_s'}$$

$$\longrightarrow \boxed{A_s' \geqslant \frac{\gamma_{RE} Ne - \alpha_1 f_c b x (h_0 - x/2)}{f_y'(h_0 - a_s')}} \rightarrow \boxed{\text{选配筋}}$$

流程图 3-10 偏心受压截面的配筋计算

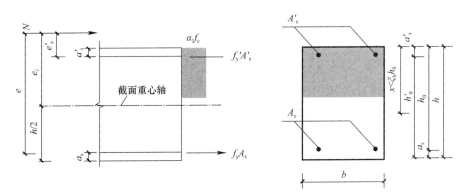

图 3-1 大偏心受压破坏的截面计算简图

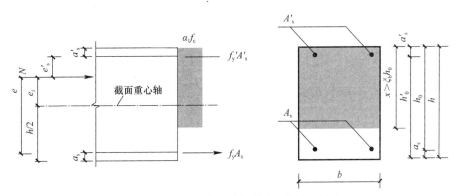

图 3-2 小偏心受压破坏的截面计算简图

3.1.2 项目代码

本计算程序可以计算矩形偏心受压柱对称配筋，代码清单 3-1 的❶为定义计算混凝土抗压强度设计值的函数，❷为定义计算轴心受压构件的稳定系数的函数，❸为定义计算正截面的混凝土极限压应变的函数，❹为定义混凝土的调整系数的函数，❺为定义混凝土受压区高度的调整系数的函数，❻为定义混凝土受压区相对高度的函数，❼为定义已知偏心受压确定钢筋混凝土柱的纵向受压钢筋面积的函数，❽为定义已知轴心压力确定钢筋混凝土柱的纵向受压钢筋面积的函数，❾为以上定义函数的参数赋值，❿为用定义函数计算实际配筋率等内容。具体见代码清单 3-1。

代 码 清 单   3-1

```
# -*- coding: utf-8 -*-
from datetime import datetime
from math import pi,sqrt

def fc(fcuk):                                              ❶
    α_c1 = max((0.76 + (0.82-0.76)*(fcuk-50)/(80-50)), 0.76)
    α_c2 = min((1-(1-0.87)*(fcuk-40)/(80-40)), 1.0)
    fck = 0.88*α_c1*α_c2*fcuk
    fc = fck/1.4
    return fc

def φ(l0,b,d):                                             ❷
    b = max(b,sqrt(3)*d/2)
    φ = 1/(1+0.002*(l0/b-8)**2)
    return φ

def ε_cu(fcuk):                                            ❸
    ε_cu = min((0.0033-(fcuk-50)*10**-5), 0.0033)
    return ε_cu

def α1(fcuk):                                              ❹
    α1 = min(1.0-0.06*(fcuk-50)/3, 1.0)
    return α1

def β1(fcuk):                                              ❺
    β1 = min(0.8-0.06*(fcuk-50)/30, 0.8)
    return β1

def ξ_b(fcuk,fy,Es):                                       ❻
    ε_cu1 = ε_cu(fcuk)
    β11 = β1(fcuk)
    ξ_b = β11/(1+fy/(Es*ε_cu1))
    return ξ_b
```

```python
def eccentric_column(γ,M1,M2,V,N,l0,b,h,as1,fcuk,fy,fy1,d,ds):     ❼
    '''--- 本程序为已知偏心受压确定钢筋混凝土柱的纵向受压钢筋面积的程序 ---
    需要输入以下参数:
    γ---结构重要性系数或承载力抗震调整系数;
    N----轴心压力设计值(kN);
    b----矩形截面梁宽(mm);
    h----矩形截面梁高(mm);
    fcuk-混凝土的强度等级,直接输入数值,比如35;
    fy1--纵向受压钢筋强度设计值(N/mm^2)。   '''
    if abs(M1) > abs(M2) :
        M1,M2 = M2,M1
    M1 = M1*10**6
    M2 = M2*10**6
    V = V*1000
    N = N*1000
    h0 = h-as1
    as2 = as1
    A = max(b*h, pi*d**2/4)
    fc1 = fc(fcuk)
    α11 = α1(fcuk)
    ea = max(20,h/30)
    μ = N/(fc1*A)
    ξ_b1 = ξ_b(fcuk,fy,Es)
    i = h/(sqrt(3)*2)

    if l0/i > (34-12*M1/M2) :
        ς_c=min(0.5*fc1*A/N, 1.0)
        Cm=min(0.7+0.3*M1/M2, 1.0)

    η_ns = 1+(l0/h)**2*ς_c*h0/(1300*(M2/N+ea))
    M = max(Cm*η_ns, 1.0)*M2

    λ = M/(V*h0)
    μ_alow = 0.7-0.05  if λ < 2  else 0.7
    μ = N/(fc1*A)

    e0 = M/N
    ei = e0+ea
    e = ei+h/2-as1
    ξ_b1 = ξ_b(fcuk,fy,Es)
    x = γ*N/(α11*fc1*b)
    ξ = x/h0

    if ξ < ξ_b1 :
        As1 = (γ*N*e-α11*fc1*b*x*(h0-x/2))/(fy1*(h0-as2))
        As = (α11*fc1*b*x+fy1*As1-N)/fy
    else:
```

```
        As1 = (γ*N*e-ξ*(1-0.5*ξ)*α11*fc1*b*h0**2)/(fy1*(h0-as2))
        As = As1

    return As1, As, η_ns, ξ, ξ_b1, μ, μ_alow

def axial_compression_column(γ,N,l0,b,h,fcuk,fy1,d,ds):              ➑
    '''--- 本程序为已知轴心压力确定钢筋混凝土柱的纵向受压钢筋面积的程序 ---
    需要输入以下参数:
    γ---结构重要性系数或承载力抗震调整系数;
    N----轴心压力设计值(kN);
    b----矩形截面梁宽(mm);
    h----矩形截面梁高(mm);
    fcuk-混凝土的强度等级,直接输入数值,比如35;
    fy1--纵向受压钢筋强度设计值(N/mm^2)。   '''

    N = N*1000
    A = max(b*h, pi*d**2/4)
    fc1 = fc(fcuk)
    φ1 = φ(l0,b,d)

    if 0.9*φ1*fc1*A >= γ*N:
        As1 = ρmin*A
    else:
        As1 =  (γ*N/(0.9*φ1)-(fc1*A))/fy1

    if As1 > 0.03*A :
        As1 = (γ*N/(0.9*φ1)-(fc1*A))/(fy1-fc1)
    return As1

def main():
    print('\n',eccentric_column.__doc__,'\n')
    '''    γ, M1, M2, V, N, l0, b, h, as1, fcuk, fy, fy1, d, ds '''
    para = 1.0, 450, 572, 360, 3600, 4500, 400, 600, 0, 30, 360, 360,
800, 22
    γ, M1, M2, V, N, l0, b, h, as1, fcuk, fy, fy1, d, ds = para        ➒

    A = max(b*h, pi*d**2/4)
    results = eccentric_column(γ,M1,M2,V,N,l0,b,h,as1,fcuk,fy,fy1,d,ds)
    As1, As, η_ns ,ξ , ξ_b, μ, μ_alow = results                       ➓

    print('---计算结果---')
    if μ <= μ_alow :
        print(f'轴压比 {μ:<3.2f} <= {μ_alow:<3.2f}, 符合规范要求。')
    else:
        print('轴压比 {μ:<3.2f} > {μ_alow:<3.2f},需调整柱的横截面尺寸。')

    print('\n---按照偏心受压构件计算---')
    print(f'受压区高度比值 ξ = {ξ:<3.3f}')
    print(f'受压区高度限值 ξ_b = {ξ_b:<3.3f}')
```

```
if ξ < ξ_b :
    print('本对称配筋矩形柱属于大偏心受压 \n')
else:
    print('本对称配筋矩形柱属于小偏心受压 \n')
print(f'偏心增大系数                    η_ns = {η_ns:<3.3f} ')
print(f'受拉钢筋面积                     As = {As:<3.3f} mm^2')
n0 = 4*As/(pi*ds**2)
print(f'直径{ds}mm的受拉钢筋根数(根)     n = {n0:<2.0f}')
print(f'受压钢筋面积(mm^2)            As1 = {As1:<3.3f} ')

φ1 = φ(l0,b,d)
As1 = axial_compression_column(γ,N,l0,b,h,fcuk,fy1,d,ds)
ρ = (As1+As)/A

print('\n---按照轴心受压构件计算---')
print(f'轴心受压柱稳定系数               φ = {φ1:<3.3f} ')
if ρ > ρmax:
    ρ = As1/A
    print(f'受压配筋率为 {ρ*100:<3.2f}% 大于5%的最大配筋率,需增大截面尺
寸')
else:
    print(f'轴心受压柱的配筋面积            As1 = {As1:<5.1f} mm^2')
    n1 = 4*As1/(pi*ds**2)
    print(f'直径{ds}mm的受压钢筋根数(根)     n = {n1:<2.0f}')
    print(f'轴心受压柱的最大配筋率        ρmax = {ρmax*100:<3.2f} %')
    print(f'轴心受压柱的配筋率              ρ = {ρ*100:<3.2f} %')
    print(f'轴心受压柱的最小配筋率        ρmin = {ρmin*100:<3.2f} %')

dt = datetime.now()
localtime = dt.strftime('%Y-%m-%d  %H:%M:%S ')
print('-'*many)
print("本计算书生成时间 :", localtime)

filename = '矩形截面柱偏心受压配筋计算.docx'
with open(filename,'w',encoding = 'utf-8') as f:
    f.write('\n'+ eccentric_column.__doc__+'\n')
    f.write('\n---计算结果--- \n')
    if μ <= μ_alow :
        f.write(f'轴压比{μ:<3.2f}<={μ_alow:<3.2f},符合规范要求。\n')
    else:
        f.write('轴压比{μ:<3.2f}>{μ_alow:<3.2f},需调整柱的横截面尺寸。\n')
    f.write('\n---按照偏心受压构件计算---\n')
    f.write(f'受压区高度比值 ξ = {ξ:<3.3f} \n')
    f.write(f'受压区高度限值 ξ_b = {ξ_b:<3.3f} \n')
    if ξ < ξ_b :
        f.write('本对称配筋矩形柱属于大偏心受压 \n')
    else:
        f.write('本对称配筋矩形柱属于小偏心受压 \n')
    f.write(f'偏心增大系数                    η_ns = {η_ns:<3.3f} \n')
```

```
            f.write(f'受拉钢筋面积                As = {As:<3.3f} mm^2\n')
            f.write(f'直径{ds}mm的受拉钢筋根数(根)  n = {n0:<2.0f} \n')
            f.write(f'受压钢筋面积                As1 = {As1:<3.3f} mm^2\n')

            f.write('\n---按照轴心受压构件计算--- \n')
            f.write(f'轴心受压柱稳定系数             φ = {φ1:<3.3f} \n')
            f.write(f'偏心增大系数                η_ns = {η_ns:<3.3f} \n')
            f.write(f'受拉钢筋面积                As = {As:<3.3f} mm^2\n')
        if ρ > ρmax:
            f.write(f'配筋率{ρ*100:<3.3f}%大于5%最大配筋率,需增大截面尺寸
\n')
        else:
            f.write(f'轴心受压柱的配筋面积(mm^2) As1 = {As1:<5.1f} \n')
            f.write(f'直径{ds}mm的受压钢筋根数(根)  n = {n0:<2.0f} \n')
            f.write(f'轴心受压柱的最大配筋率     ρmax = {ρmax*100:<3.2f} % \n')
            f.write(f'轴心受压柱的配筋率          ρ = {ρ*100:<3.2f} % \n')
            f.write(f'轴心受压柱的最小配筋率     ρmin = {ρmin*100:<3.2f} % \n')
        f.write(f'本计算书生成时间 : {localtime}')

if __name__ == "__main__":
    many = 65
    Es = 2.0*10**5
    ρmin = 0.006
    ρmax = 0.05
    print('='*many)
    main()
    print('='*many)
```

3.1.3 输出结果

运行代码清单 3-1，可以得到输出结果 3-1。

输 出 结 果   3—1

--- 本程序为已知偏心受压确定钢筋混凝土柱的纵向受压钢筋面积的程序 ---
    需要输入以下参数:
    γ---结构重要性系数或承载力抗震调整系数;
    N----轴心压力设计值(kN);
    b----矩形截面梁宽(mm);
    h----矩形截面梁高(mm);
    fcuk-混凝土的强度等级,直接输入数值,比如35;
    fy1--纵向受压钢筋强度设计值(N/mm^2)。

---计算结果---
轴压比 0.50 <= 0.70, 符合规范要求。

```
---按照偏心受压构件计算---
受压区高度比值 ξ = 1.047
受压区高度限值 ξ_b = 0.518
本对称配筋矩形柱属于小偏心受压

偏心增大系数                    η_ns = 1.145
受拉钢筋面积                    As = 3405.016 mm^2
直径22mm的受拉钢筋根数(根)        n = 9
受压钢筋面积(mm^2)             As1 = 3405.016

---按照轴心受压构件计算---
轴心受压柱稳定系数              φ = 0.995
轴心受压柱的配筋面积            As1 = 3015.9 mm^2
直径22mm的受压钢筋根数(根)       n = 8
轴心受压柱的最大配筋率          ρmax = 5.00 %
轴心受压柱的配筋率             ρ = 1.28 %
轴心受压柱的最小配筋率          ρmin = 0.60 %
```

3.2　圆柱偏心受压对称配筋计算

3.2.1　项目描述

项目描述与 3.1.1 节相同，不再赘述。

3.2.2　项目代码

本计算程序可以计算圆柱偏心受压对称配筋，代码清单 3-2 的❶为定义计算混凝土抗压强度设计值的函数，❷为定义混凝土的调整系数的函数，❸为定义已知偏心受压力确定圆柱的钢筋面积的函数，❹为定义轴力弯矩计算的函数，❺为定义绘制轴力弯矩曲线的函数，❻为以上定义函数的参数赋值，❼为计算圆形截面配筋，❽为计算圆形配筋的迭代次数及配筋面积。具体见代码清单 3-2。

代　码　清　单　　　　　　3-2

```
# -*- coding: utf-8 -*-
from datetime import datetime
from math import pi,sin
import sympy as sp
import matplotlib.pyplot as plt

def fc1(fcuk):                                                    ❶
    α_c1 = max((0.76 + (0.82-0.76)*(fcuk-50)/(80-50)), 0.76)
    α_c2 = min((1 - (1-0.87)*(fcuk-40)/(80-40)), 1.0)
```

```
    fck = 0.88*α_c1*α_c2*fcuk
    fc = fck/1.4
    return fc

def α11(fcuk):
    α1 = min(1.0-0.06*(fcuk-50)/3, 1.0)
    return α1

def circular_eccentric_compression_column(γ,M,N,d,as1,fcuk,fy):
    '''--- 本程序为已知偏心受压力确定圆柱的钢筋面积 ---
    需要输入以下参数:
    γ---结构重要性系数或承载力抗震调整系数;
    N----轴心压力设计值(kN);
    b----矩形截面梁宽(mm);
    h----矩形截面梁高(mm);
    fcuk-混凝土的强度等级,直接输入数值,比如35;
    fy1--纵向受压钢筋强度设计值(N/mm^2)。   '''

    As = sp.symbols('As', real=True)
    N = N*1000
    M = M*10**6
    r = d/2
    A = pi*r**2
    rs = r-as1
    ea = max(20,d/30)
    e0 = M/N
    ei = e0+ea
    fc = fc1(fcuk)
    α1 = α11(fcuk)

    α = 0.1
    error_value = 1000

    Ass1, Ass2, α_1, αt_1 = [], [], [], []
    n = 0
    while error_value > 30:
        αt = 1.25-2*α if α <= 0.625 else 0

        zhouya = γ*N-α*α1*fc*A*(1-sin(2*pi*α))/(2*pi*α)
        if zhouya < 0:
            As1 = 0
        else:
            Eq1 = γ*N-α*α1*fc*A*(1-sin(2*pi*α))/(2*pi*α)-(α-αt)*fy*As
            As1 = max(sp.solve(Eq1,As))
        Ass1.append(As1)
        #print('As1 = ',As1)

        wanju = γ*N*ei-(2/3)*α1*fc*A*r*(sin(pi*α)**3)/pi
        if wanju < 0:
```

```
                As2 = 0
            else:
                Eq2 = γ*N*ei-(2/3)*α1*fc*A*r*(sin(pi*α)**3)/pi \
                      -fy*As*rs*(sin(pi*α)+sin(pi*αt)/pi)
                As2 = max(sp.solve(Eq2,As))
            Ass2.append(As1)
            #print('As2 = ',As2)
            α_1.append(α)
            αt_1.append(α)
            α = α+0.001
            n = n+1
            error_value = abs(abs(As2)-abs(As1))
        As = max(abs(As2), abs(As1))
        return As, error_value, n, α, Ass1 ,Ass2, α_1, αt_1

def Nu(d,as1,fcuk,fy,α,As):
    r = d/2
    A = pi*r**2
    rs = r-as1
    fc = fc1(fcuk)
    α1 = α11(fcuk)
    αt = 1.25-2*α if α <= 0.625 else 0
    N = α*α1*fc*A*(1-sin(2*pi*α))/(2*pi*α)+(α-αt)*fy*As
    M = (2/3)*α1*fc*A*r*(sin(pi*α)**3)/pi+fy*As*rs*(sin(pi*α)+sin(pi*αt)/pi)
    return N, M, αt

def calculation_drawing(db, n, i):
    k = range(0, n)
    fig = plt.figure(figsize = (8,5), facecolor="#f1f1f1")
    left, bottom, width, height = 0.1, 0.1, 0.75, 0.75
    fig.add_axes((left, bottom, width, height), facecolor="#f1f1f1")
    plt.rcParams['font.sans-serif'] = ['SimHei']

    plt.title('圆形截面钢筋混凝土柱配筋')
    plt.plot(k, db, color='r', label=str(i),linewidth=i+1, linestyle=':')
    plt.legend()
    plt.grid()
    plt.xlabel('迭代次数')
    plt.ylabel(str(i))
    plt.show()
    graph = 'graph-'+str(i)
    fig.savefig(graph, dpi=300, facecolor="#f1f1f1")
    return 0

def main():
    print('\n',circular_eccentric_compression_column.__doc__,'\n')
    para = 1.0, 290, 2900, 650, 20, 35, 360
    γ, M, N, d, as1, fcuk, fy = para
    results = circular_eccentric_compression_column(γ,M,N,d,as1,fcuk,fy)
```
④ ⑤ ⑥

```
As, error_value, n, α, Ass1 ,Ass2, α_1, αt_1 = results          ❼

print('计算结果：')
print(f'受拉钢筋面积(mm^2)          As = {As:<3.1f} mm^2')
print(f'误差面积(mm^2)  error_value = {error_value:<3.1f} mm^2')
print(f'迭代计算次数                 n = {n:<3.0f} ')
print(f'                           α = {α:<3.3f} ')

N, M, αt = Nu(d,as1,fcuk,fy,α,As)                                ❽
print(f'                           N = {N/1000:<3.3f} kN')
print(f'                           M = {M/10**6:<3.3f} kN·m')
print(f'                          αt = {αt:<3.3f} ')
for i,db in zip(range(4),(Ass1 ,Ass2, α_1, αt_1)):
    calculation_drawing(db, n, i)

dt = datetime.now()
localtime = dt.strftime('%Y-%m-%d  %H:%M:%S ')
print('-'*many)
print("本计算书生成时间 :", localtime)

filename = '偏心受压力确定圆柱的钢筋面积.docx'
with open(filename,'w',encoding = 'utf-8') as f:
    ''' 输出计算结果到docx文件中 '''
    f.write('\n'+ circular_eccentric_compression_column.__doc__+'\n')
    f.write('计算结果: \n')
    f.write(f'受拉钢筋面积(mm^2)          As = {As:<3.1f} \n')
    f.write(f'误差面积(mm^2)  error_value = {error_value:<3.1f} \n')
    f.write(f'迭代计算次数                 n = {n:<3.0f} \n')
    f.write(f'本计算书生成时间 : {localtime}')

if __name__ == "__main__":
    many = 65
    Es = 2.0*10**5
    ρmin = 0.006
    ρmax = 0.05
    print('='*many)
    main()
    print('='*many)
```

3.2.3 输出结果

运行代码清单 3-2，可以得到输出结果 3-2。

输 出 结 果　　　　　3-2

--- 本程序为已知偏心受压力确定圆柱的钢筋面积 ---

需要输入以下参数：
γ---结构重要性系数或承载力抗震调整系数；
N----轴心压力设计值(kN)；
b----矩形截面梁宽(mm)；
h----矩形截面梁高(mm)；
fcuk-混凝土的强度等级，直接输入数值，比如35；
fy1--纵向受压钢筋强度设计值(N/mm^2)。

计算结果：
受拉钢筋面积(mm^2)   As = 8262.6 mm^2
误差面积(mm^2)   error_value = 24.8 mm^2
迭代计算次数   n = 23
                           α = 0.123
                           N = -2354.037 kN
                           M = 358.763 kN·m
                          αt = 1.004

3.3 矩形截面柱偏心受压配筋计算

3.3.1 项目描述

项目描述与 3.1.1 节相同，不再赘述。

3.3.2 项目代码

本计算程序可以计算矩形截面柱偏心受压配筋，代码清单 3-3 的❶为定义计算混凝土抗压强度设计值的函数，❷为定义框架结构各层柱的计算长度系数的函数，默认 μ=1.25，❸为定义计算轴心受压构件的稳定系数的函数，❹为定义计算正截面的混凝土极限压应变的函数，❺为定义混凝土的调整系数的函数，❻为定义混凝土受压区高度的调整系数的函数，❼为定义混凝土受压区相对高度的函数，❽为定义已知偏心受压确定钢筋混凝土柱的纵向受压钢筋面积的函数，❾为定义已知轴心压力确定钢筋混凝土柱的纵向受压钢筋面积的函数，❿为用定义函数计算实际配筋率等内容，具体见代码清单 3-3。

代 码 清 单　　　　　　　　　　3-3

```
# -*- coding: utf-8 -*-
from datetime import datetime
from math import pi,sqrt


def fc1(fcuk):                                                      ❶
    α_c1 = max((0.76 + (0.82-0.76)*(fcuk-50)/(80-50)),0.76)
    α_c2 = min((1 - (1-0.87)*(fcuk-40)/(80-40)),1.0)
    fck = 0.88*α_c1*α_c2*fcuk
```

```
    fc = fck/1.4
    return fc

def l0(H,μ=1.25):                                                    ❷
    return μ*H

def φ1(H,b,d,μ):                                                     ❸
    l01=l0(H,μ)
    b = max(b,sqrt(3)*d/2)
    φ = 1/(1+0.002*(l01/b-8)**2)
    return φ

def ε_cu(fcuk):                                                      ❹
    ε_cu = min((0.0033-(fcuk-50)*10**-5),0.0033)
    return ε_cu

def α(fcuk):                                                         ❺
    α1 = min(1.0-0.06*(fcuk-50)/3, 1.0)
    return α1

def β1(fcuk):                                                        ❻
    ''' '''
    β1 = min(0.8-0.06*(fcuk-50)/30, 0.8)
    return β1

def ξ_b(fcuk,fy,Es):                                                 ❼
    ε_cu1 = ε_cu(fcuk)
    β11 = β1(fcuk)
    ξ_b = β11/(1+fy/(Es*ε_cu1))
    return ξ_b

def large_eccentric_column(γ,M,V,N,H,μ,b,h,as1,fcuk,fy,fy1,Es,d,ds): ❽
    '''--- 本程序为已知偏心受压确定钢筋混凝土柱的纵向受压钢筋面积的程序 ---
    需要输入以下参数:
    γ----结构重要性系数或承载力抗震调整系数;
    M----偏心柱弯矩设计值(kN·m);
    V----偏心柱压力设计值(kN);
    N----偏心柱压力设计值(kN);
    H----偏心柱受压柱的层高(mm);
    μ----框架结构各层柱的计算长度系数;
    b----矩形截面柱宽(mm);
    h----矩形截面柱高(mm);
    d---圆柱截面直径(mm);
    fcuk-混凝土的强度等级, 直接输入数值, 比如35;
    fy1--纵向受压钢筋强度设计值(N/mm^2);
    ds---纵向受压钢筋直径(mm)。    '''
    h0 = h-as1
    l01 = l0(H,μ)
    as2 = as1
```

```
        A = max(b*h, pi*d**2/4)
        fc = fc1(fcuk)
        α1 = α(fcuk)
        μ = N*1000/(fc*A)
        λ = M*10**6/(V*1000*h0)
        μ_alow = 0.7-0.05  if λ < 2  else 0.7

        if μ <= μ_alow :
            e0 = M*10**6/(N*1000)
            ea = max(20,h/30)
            ei=e0+ea
            i = h/(sqrt(3)*2)

            if l01/i >17.5 :
                ς1=min(0.5*fc*A/(N*1000), 1.0)
            if l01/h < 15 :
                ς2=1.0

            η=1+(l01/h)**2*ς1*ς2/(1400*ei/h0)
            ξ_b1=ξ_b(fcuk,fy,Es)
            x = γ*N*1000/(α1*fc*b)

            if 2*as1 < x and x < ξ_b1*h0:
                e=η*ei+h/2-as1
                As=(γ*N*1000*e-α1*fc*b*x*(h0-x/2))/(fy1*(h0-as2))
                As1=As
            return As1,As,η


def axial_compression_column(γ,N,H,μ,b,h,fcuk,fy1,d,ds):
    '''--- 本程序为已知轴心压力确定钢筋混凝土柱的纵向受压钢筋面积的程序 ---
    A = max(b*h, pi*d**2/4)
    fc = fc1(fcuk)
    φ = φ1(H,b,d,μ)
    N = N*1000
    if 0.9*φ*fc*A >= γ*N :
        As1 = ρmin*A
    else:
        As1 =  (γ*N/(0.9*φ)-(fc*A))/fy1
    if As1 > 0.03*A:
        As1 = (γ*N/(0.9*φ)-(fc*A))/(fy1-fc1)
    return As1


def main():
    print('\n',large_eccentric_column.__doc__,'\n')
    ''' 计算式中各单位为N、m制 '''
    para = [1.0, 365, 360, 1250, 4000, 1.0, 600, 600,
            40, 40, 300, 300, 2.0*10**5,  0, 25]
    γ,M,V,N,H,μ,b,h,as1,fcuk,fy,fy1,Es,d,ds = para
    A = max(b*h, pi*d**2/4)
```

⑨

⑩

```python
    results = large_eccentric_column(γ,M,V,N,H,μ,b,h,as1,fcuk,fy,fy1,Es,d,ds)
    As1 = results[0]
    As = results[1]
    η = results[2]
    print('计算结果: ')
    print(f'偏心增大系数                    η = {η:<3.3f} ')
    print(f'受拉钢筋面积(mm^2)        As = {As:<3.3f} ')
    print(f'受压钢筋面积(mm^2)        As1 = {As1:<3.3f} ')

    φ = φ1(H,b,d,μ)
    As1 = axial_compression_column(γ,N,H,μ,b,h,fcuk,fy1,d,ds)
    ρ = As1/A

    print(f'轴心受压柱稳定系数            φ = {φ:<3.3f} ')
    if ρ > ρmax:
        ρ = As1/A
        print(f'受压配筋率为 {ρ*100:<3.2f}% 大于5%的最大配筋率,需增大截面尺
寸')
    else:
        print(f'轴心受压柱的配筋面积(mm^2)As1 = {As1:<5.1f} ')
        n0 = 4*As1/(pi*ds**2)
        print(f'直径{ds}mm的受压钢筋根数(根)     n = {n0:<2.0f}')
        print(f'轴心受压柱的配筋率            ρ = {ρ*100:<5.3f}%')
    dt = datetime.now()
    localtime = dt.strftime('%Y-%m-%d  %H:%M:%S ')
    print('-'*many)
    print("本计算书生成时间 :", localtime)

    filename = '矩形截面柱偏心受压配筋计算.docx'
    with open(filename,'w',encoding = 'utf-8') as f:
        ''' 输出计算结果到docx文件中 '''
        f.write('\n'+ large_eccentric_column.__doc__+'\n')
        f.write('计算结果: \n')
        f.write(f'轴心受压柱稳定系数            φ = {φ:<3.3f} \n')
        f.write(f'偏心增大系数                  η = {η:<3.3f} \n')
        f.write(f'受拉钢筋面积(mm^2)        As = {As:<3.3f} \n')
        if ρ > ρmax:
            f.write(f'配筋率为{ρ*100:<3.3f}%大于5%的最大配筋率,需增大截面尺
寸')
        else:
            f.write(f'轴心受压柱的配筋面积(mm^2) As1 = {As1:<5.1f} \n')
            f.write(f'直径{ds}mm的受压钢筋根数(根)     n = {n0:<2.0f}\n')
            f.write(f'轴心受压柱的配筋率            ρ = {ρ*100:<5.3f}%')
        f.write(f'本计算书生成时间 : {localtime}')

if __name__ == "__main__":
    many = 65
    ρmin = 0.006
```

```
ρmax = 0.05
print('='*many)
main()
print('='*many)
```

3.3.3 输出结果

运行代码清单 3-3，可以得到输出结果 3-3。

输 出 结 果   3-3

```
--- 本程序为已知偏心受压确定钢筋混凝土柱的纵向受压钢筋面积的程序 ---
    需要输入以下参数:
    γ----结构重要性系数或承载力抗震调整系数;
    M----偏心柱弯矩设计值(kN·m);
    V----偏心柱压力设计值(kN);
    N----偏心柱压力设计值(kN);
    H----偏心柱受压柱的层高(mm);
    μ----框架结构各层柱的计算长度系数;
    b----矩形截面柱宽(mm);
    h----矩形截面柱高(mm);
    d----圆柱截面直径(mm);
    fcuk-混凝土的强度等级,直接输入数值,比如35;
    fy1--纵向受压钢筋强度设计值(N/mm^2);
    ds---纵向受压钢筋直径(mm)。

计算结果:
偏心增大系数                     η = 1.057
受拉钢筋面积(mm^2)              As = 675.407
受压钢筋面积(mm^2)             As1 = 675.407
轴心受压柱稳定系数               φ = 0.996
轴心受压柱的配筋面积(mm^2)As1 = 2160.0
直径25mm的受压钢筋根数(根)       n = 4
轴心受压柱的配筋率               ρ = 0.600%
```

3.4 偏心受压构件裂缝反算（方法 1）

3.4.1 项目描述

项目描述与 3.1.1 节相同，不再赘述。

3.4.2 项目代码

本计算程序为偏心受压构件裂缝反算，代码清单 3-4 的 ❶ 为定义混凝土抗拉强度设计值的函数，❷ 为定义已知准永久组合确定钢筋混凝土受压构件钢筋面积的函数，❸ 为以上定义函数的参数赋值，❹ 为偏心受压柱的配筋等计算结果。具体见代码清单 3-4。

代 码 清 单　　　　　　　　　　　3-4

```python
# -*- coding: utf-8 -*-
from datetime import datetime
from math import pi
import sympy as sp

def ftk1(fcuk):                                                    ❶
    δ = [0.21, 0.18, 0.16, 0.14, 0.13, 0.12, 0.12,
            0.11, 0.11, 0.1, 0.1, 0.1, 0.1, 0.1]
    i = int((fcuk-15)/5)
    α_c2 = min((1-(1-0.87)*(fcuk-40)/(80-40)), 1.0)
    ftk = 0.88*0.395*fcuk**0.55*(1-1.645*δ[i])**0.45*α_c2
    return ftk

def crack_eccen_compres_col(Nq,Mq,αcr,l0,b,h,as1,Ap,ftk,Wlim,deq):  ❷
    '''--- 本程序为已知准永久组合确定钢筋混凝土受压构件钢筋面积程序 ---
    需要输入以下参数:
    Nq----轴力准永久组合设计值(kN);
    Mq----弯矩准永久组合设计值(kN·m);
    b----矩形截面梁宽(mm);
    h----矩形截面梁高(mm);
    as1----钢筋受拉区合力点到混凝土面的距离(mm);
    Wlim --裂缝限值(mm)。   '''

    As = sp.symbols('As', real=True)
    Mq = Mq*10**6
    Nq = Nq*1000
    h0 = h-as1
    cs = 30
    e0 = Mq/Nq
    ηs = 1+1/(4000*e0/h0)*(l0/h)**2 if l0/h > 14 else 1.0

    ys =  h/2-as1
    e = ηs*e0+ys
    z = min((0.87-0.12*(h0/e)**2)*h0, 0.87*h0)

    Ate = 0.5*b*h
    ρte = (As+Ap)/Ate
    σsq = Nq*(e-z)/(z*As)
    ψ = 1.1-0.65*ftk/(ρte*σsq)
    ψ = min(max(ψ,0.2),1.0)
    Wmax = Wlim
    Eq = Wmax - αcr*ψ*σsq/Es*(1.9*cs+0.08*deq/ρte)
    As = max(sp.solve(Eq,As))
    number = As/((pi*deq**2)/4)
```

```
        ρte = (As+Ap)/Ate
        return As, number, ρte

def main():
    print('\n',crack_eccen_compres_col.__doc__,'\n')
    '''    Nq,      Mq,     αcr, l0,   b,    h,    as1, Ap, fcuk, Wlim, deq '''
    para = 1409.26, 384.46, 1.9, 2800, 300, 400, 40, 0, 35, 0.2, 20          ❸
    Nq, Mq, αcr, l0, b, h, as1, Ap, fcuk, Wlim, deq = para
    ftk = ftk1(fcuk)
    results = crack_eccen_compres_col(Nq,Mq,αcr,l0,b,h,as1,Ap,ftk,Wlim,deq)
    As, number, ρte = results                                                ❹

    print('计算结果: ')
    print('根据弯矩准永久组合及裂缝限值计算所得的')
    print(f'钢筋混凝土梁钢筋面积          As = {As:<3.0f} mm^2')
    print(f'钢筋混凝土梁钢筋根数      number = {number:<2.0f} ')
    print(f'参数                         ρte = {ρte:<2.3f} ')

    dt = datetime.now()
    localtime = dt.strftime('%Y-%m-%d  %H:%M:%S ')
    print('-'*many)
    print("本计算书生成时间 :", localtime)

    filename = '已知准永久组合确定钢筋混凝土受压构件钢筋面积.docx'
    with open(filename,'w',encoding = 'utf-8') as f:
        f.write('\n'+ crack_eccen_compres_col.__doc__+'\n')
        f.write('计算结果: \n')
        f.write(f'钢筋混凝土梁钢筋面积          As = {As:<3.0f} mm^2\n')
        f.write(f'钢筋混凝土梁钢筋根数      number = {number:<2.0f} \n')
        f.write(f'本计算书生成时间 : {localtime}')

if __name__ == "__main__":
    many = 65
    Es = 2.0*10**5
    Ap = 0
    print('='*many)
    main()
    print('='*many)
```

3.4.3 输出结果

运行代码清单 3-4，可以得到输出结果 3-4。

输 出 结 果　　　　　　　　　　　　　　　3-4

--- 本程序为已知准永久组合确定钢筋混凝土受压构件钢筋面积程序 ---

需要输入以下参数:
Nq----轴力准永久组合设计值(kN);
Mq----弯矩准永久组合设计值(kN·m);
b----矩形截面梁宽(mm);
h----矩形截面梁高(mm);
as1----钢筋受拉区合力点到混凝土面的距离(mm);
Wlim --裂缝限值(mm)。

计算结果:
根据弯矩准永久组合及裂缝限值计算所得的
钢筋混凝土梁钢筋面积   As = 3069 mm^2
钢筋混凝土梁钢筋根数   number = 10
参数   ρte = 0.051

3.5 偏心受压构件裂缝反算（方法 2）

3.5.1 项目描述

项目描述同 1.7.1 节相同，不再赘述。

3.5.2 项目代码

本计算程序为偏心受压构件裂缝反算，代码清单 3-5 的❶为定义混凝土抗拉强度设计值的函数，❷为定义已知准永久组合确定钢筋混凝土受压构件钢筋面积的函数，❸为以上定义函数的参数赋值，❹为偏心受压柱的配筋等计算结果。具体见代码清单 3-5。

代 码 清 单   3-5

```
# -*- coding: utf-8 -*-
from datetime import datetime
from math import pi
import sympy as sp


def ftk1(fcuk):                                                        ❶
    δ = [0.21, 0.18, 0.16, 0.14, 0.13, 0.12, 0.12,
            0.11, 0.11, 0.1, 0.1, 0.1, 0.1, 0.1]
    i = int((fcuk-15)/5)
    α_c2 = min((1-(1-0.87)*(fcuk-40)/(80-40)), 1.0)
    ftk = 0.88*0.395*fcuk**0.55*(1-1.645*δ[i])**0.45*α_c2
    return ftk


def crack_eccen_compres_col(Nq,Mq,αcr,l0,b,h,as1,Ap,ftk,Wlim,deq):     ❷
    '''--- 本程序为已知准永久组合确定钢筋混凝土受压构件钢筋面积程序 ---
    需要输入以下参数:
```

```
        Nq----轴力准永久组合设计值(kN);
        Mq----弯矩准永久组合设计值(kN·m);
        b----矩形截面梁宽(mm);
        h----矩形截面梁高(mm);
        as1----钢筋受拉区合力点到混凝土面的距离(mm);
        Wlim --裂缝限值(mm)。   '''

        As = sp.symbols('As', real=True)

        h0 = h-as1
        cs = 30
        e0 = Mq*10**6/(Nq*1000)
        ηs = 1+1/(4000*e0/h0)*(l0/h)**2 if l0/h > 14 else 1.0

        ys =  h/2-as1
        e = ηs*e0+ys
        z = min((0.87-0.12*(h0/e)**2)*h0, 0.87*h0)
        Ate = 0.5*b*h
        ρte = (As+Ap)/Ate
        σsq = Nq*1000*(e-z)/(z*As)

        ψ = 1.1-0.65*ftk/(ρte*σsq)
        ψ = min(max(ψ,0.2),1.0)
        Wmax = Wlim
        Nq = Nq*1000

        As = ((1.9*cs*αcr*ψ*Nq*(e-z)+(1.9*cs*αcr*ψ*Nq*(e-z))**2
               +0.32*Es*z*Wmax*Ate*deq*αcr*ψ*Nq*(e-z))**0.5 )/(2*Es*Wmax*z)
        ρte = (As+Ap)/Ate

        if ρte< 0.01:
            As = 1.1*Nq*(e-z)/((Wmax*Es/(αcr*(1.9*cs+8*deq)+65*ftk))*z)
        ρte = (As+Ap)/Ate

        number = As/((pi*deq**2)/4)
        return As, number, ρte

def main():
    print('\n',crack_eccen_compres_col.__doc__,'\n')
    '''    Nq,      Mq,    αcr, l0,   b,    h, as1, Ap, fcuk, Wlim, deq  '''
    para = 1009.26, 54.46, 1.9, 2800, 300, 400, 40, 0, 35, 0.2, 20    ❸
    Nq, Mq, αcr, l0, b, h, as1, Ap, fcuk, Wlim, deq = para
    ftk = ftk1(fcuk)
    results = crack_eccen_compres_col(Nq,Mq,αcr,l0,b,h,as1,Ap,ftk,Wlim,deq)
    As, number, ρte = results                                         ❹

    print('计算结果: ')
    print('根据弯矩准永久组合及裂缝限值计算所得的')
    print(f'钢筋混凝土梁钢筋面积                 As = {As:<3.0f} mm^2')
```

```
print(f'钢筋直径{deq}mm的钢筋根数              number = {number:<2.0f} ')
print(f'参数                              ρte = {ρte*100:<2.3f} % ')

dt = datetime.now()
localtime = dt.strftime('%Y-%m-%d  %H:%M:%S ')
print('-'*many)
print("本计算书生成时间 :", localtime)

filename = '已知准永久组合确定钢筋混凝土受压构件钢筋面积.docx'
with open(filename,'w',encoding = 'utf-8') as f:
    f.write('\n'+ crack_eccen_compres_col.__doc__+'\n')
    f.write('计算结果: \n')
    f.write(f'钢筋混凝土梁钢筋面积              As = {As:<3.0f} mm^2\n')
    f.write(f'钢筋混凝土梁钢筋根数          number = {number:<2.0f} \n')
    f.write(f'参数                          ρte = {ρte*100:<2.3f} % \n')
    f.write(f'本计算书生成时间 : {localtime}')

if __name__ == "__main__":
    many = 65
    Es = 2.0*10**5
    Ap = 0
    print('='*many)
    main()
    print('='*many)
```

3.5.3 输出结果

运行代码清单 3-5，可以得到输出结果 3-5。

输 出 结 果   3-5

```
--- 本程序为已知准永久组合确定钢筋混凝土受压构件钢筋面积程序 ---
    需要输入以下参数:
    Nq----轴力准永久组合设计值(kN);
    Mq----弯矩准永久组合设计值(kN·m);
    b----矩形截面梁宽(mm);
    h----矩形截面梁高(mm);
    as1----钢筋受拉区合力点到混凝土面的距离(mm);
    Wlim --裂缝限值(mm)。

计算结果:
根据弯矩准永久组合及裂缝限值计算所得的
钢筋混凝土梁钢筋面积              As = 1863 mm^2
钢筋直径20mm的钢筋根数          number = 6
参数                          ρte = 3.104 %
```

3.6 矩形偏心受压柱 Nu_Mu 曲线

3.6.1 项目描述

项目描述与 3.1.1 节相同，不再赘述。

3.6.2 项目代码

本计算程序计算矩形偏心受压柱 Nu_Mu 曲线，代码清单 3-6 的 ❶ 为定义计算混凝土抗压强度设计值的函数，❷ 为定义混凝土的调整系数的函数，❸ 为定义计算正截面的混凝土极限压应变的函数，❹ 为定义混凝土受压区高度的调整系数的函数，❺ 为定义混凝土受压区相对高度的函数，❻ 为定义生成图线颜色的函数，❼ 为定义对称配筋时 Nu_Mu 曲线的函数，❽ 为以上定义函数的参数赋值，❾ 生成对称配筋时 Nu_Mu 曲线，具体见代码清单 3-6。

代 码 清 单　　　　　　　　　　3-6

```python
# -*- coding: utf-8 -*-
import random
from datetime import datetime
import numpy as np
import matplotlib.pyplot as plt

def fc(fcuk):                                                              ❶
    α_c1 = max((0.76 + (0.82-0.76)*(fcuk-50)/(80-50)), 0.76)
    α_c2 = min((1 - (1-0.87)*(fcuk-40)/(80-40)), 1.0)
    fck = 0.88*α_c1*α_c2*fcuk
    fc = fck/1.4
    return fc

def α1(fcuk):                                                             ❷
    α1 = min(1.0-0.06*(fcuk-50)/3, 1.0)
    return α1

def ε_cu(fcuk):                                                           ❸
    ε_cu = min((0.0033-(fcuk-50)*10**-5), 0.0033)
    return ε_cu

def β1(fcuk):                                                             ❹
    β1 = min(0.8-0.06*(fcuk-50)/30, 0.8)
    return β1

def ξ_b(fcuk,fy,Es):                                                      ❺
    ε_cu1 = ε_cu(fcuk)
```

```
    β11 = β1(fcuk)
    ξ_b = β11/(1+fy/(Es*ε_cu1))
    return ξ_b

def gen_colors(N=100):                                               ❻
    colors = []
    for i in range(N):
        r = random.randrange(250)
        g = random.randrange(250)
        b = random.randrange(250)
        colors.append(f'#{r:02x}{g:02x}{b:02x}')
    return colors

def Nu_Mu(fcuk,fy1,b,h,as1):                                         ❼
    as2 = as1
    h0 = h-as1
    fc1 = fc(fcuk)
    α11 = α1(fcuk)
    colors = gen_colors()

    fig = plt.figure(figsize=(5.7,4.6), facecolor="#f1f1f1")
    left, bottom, width, height = 0.1, 0.1, 0.85, 0.8
    fig.add_axes((left, bottom, width, height), facecolor="#f1f1f1")
    plt.rcParams['font.sans-serif'] = ['SimHei']

    plt.title('对称配筋时Nu_Mu相关曲线')
    makers = ['.','^','1','s','x','h','*','p','+','o','D',
              'x','h','*','|','^','1','s','x','h','*','p']
    for i,As1 in enumerate(range(1000,4500,500)):
        dot_num = 22
        x1 = np.linspace(1,h,dot_num,endpoint=True,retstep=False,dtype=None)
        Nu1= α11*fc1*b*x1
        Mu1 = -(Nu1**2)/(2*α11*fc1*b)+Nu1*h/2+fy1*As1*(h0-as2)

        plt.plot(Mu1/10**6, Nu1/1000, color=colors[i],
                 label='As='+str(As1)+'mm^2',linewidth=1,
                 linestyle='-',marker=makers[i])
    plt.legend()
    plt.grid()
    plt.xlabel('Mu (kN·m)')
    plt.ylabel('Nu (kN)')
    plt.show()
    graph = '对称配筋时Nu_Mu相关曲线 '
    fig.savefig(graph, dpi=600, facecolor="#f1f1f1")
    return 0

def main():
    '''                          fcuk, fy1, b, h, as1 '''
    fcuk, fy1, b, h, as1 = 40, 360, 500, 600, 35                     ❽
```

```
    Nu_Mu(fcuk,fy1,b,h,as1)                                    ❾

    dt = datetime.now()
    localtime = dt.strftime('%Y-%m-%d  %H:%M:%S ')
    print('-'*m)
    print("本图形生成时间 :", localtime)

if __name__ == "__main__":
    m = 66
    print('='*m)
    main()
    print('='*m)
```

3.6.3 输出结果

运行代码清单 3-6，可以得到输出结果 3-6。

输 出 结 果 3-6

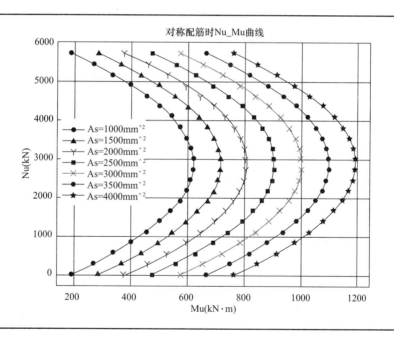

3.7 矩形偏心受压柱 N 为定值 Nu_Mu 判断

3.7.1 项目描述

项目描述与 3.1.1 节相同，不再赘述。

3.7.2 项目代码

本计算程序为矩形偏心受压柱 N 为定值 Nu_Mu 判断，代码清单 3-7 的❶为定义计算混凝土抗压强度设计值的函数，❷为定义混凝土的调整系数的函数，❸为定义计算正截面的混凝土极限压应变的函数，❹为定义混凝土受压区高度的调整系数的函数，❺为定义混凝土受压区相对高度的函数，❻为定义生成图线颜色的函数，❼为定义对称配筋时 Nu_Mu 曲线的函数，❽为以上定义函数的参数赋值，❾生成对称配筋时 Nu_Mu 曲线。具体见代码清单 3-7。

代 码 清 单　　　　　　　　3–7

```python
# -*- coding: utf-8 -*-
import random
from datetime import datetime
import numpy as np
import matplotlib.pyplot as plt

def fc1(fcuk):                                                          ❶
    α_c1 = max((0.76 + (0.82-0.76)*(fcuk-50)/(80-50)), 0.76)
    α_c2 = min((1 - (1-0.87)*(fcuk-40)/(80-40)), 1.0)
    fck = 0.88*α_c1*α_c2*fcuk
    fc = fck/1.4
    return fc

def α(fcuk):                                                           ❷
    α1 = min(1.0-0.06*(fcuk-50)/3, 1.0)
    return α1

def ε_cu(fcuk):                                                        ❸
    ε_cu = min((0.0033-(fcuk-50)*10**-5), 0.0033)
    return ε_cu

def β1(fcuk):                                                          ❹
    β1 = min(0.8-0.06*(fcuk-50)/30, 0.8)
    return β1

def ξ_b(fcuk,fy,Es):                                                   ❺
    ε_cu1 = ε_cu(fcuk)
    β11 = β1(fcuk)
    ξ_b = β11/(1+fy/(Es*ε_cu1))
    return ξ_b

def gen_colors(N=100):                                                 ❻
    colors = []
    for i in range(N):
        r = random.randrange(250)
        g = random.randrange(250)
```

```
        b = random.randrange(250)
        colors.append(f'#{r:02x}{g:02x}{b:02x}')
    return colors

def Nu_Mu(fcuk,fy1,b,h,as1):                                    ❼
    as2 = as1
    h0 = h-as1
    fc = fc1(fcuk)
    α1 = α(fcuk)

    fig = plt.figure(figsize=(5.7,4.6), facecolor="#f1f1f1")
    left, bottom, width, height = 0.1, 0.1, 0.85, 0.8
    fig.add_axes((left, bottom, width, height), facecolor="#f1f1f1")
    plt.rcParams['font.sans-serif'] = ['SimHei']
    plt.title('对称配筋时Nu_Mu相关曲线')
    colors = gen_colors()

    As1 = 3600
    dot_num = 66
    x1 = np.linspace(1,h,dot_num,endpoint=True,retstep=False,dtype=None)
    Nu1= α1*fc*b*x1
    Mu1 = -(Nu1**2)/(2*α1*fc*b)+Nu1*h/2+fy1*As1*(h0-as2)
    plt.plot(Mu1/10**6, Nu1/1000, color='r', label='Nu_Mu相关曲线',
             linewidth=2, linestyle='-',marker='',alpha=1)

    Nu = 2600
    Mu1 = -((Nu*1000)**2)/(2*α1*fc*b)+(Nu*1000)*h/2+fy1*As1*(h0-as2)
    makers = ['.','^','1','s','x','h','*','p','+','o','D',
             'x','h','*','|','^','1','s','x','h','*','p']

    for i,Mu in enumerate(range(850,1200,50)):
        print(f'当Nu={Nu:<3.0f}kN,Mu={Mu:<3.0f}kN·m时,荷载组合:',
end='')
        panduan = '安全' if Mu <= Mu1/10**6 else '不安全'
        print(panduan)
        plt.plot(Mu, Nu, color=colors[i], label=f'N={Nu}、M={Mu} '+panduan,
                 linewidth=0.5, linestyle='-',marker=makers[i],alpha=1)
    plt.legend()
    plt.grid()
    plt.xlabel('Mu (kN·m)')
    plt.ylabel('Nu (kN)')
    plt.show()
    graph = '对称配筋时Nu_Mu相关曲线给定值的判断 '
    fig.savefig(graph, dpi=300, facecolor="#f1f1f1")
    return 0

def main():
    '''                      fcuk, fy1, b, h, as1 '''
    fcuk, fy1, b, h, as1 = 40, 360, 500, 600, 35                ❽
```

```
    Nu_Mu(fcuk,fy1,b,h,as1)                                          ❾

    dt = datetime.now()
    localtime = dt.strftime('%Y-%m-%d  %H:%M:%S ')
    print('-'*many)
    print("本图形生成时间 :", localtime)

if __name__ == "__main__":
    many = 45
    print('='*many)
    main()
    print('='*many)
```

3.7.3 输出结果

运行代码清单 3-7，可以得到输出结果 3-7。

输 出 结 果　　　　　　　　　　3-7

当Nu=2600kN,Mu=850kN·m时,此荷载组合:安全
当Nu=2600kN,Mu=900kN·m时,此荷载组合:安全
当Nu=2600kN,Mu=950kN·m时,此荷载组合:安全
当Nu=2600kN,Mu=1000kN·m时,此荷载组合:安全
当Nu=2600kN,Mu=1050kN·m时,此荷载组合:安全
当Nu=2600kN,Mu=1100kN·m时,此荷载组合:安全
当Nu=2600kN,Mu=1150kN·m时,此荷载组合:不安全

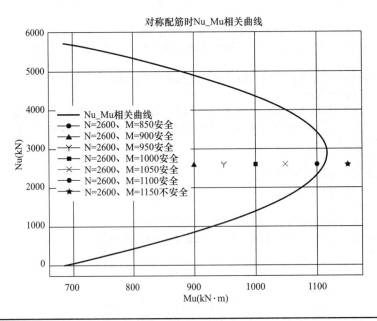

3.8　矩形偏心受压柱给出 N–M 值判断 Nu_Mu

3.8.1　项目描述

项目描述与 3.1.1 节相同，不再赘述。

3.8.2　项目代码

本计算程序计算矩形偏心受压柱给出 N–M 值判断 Nu_Mu，代码清单 3-8 的❶为定义计算混凝土抗压强度设计值的函数，❷为定义混凝土的调整系数的函数，❸为定义计算正截面的混凝土极限压应变的函数，❹为定义混凝土受压区高度的调整系数的函数，❺为定义混凝土受压区相对高度的函数，❻为定义对称配筋时 Nu_Mu 相关曲线的函数，❼为以上定义函数的参数赋值，❽生成对称配筋时 Nu_Mu 相关曲线。具体见代码清单 3-8。

代 码 清 单　　　　　　　　　　　3–8

```python
# -*- coding: utf-8 -*-
from datetime import datetime
import numpy as np
import matplotlib.pyplot as plt

def fc1(fcuk):                                                         ❶
    α_c1 = max((0.76 + (0.82-0.76)*(fcuk-50)/(80-50)), 0.76)
    α_c2 = min((1 - (1-0.87)*(fcuk-40)/(80-40)), 1.0)
    fck = 0.88*α_c1*α_c2*fcuk
    fc = fck/1.4
    return fc

def α(fcuk):                                                          ❷
    α1 = min(1.0-0.06*(fcuk-50)/3, 1.0)
    return α1

def ε_cu(fcuk):                                                       ❸
    ε_cu = min((0.0033-(fcuk-50)*10**-5), 0.0033)
    return ε_cu

def β1(fcuk):                                                         ❹
    β1 = min(0.8-0.06*(fcuk-50)/30, 0.8)
    return β1

def ξ_b(fcuk,fy,Es):                                                  ❺
    ε_cu1 = ε_cu(fcuk)
    β11 = β1(fcuk)
    ξ_b = β11/(1+fy/(Es*ε_cu1))
    return ξ_b
```

```
def Nu_Mu(fcuk,fy1,b,h,as1):                                        ❻
    as2 = as1
    h0 = h-as1
    fc = fc1(fcuk)
    α1 = α(fcuk)

    fig = plt.figure(figsize=(5.7,4.6), facecolor="#f1f1f1")
    left, bottom, width, height = 0.1, 0.1, 0.85, 0.8
    fig.add_axes((left, bottom, width, height), facecolor="#f1f1f1")
    plt.rcParams['font.sans-serif'] = ['SimHei']
    plt.title('对称配筋时Nu_Mu相关曲线')

    As1 = 3600
    dot_num = 66
    x1 = np.linspace(1,h,dot_num,endpoint=True,retstep=False,dtype=None)
    Nu1 = α1*fc*b*x1
    Mu1 = -(Nu1**2)/(2*α1*fc*b)+Nu1*h/2+fy1*As1*(h0-as2)

    plt.plot(Mu1/10**6, Nu1/1000, color='b', label='Nu_Mu相关曲线',
             linewidth=2, linestyle='-',marker='',alpha=1)

    makers = ['.','^','1','s','x','h','*','p','+','o','D',
              'x','h','*','|','^','1','s','x','h','*','p']
for i,Nu,Mu in \
        zip(makers,[5800,5200,1600,850,3500], [800,800,860,950,1050]):
        Mu1 = -((Nu*1000)**2)/(2*α1*fc*b)+(Nu*1000)*h/2+fy1*As1*(h0-as2)

        print(f'当Nu={Nu:<3.0f}kN,Mu={Mu:<3.0f}kN·m时,此荷载组合',
end='')
        panduan = '安全' if Mu <= Mu1/10**6 else '不安全'
        print(panduan)
        plt.plot(Mu,Nu, color='r',label=f'N={Nu}、 M={Mu}'+panduan,marker=i)
    plt.legend()
    plt.grid()
    plt.xlabel('Mu (kN·m)')
    plt.ylabel('Nu (kN)')
    plt.show()
    graph = '对称配筋时Nu_Mu相关曲线给定N_M值的判断 '
    fig.savefig(graph, dpi=600, facecolor="#f1f1f1")
    return 0

def main():
    '''                          fcuk, fy1, b,  h,  as1 '''
    fcuk, fy1, b, h, as1 = 40, 360, 500, 600, 35          ❼
    Nu_Mu(fcuk,fy1,b,h,as1)                               ❽

    dt = datetime.now()
    localtime = dt.strftime('%Y-%m-%d  %H:%M:%S ')
```

```
    print('-'*many)
    print("本图形生成时间 :", localtime)

if __name__ == "__main__":
    many = 45
    print('='*many)
    main()
    print('='*many)
```

3.8.3　输出结果

运行代码清单 3-8，可以得到输出结果 3-8。

输　出　结　果	3-8

当Nu=5800kN，Mu=800kN·m时，此荷载组合不安全。
当Nu=5200kN，Mu=800kN·m时，此荷载组合安全。
当Nu=1600kN，Mu=860kN·m时，此荷载组合安全。
当Nu=850kN，Mu=950kN·m时，此荷载组合不安全。
当Nu=3500kN，Mu=1050kN·m时，此荷载组合安全。

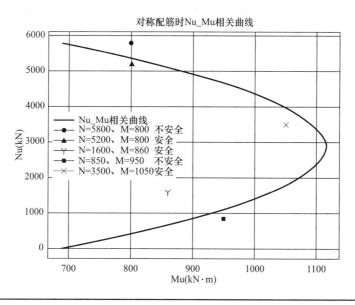

3.9　矩形双向偏心受压构件计算

3.9.1　项目描述

近似计算公式：

$$N \leqslant \cfrac{1}{\cfrac{1}{N_{ux}} + \cfrac{1}{N_{uy}} - \cfrac{1}{N_{u0}}} \qquad (3\text{-}1)$$

式中　N_{u0}——构件的截面轴心受压承载力设计值；

　　　N_{ux}——轴向压力作用于 x 轴并考虑相应的计算偏心距 e_{ix} 后，按全部纵向普通钢筋计算的构件偏心受压承载力设计值；

　　　N_{uy}——轴向压力作用于 y 轴并考虑相应的计算偏心距 e_{iy} 后，按全部纵向普通钢筋计算的构件偏心受压承载力设计值。

3.9.2　项目代码

本计算程序计算矩形双向偏心受压构件，代码清单 3-9 的❶为定义计算混凝土抗压强度设计值的函数，❷为定义混凝土的调整系数的函数，❸为定义计算正截面的混凝土极限压应变的函数，❹为定义混凝土受压区高度的调整系数的函数，❺为定义混凝土受压区相对高度的函数，❻为轴心受压构件的函数，❼为定义偏心受压构件的函数，❽为定义对称配筋时 Nu_Mu 相关曲线的函数，❾为以上定义函数的参数赋值，❿为绘制双向偏心受压构件。具体见代码清单 3-9。

代 码 清 单　　　　　　　　　3-9

```
# -*- coding: utf-8 -*-
from datetime import datetime
import sympy as sp
import matplotlib.pyplot as plt

def fc1(fcuk):                                                        ❶
    α_c1 = max((0.76 + (0.82-0.76)*(fcuk-50)/(80-50)), 0.76)
    α_c2 = min((1 - (1-0.87)*(fcuk-40)/(80-40)), 1.0)
    fck = 0.88*α_c1*α_c2*fcuk
    fc = fck/1.4
    return fc

def α(fcuk):                                                          ❷
    α1 = min(1.0-0.06*(fcuk-50)/3, 1.0)
    return α1

def ε_cu(fcuk):                                                       ❸
    ε_cu = min((0.0033-(fcuk-50)*10**-5), 0.0033)
    return ε_cu

def β1(fcuk):                                                         ❹
    β1 = min(0.8-0.06*(fcuk-50)/30, 0.8)
    return β1

def ξ_b(fcuk,fy,Es):                                                  ❺
```

```
    ε_cu1 = ε_cu(fcuk)
    β11 = β1(fcuk)
    ξ_b = β11/(1+fy/(Es*ε_cu1))
    return ξ_b

def axial_compression_column(As1,b,h,fcuk,fy1):                    ❻
    A = b*h
    fc = fc1(fcuk)
    Nu0 = fc*A+fy1*As1
    return Nu0

def eccentric_column(x,As1,b,h,as1,fcuk,fy1):                      ❼
    fc = fc1(fcuk)
    α1 = α(fcuk)
    fy2 = fy1
    As2 = As1
    Nux = α1*fc*b*x+fy1*As1+fy2*As2
    return Nux

def biaxial_eccentric_compression_member(x,As1,fcuk,fy1,b,h,as1): ❽
    N = sp.symbols('N', real=True)
    Nu0 = axial_compression_column(As1,b,h,fcuk,fy1)
    Nux = eccentric_column(x,As1,b,h,as1,fcuk,fy1)
    Nuy = Nux
    Eq = 1/N-(1/Nux+1/Nuy-1/Nu0)
    N = max(sp.solve(Eq,N))
    return N

def main():
    '''                                  x,  As1,  fcuk,fy1,  b,   h, as1 '''
    x, As1, fcuk, fy1, b, h, as1 = 100, 2600, 40, 360, 400, 500, 35    ❾
    fig = plt.figure(figsize=(8,5), facecolor="#f1f1f1")
    left, bottom, width, height = 0.1, 0.1, 0.75, 0.75
    fig.add_axes((left, bottom, width, height), facecolor="#f1f1f1")
    plt.rcParams['font.sans-serif'] = ['SimHei']
    plt.title('双向受压构件')

    makers = makers = ['.','^','1','s','p','*','h','+','x','o','D','|'] ❿
    for i,x in  zip(range(10), range(100, 230, 10))  :
        N =  biaxial_eccentric_compression_member(x,As1,fcuk,fy1,b,h,as1)
        Nu0 =  eccentric_column(x,As1,b,h,as1,fcuk,fy1)
        plt.plot(Nu0/1000,N/1000,'r',label=f'{x} mm',
                linewidth=0.5, linestyle='-',marker= makers[i])

    plt.legend()
    plt.grid()
    plt.xlabel('x (mm)')
    plt.ylabel('N (kN)')
    plt.show()
```

```
    graph = '双向受压构件 '
    fig.savefig(graph, dpi=300, facecolor="#f1f1f1")

    dt = datetime.now()
    localtime = dt.strftime('%Y-%m-%d   %H:%M:%S ')
    print('-'*many)
    print("本图形生成时间 :", localtime)

if __name__ == "__main__":
    many = 45
    print('='*many)
    main()
    print('='*many)
```

3.9.3 输出结果

运行代码清单 3-9，可以得到输出结果 3-9。

输 出 结 果   3-9

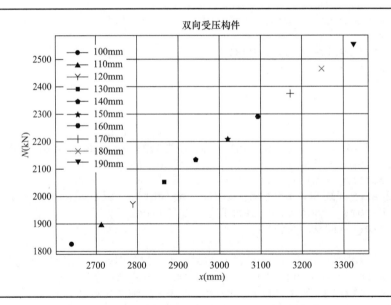

4 钢筋混凝土受拉构件

4.1 轴心受拉构件正截面承载力计算

4.1.1 项目描述

$$N \leqslant f_y A_s \qquad (4\text{-}1)$$

式中　N——轴向拉力设计值；

　　　f_y——纵向普通钢筋抗拉强度设计值；

　　　A_s——纵向普通钢筋的全部截面面积。

4.1.2 项目代码

本计算程序为轴心受拉构件正截面承载力计算，代码清单 4-1 的❶为定义混凝土抗压强度设计值的函数，❷为定义混凝土抗拉强度设计值的函数，❸为定义混凝土受拉构件配筋面积的函数，❹为以上定义函数的参数赋值，❺求混凝土抗拉强度设计值及钢筋抗拉强度设计值，❻计算配筋面积及配筋率。具体见代码清单 4-1。

代　码　清　单　　　　　　　　　　4-1

```
# -*- coding: utf-8 -*-
from datetime import datetime
import numpy as np
import matplotlib.pyplot as plt

def fc1(fcuk):                                                          ❶
    α_c1 = max((0.76+(0.82-0.76)*(fcuk-50)/(80-50)),0.76)
    α_c2 = min((1-(1-0.87)*(fcuk-40)/(80-40)),1.0)
    fck = 0.88*α_c1*α_c2*fcuk
    fc = fck/1.4
    return fc

def ft1(fcuk):                                                          ❷
    δ = [0.21, 0.18, 0.16, 0.14, 0.13, 0.12, 0.12,
           0.11, 0.11, 0.1, 0.1, 0.1, 0.1, 0.1]
    i = int((fcuk-15)/5)
    α_c2 = min((1-(1-0.87)*(fcuk-40)/(80-40)),1.0)
    ftk = 0.88*0.395*fcuk**0.55*(1-1.645*δ[i])**0.45*α_c2
    ft = ftk/1.4
    return ft
```

```
def tension(γ0,N,h,b,as1,ft,fy):                                    ❸
    N = N*10**3
    As = γ0*N/fy
    ρmin =  max(45*ft/fy, 0.2)
    As = max(As, ρmin*b*h/100)
    return  As, ρmin

def main():
    '''                             γ0,  N,   h,    b,   as1, fcuk'''
    γ0, N, h, b, as1, fcuk = 1.0, 136, 300, 300, 30,  30     ❹
    ft, fy =  ft1(fcuk), 360                                         ❺

    As, ρmin = tension(γ0,N,h,b,as1,ft,fy)                          ❻
    Asmin = b*h*ρmin/100

    print(f'受拉钢筋最小配筋面积  Asmin = {Asmin:<3.1f} mm^2')
    print(f'受拉钢筋计算配筋面积      As = {As:<3.1f} mm^2')
    print(f'最小配筋率               ρmin = {ρmin:<3.2f} %')
    if As == Asmin:
        print('受拉钢筋由最小配筋率控制。')

    N1 = np.linspace(0,200,60)
    As11 = [tension(γ0,N,h,b,as1,ft,fy)[0] for N in N1]

    fig, ax = plt.subplots(figsize = (5.7,4.3))
    plt.rcParams['font.sans-serif'] = ['STsong']

    plt.plot(N1, As11, color='r', lw=2, linestyle='-')
    plt.ylabel("受拉钢筋 $ A_s(mm^2)$",size = 8)
    plt.xlabel("$N (kN)$",size = 8)
    plt.grid()
    plt.show()
    graph = '轴心受拉钢筋'
    fig.savefig(graph, dpi=600, facecolor="#f1f1f1")

    dt = datetime.now()
    localtime = dt.strftime('%Y-%m-%d  %H:%M:%S ')
    print('-'*m)
    print("本计算书生成时间 :", localtime)

    filename = '轴心受拉构件配筋.docx'
    with open(filename,'w',encoding = 'utf-8') as f:
        f.write('计算结果: \n')
        f.write(f'受压钢筋最小配筋面积  Asmin = {Asmin:<3.1f} mm^2\n')
        f.write(f'受拉钢筋计算配筋面积      As = {As:<3.1f} mm^2\n')
        f.write(f'最小配筋率               ρmin = {ρmin:<3.2f} %\n')
        f.write(f'本计算书生成时间 : {localtime}')
```

```
if __name__ == "__main__":
    m = 50
    print('='*m)
    main()
    print('='*m)
```

4.1.3　输出结果

运行代码清单 4-1，可以得到输出结果 4-1。

输 出 结 果　　　　　　　　　　4-1

```
受拉钢筋最小配筋面积　Asmin = 180.0 mm^2
受拉钢筋计算配筋面积　　As = 377.8 mm^2
最小配筋率　　　　　　ρmin = 0.20 %
```

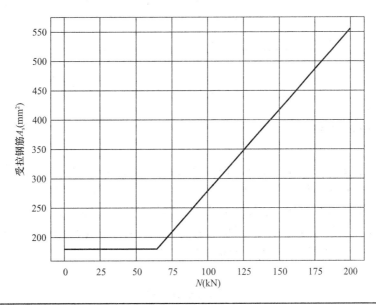

4.2　大偏心受拉构件配筋

4.2.1　项目描述

根据《混凝土结构设计规范》GB 50010—2010（2015 年版）第 6.2.23 条、第 8.5.1 条，大偏心受拉构件截面计算见流程图 4-1、图 4-1。

$$《混规》第6.2.23条 \rightarrow \boxed{e_0 = \frac{M}{N} > \frac{h}{2} - a_s} \rightarrow \boxed{大偏心受拉构件} \rightarrow \bigstar$$

$$\bigstar \rightarrow \boxed{e' = e_0 + \frac{h}{2} - a_s} \xrightarrow[\text{对称配筋}]{《混规》6.2.23条3款} \boxed{A_s = \frac{Ne'}{f_y(h_0' - a_s)}}$$

$$《混规》表8.5.1 \rightarrow \boxed{\rho_{min} = \max(0.2\%, 45\frac{f_t}{f_y})} \rightarrow \boxed{A_{smin} = \rho_{min}A}$$

取较大值

流程图 4-1　大受拉构件纵向配筋计算

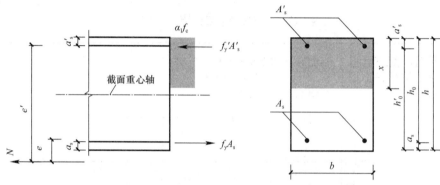

图 4-1　大偏心受拉构件截面计算简图

4.2.2　项目代码

本计算程序可以计算大偏心受拉构件配筋，代码清单 4-2 的❶为定义混凝土参数 α 的函数，❷为定义混凝土抗压强度设计值的函数，❸为定义混凝土抗拉强度设计值的函数，❹为定义偏心受拉构件计算的函数，❺为定义偏心受拉构件混凝土受压区高度及配筋面积的函数，❻为以上定义函数的参数赋值，❼为求取偏心受拉构件的各个参数，❽为求取偏心受拉构件的受压区的参数。具体见代码清单 4-2。

代 码 清 单　　　　　　　　　　4-2

```python
# -*- coding: utf-8 -*-
from math import sin,cos,tan,pi,sqrt,ceil
import sympy as sp
from sympy import cot
from datetime import datetime
import numpy as np
import matplotlib.pyplot as plt

def α(fcuk):
    α1 = min(1.0-0.06*(fcuk-50)/3, 1.0)
```

❶

```
        return α1

    def fc1(fcuk):                                                          ❷
        α_c1 = max((0.76+(0.82-0.76)*(fcuk-50)/(80-50)),0.76)
        α_c2 = min((1-(1-0.87)*(fcuk-40)/(80-40)),1.0)
        fck = 0.88*α_c1*α_c2*fcuk
        fc = fck/1.4
        return fc

    def ft1(fcuk):                                                          ❸
        δ = [0.21, 0.18, 0.16, 0.14, 0.13, 0.12, 0.12,
                0.11, 0.11, 0.1, 0.1, 0.1, 0.1, 0.1]
        i = int((fcuk-15)/5)
        α_c2 = min((1-(1-0.87)*(fcuk-40)/(80-40)),1.0)
        ftk = 0.88*0.395*fcuk**0.55*(1-1.645*δ[i])**0.45*α_c2
        ft = ftk/1.4
        return ft

    def eccentric_tension(M,N,h,b,as1,ξb,α1,fc,ft,fy):                      ❹
        M = M*10**6
        N = N*10**3
        e0 = M/N
        e = e0-h/2+as1

        h0 = h-as1
        xb = ξb*h0
        x = xb
        As1 = (N*e-α1*fc*b*xb*(h0-x/2))/(fy*(h0-as1))
        ρmin =  max(45*ft/fy, 0.2)
        As1 = max(As1, ρmin*b*h/100)
        return e0, e, xb, As1, ρmin

    def height_compression(γ,N,e,e0,As1,b,h,as1,as2,α1,fc,fy):             ❺
        N = N*10**3
        x = sp.symbols('x', real=True)
        h0 = h-as1
        Eq = α1*fc*b*x**2/2-α1*fc*b*h0*x+N*e-fy*As1*(h0-as2)
        x = min(sp.solve(Eq, x))

        if x <= 2*as2:
            x = 2*as2
        e1 = e0+h/2-as2
        As = N*e1/(fy*(h0-as1))
        return x, As

    def main():
        '''                            M,   N,   h,   b,    as1,ξb,   fcuk'''
        M,N,h,b,as1,ξb,fcuk = 120, 240, 300, 1000, 45, 0.518, 30            ❻
        α1, fc, ft, fy = α(fcuk), fc1(fcuk), ft1(fcuk), 360
```

```
γ, as2 = 1.0,  as1

    e0, e, xb, As1, ρmin = eccentric_tension(M,N,h,b,as1,ξb,α1,fc,ft,fy) ❼
    Asmin = ρmin/100*b*h
    x, As = height_compression(γ,N,e,e0,As1,b,h,as1,as2,α1,fc,fy)        ❽

    print(f'偏心距                    e0 = {e0:<3.1f} mm')
    print(f'偏心距                     e = {e:<3.1f} mm')
    print(f'受压钢筋最小配筋面积  Asmin = {Asmin:<3.1f} mm^2')
    print(f'受压钢筋计算配筋面积    As1 = {As1:<3.1f} mm^2')
    print(f'混凝土受压区截面高度      x = {x:<3.1f} mm')
    print(f'受拉钢筋计算配筋面积     As = {As:<3.1f} mm^2')
    print(f'最小配筋率              ρmin = {ρmin:<3.2f} %')
    if As1 == Asmin:
        print('受压钢筋由最小配筋率控制。')

    M = np.linspace(10,800,60)
    As11 = [eccentric_tension(M1,N,h,b,as1,ξb,α1,fc,ft,fy)[3] for M1 in M]

    fig, ax = plt.subplots(figsize = (5.7,4.3))
    plt.rcParams['font.sans-serif'] = ['STsong']

    plt.plot(M,As11, color='r', lw=2, linestyle='-')
    plt.ylabel("受拉钢筋 $(mm^2)$",size = 8)
    plt.xlabel("$M (kN·m)$",size = 8)
    plt.grid()
    plt.show()
    graph = '受拉钢筋'
    fig.savefig(graph, dpi=600, facecolor="#f1f1f1")

    dt = datetime.now()
    localtime = dt.strftime('%Y-%m-%d  %H:%M:%S ')
    print('-'*m)
    print("本计算书生成时间 :", localtime)

    filename = '混凝土抗压强度设计值.docx'
    with open(filename,'w',encoding = 'utf-8') as f:
        f.write('计算结果: \n')
        f.write(f'偏心距                    e0 = {e0:<3.1f} mm\n')
        f.write(f'偏心距                     e = {e:<3.1f} mm\n')
        f.write(f'受压钢筋最小配筋面积  Asmin = {Asmin:<3.1f} mm^2\n')
        f.write(f'受压钢筋计算配筋面积    As1 = {As1:<3.1f} mm^2\n')
        f.write(f'混凝土受压区截面高度      x = {x:<3.1f} mm\n')
        f.write(f'受拉钢筋计算配筋面积     As = {As:<3.1f} mm^2\n')
        f.write(f'最小配筋率              ρmin = {ρmin:<3.2f} %\n')
        f.write(f'本计算书生成时间 : {localtime}')

if __name__ == "__main__":
    m = 50
```

```
print('='*m)
main()
print('='*m)
```

4.2.3 输出结果

运行代码清单 4-2，可以得到输出结果 4-2。

输 出 结 果   4-2

```
偏心距                  e0 = 500.0 mm
偏心距                   e = 395.0 mm
受压钢筋最小配筋面积  Asmin = 600.0 mm^2
受压钢筋计算配筋面积    As1 = 600.0 mm^2
混凝土受压区截面高度      x = 90.0 mm
受拉钢筋计算配筋面积     As = 1920.6 mm^2
最小配筋率            ρmin = 0.20 %
受压钢筋由最小配筋率控制。
```

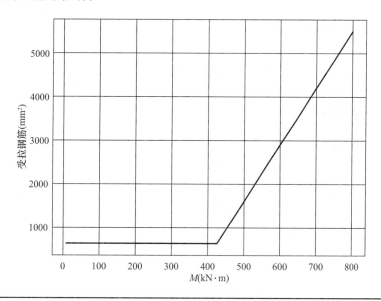

4.3 小偏心矩形截面非对称配筋受拉构件配筋

4.3.1 项目描述

根据《混凝土结构设计规范》GB 50010—2010（2015 年版）第 6.2.23 条、第 8.5.1 条，小偏心受拉构件截面计算见流程图 4-2，简图如图 4-2 所示。

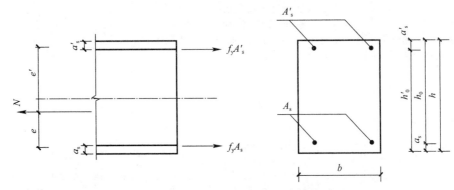

《混规》第6.2.23条 → $e_0 = \dfrac{M}{N} < \dfrac{h}{2} - a_s$ → $e' = e_0 + \dfrac{h}{2} - a_s$ → 小偏心受拉构件 ——《混规》6.2.23条3款对称配筋——→ ◆

◆ ——《混规》式(6.2.23–2)——→ $A_s = \dfrac{Ne'}{f_y(h_0' - a_s)}$ ⎫ → 取较大值

《混规》表8.5.1 → $\rho_{min} = \max(0.2\%, 45\dfrac{f_t}{f_y})$ → $A_{smin} = \rho_{min}A$ ⎭

流程图 4-2 小偏心受拉构件纵向配筋计算

图 4-2 小偏心受拉构件截面计算简图

4.3.2 项目代码

本计算程序可以计算小偏心矩形截面非对称配筋受拉构件配筋，代码清单 4-3 的❶为定义混凝土的调整系数的函数，❷为定义混凝土抗压强度设计值的函数，❸为定义的函数，❹为定义偏心受拉构件计算的函数，❺为定义偏心受拉构件混凝土受压区高度及配筋面积的函数，❻为以上定义函数的参数赋值，❼为求取偏心受拉构件的各个参数，❽为求取偏心受拉构件的受压区的参数，❾为定义的函数，❿为定义的函数。具体见代码清单 4-3。

代 码 清 单   4-3

```
# -*- coding: utf-8 -*-
from math import sin,cos,tan,pi,sqrt,ceil
import sympy as sp
from sympy import cot
from datetime import datetime
import numpy as np
import matplotlib.pyplot as plt
```

```
def α(fcuk):                                                        ❶
    α1 = min(1.0-0.06*(fcuk-50)/3, 1.0)
    return α1

def fc1(fcuk):                                                      ❷
    α_c1 = max((0.76+(0.82-0.76)*(fcuk-50)/(80-50)),0.76)
    α_c2 = min((1-(1-0.87)*(fcuk-40)/(80-40)),1.0)
    fck = 0.88*α_c1*α_c2*fcuk
    fc = fck/1.4
    return fc

def ft1(fcuk):                                                      ❸
    δ = [0.21, 0.18, 0.16, 0.14, 0.13, 0.12, 0.12,
            0.11, 0.11, 0.1, 0.1, 0.1, 0.1, 0.1]
    i = int((fcuk-15)/5)
    α_c2 = min((1-(1-0.87)*(fcuk-40)/(80-40)),1.0)
    ftk = 0.88*0.395*fcuk**0.55*(1-1.645*δ[i])**0.45*α_c2
    ft = ftk/1.4
    return ft

def eccentric_tension(M,N,h,b,as1,as2,ξb,α1,fc,ft,fy):              ❹
    M = M*10**6
    N = N*10**3
    e0 = M/N
    h0 = h-as1

    if e0 <= 0.5*h-as1:
        e = h/2-e0-as1
        e1 = h/2+e0-as2
        As1 = N*e/(fy*(h0-as1))
        As = N*e1/(fy*(h0-as1))
    else:
        e = e0-h/2+as1
        e1 = e0+h/2-as2
    ρmin =  max(45*ft/fy, 0.2)
    As1 = max(As1, ρmin*b*h/100)
    return e0, e, e1, As1, As, ρmin

def height_compression(γ,N,e,e0,As1,b,h,as1,as2,α1,fc,fy):          ❺
    N = N*10**3
    x = sp.symbols('x', real=True)
    h0 = h-as1
    Eq = α1*fc*b*x**2/2-α1*fc*b*h0*x+N*e-fy*As1*(h0-as2)
    x = min(sp.solve(Eq, x))

    if x <= 2*as2:
        x = 2*as2
    e1 = e0+h/2-as2
    As = N*e1/(fy*(h0-as1))
```

```
        return x, As

def main():
    '''                      M,    N,    h,    b,   as1,  ξb,    fcuk'''
    M,N,h,b,as1,ξb,fcuk = 65, 750, 400, 250, 40, 0.518, 30           ❻
    α1, fc, ft, fy = α(fcuk), fc1(fcuk), ft1(fcuk), 360              ❼
    γ, as2 = 1.0, as1                                                ❽

    results = eccentric_tension(M,N,h,b,as1,as2,ξb,α1,fc,ft,fy)
    e0, e, e1, As1, As, ρmin = results                              ❾
    Asmin = ρmin/100*b*h
    x, As = height_compression(γ,N,e,e0,As1,b,h,as1,as2,α1,fc,fy)   ❿

    print(f'偏心距                    e0 = {e0:<3.1f} mm')
    print(f'偏心距                     e = {e:<3.1f} mm')
    print(f'混凝土受压区截面高度        e1 = {e1:<3.1f} mm')
    print(f'受压钢筋最小配筋面积  Asmin = {Asmin:<3.1f} mm^2')
    print(f'受压钢筋计算配筋面积    As1 = {As1:<3.1f} mm^2')
    print(f'受拉钢筋计算配筋面积     As = {As:<3.1f} mm^2')
    print(f'最小配筋率               ρmin = {ρmin:<3.2f} %')
    if As1 == Asmin:
        print('受压钢筋由最小配筋率控制.')
    if e0 <= 0.5*h-as1:
        print('本构件为小偏心受压。')
    else:
        print('本构件为大偏心受压。')

    dt = datetime.now()
    localtime = dt.strftime('%Y-%m-%d   %H:%M:%S ')
    print('-'*m)
    print("本计算书生成时间 :", localtime)

    filename = '小偏心矩形截面非对称配筋受拉构件配筋.docx'
    with open(filename,'w',encoding = 'utf-8') as f:
        f.write('计算结果: \n')
        f.write(f'偏心距                       e0 = {e0:<3.1f} mm\n')
        f.write(f'偏心距                        e = {e:<3.1f} mm\n')
        f.write(f'混凝土受压区截面高度           e1 = {e1:<3.1f} mm\n')
        f.write(f'受压钢筋最小配筋面积  Asmin = {Asmin:<3.1f} mm^2\n')
        f.write(f'受压钢筋计算配筋面积    As1 = {As1:<3.1f} mm^2\n')
        f.write(f'受拉钢筋计算配筋面积     As = {As:<3.1f} mm^2\n')
        f.write(f'最小配筋率                ρmin = {ρmin:<3.2f} %\n')
        f.write(f'本计算书生成时间 : {localtime}')

if __name__ == "__main__":
    m = 50
    print('='*m)
    main()
    print('='*m)
```

4.3.3 输出结果

运行代码清单 4-3，可以得到输出结果 4-3。

输 出 结 果   4-3

```
偏心距                   e0 = 86.7 mm
偏心距                    e = 73.3 mm
混凝土受压区截面高度     e1 = 246.7 mm
受压钢筋最小配筋面积  Asmin = 200.0 mm^2
受压钢筋计算配筋面积    As1 = 477.4 mm^2
受拉钢筋计算配筋面积     As = 1605.9 mm^2
最小配筋率            ρmin = 0.20 %
本构件为小偏心受压。
```

4.4 偏心矩形截面对称配筋受拉构件配筋

4.4.1 项目描述

项目描述与 4.1.1 节相同，不再赘述。

4.4.2 项目代码

本计算程序可以计算偏心矩形截面对称配筋受拉构件配筋，代码清单 4-4 的 ❶ 为定义混凝土的调整系数的函数，❷ 为定义计算混凝土抗压强度设计值的函数，❸ 为定义计算混凝土抗拉强度设计值的函数，❹ 为定义偏心受拉的函数，❺ 为以上定义函数的参数赋值，❻ 为各个材料参数赋值，❼ 为计算偏心受拉构件的各个参数值。具体见代码清单 4-4。

代 码 清 单   4-4

```
# -*- coding: utf-8 -*-
from math import sin,cos,tan,pi,sqrt,ceil
import sympy as sp
from sympy import cot
from datetime import datetime
import numpy as np
import matplotlib.pyplot as plt

def α(fcuk):                                           ❶
    α1 = min(1.0-0.06*(fcuk-50)/3, 1.0)
    return α1

def fc1(fcuk):                                         ❷
```

```
        α_c1 = max((0.76+(0.82-0.76)*(fcuk-50)/(80-50)),0.76)
        α_c2 = min((1-(1-0.87)*(fcuk-40)/(80-40)),1.0)
        fck = 0.88*α_c1*α_c2*fcuk
        fc = fck/1.4
        return fc

def ft1(fcuk):
        δ = [0.21, 0.18, 0.16, 0.14, 0.13, 0.12, 0.12,
                0.11, 0.11, 0.1, 0.1, 0.1, 0.1, 0.1]
        i = int((fcuk-15)/5)
        α_c2 = min((1-(1-0.87)*(fcuk-40)/(80-40)),1.0)
        ftk = 0.88*0.395*fcuk**0.55*(1-1.645*δ[i])**0.45*α_c2
        ft = ftk/1.4
        return ft

def eccentric_tension(M,N,h,b,as1,as2,ξb,α1,fc,ft,fy):
        M = M*10**6
        N = N*10**3
        e0 = M/N
        h0 = h-as1

        e = h/2-e0-as1
        e1 = h/2+e0-as2
        As1 = N*e1/(fy*(h0-as1))

        ρmin =  max(45*ft/fy, 0.2)
        As1 = max(As1, ρmin*b*h/100)
        As = As1
        return e0, e, e1, As1, As, ρmin

def main():
        '''                     M,  N,   h,   b,   as1, ξb,   fcuk'''
        M,N,h,b,as1,ξb,fcuk = 60, 500, 400, 250, 35, 0.518, 30
        α1, fc, ft, fy = α(fcuk), fc1(fcuk), ft1(fcuk), 360
        as2 = as1
        resulst = eccentric_tension(M,N,h,b,as1,as2,ξb,α1,fc,ft,fy)
        e0, e, e1, As1, As, ρmin = results
        Asmin = ρmin/100*b*h

        print(f'偏心距                    e0 = {e0:<3.1f} mm')
        print(f'偏心距                    e = {e:<3.1f} mm')
        print(f'混凝土受压区截面高度      e1 = {e1:<3.1f} mm')
        print(f'受压钢筋最小配筋面积  Asmin = {Asmin:<3.1f} mm^2')
        print(f'受压钢筋计算配筋面积    As1 = {As1:<3.1f} mm^2')
        print(f'受拉钢筋计算配筋面积     As = {As:<3.1f} mm^2')
        print(f'最小配筋率              ρmin = {ρmin:<3.2f} %')
        if As1 == Asmin:
            print('受压钢筋由最小配筋率控制.')
```

```
    dt = datetime.now()
    localtime = dt.strftime('%Y-%m-%d  %H:%M:%S ')
    print('-'*m)
    print("本计算书生成时间 :", localtime)

    filename = '偏心矩形截面对称配筋受拉构件配筋.docx'
    with open(filename,'w',encoding = 'utf-8') as f:
        f.write('计算结果: \n')
        f.write(f'偏心距                  e0 = {e0:<3.1f} mm\n')
        f.write(f'偏心距                   e = {e:<3.1f} mm\n')
        f.write(f'混凝土受压区截面高度      e1 = {e1:<3.1f} mm\n')
        f.write(f'受压钢筋最小配筋面积  Asmin = {Asmin:<3.1f} mm^2\n')
        f.write(f'受压钢筋计算配筋面积    As1 = {As1:<3.1f} mm^2\n')
        f.write(f'受拉钢筋计算配筋面积     As = {As:<3.1f} mm^2\n')
        f.write(f'最小配筋率             ρmin = {ρmin:<3.2f} %\n')
        f.write(f'本计算书生成时间 : {localtime}')

if __name__ == "__main__":
    m = 50
    print('='*m)
    main()
    print('='*m)
```

4.4.3　输出结果

运行代码清单 4-4，可以得到输出结果 4-4。

输 出 结 果　　　　　　　4-4

```
偏心距                  e0 = 120.0 mm
偏心距                   e = 45.0 mm
混凝土受压区截面高度      e1 = 285.0 mm
受压钢筋最小配筋面积  Asmin = 200.0 mm^2
受压钢筋计算配筋面积    As1 = 1199.5 mm^2
受拉钢筋计算配筋面积     As = 1199.5 mm^2
最小配筋率             ρmin = 0.20 %
```

4.5　大偏心矩形截面受拉构件复核

4.5.1　项目描述

项目描述与 4.2.1 节相同，不再赘述。

4.5.2 项目代码

本计算程序为大偏心矩形截面受拉构件复核，代码清单 4-5 的❶为定义混凝土的调整系数的函数，❷为定义计算混凝土抗压强度设计值的函数，❸为定义计算混凝土抗拉强度设计值的函数，❹为定义偏心受拉的函数，❺为以上定义函数的参数赋值，❻为各个材料参数赋值，❼为计算偏心受拉构件的各个参数值。具体见代码清单 4-5。

代 码 清 单   4—5

```python
# -*- coding: utf-8 -*-
from math import sin,cos,tan,pi,sqrt,ceil
import sympy as sp
from sympy import cot
from datetime import datetime
import numpy as np
import matplotlib.pyplot as plt

def α(fcuk):                                                          ❶
    α1 = min(1.0-0.06*(fcuk-50)/3, 1.0)
    return α1

def fc1(fcuk):                                                       ❷
    α_c1 = max((0.76+(0.82-0.76)*(fcuk-50)/(80-50)),0.76)
    α_c2 = min((1-(1-0.87)*(fcuk-40)/(80-40)),1.0)
    fck = 0.88*α_c1*α_c2*fcuk
    fc = fck/1.4
    return fc

def ft1(fcuk):                                                       ❸
    δ = [0.21, 0.18, 0.16, 0.14, 0.13, 0.12, 0.12,
            0.11, 0.11, 0.1, 0.1, 0.1, 0.1, 0.1]
    i = int((fcuk-15)/5)
    α_c2 = min((1-(1-0.87)*(fcuk-40)/(80-40)),1.0)
    ftk = 0.88*0.395*fcuk**0.55*(1-1.645*δ[i])**0.45*α_c2
    ft = ftk/1.4
    return ft

def eccentric_tension(M,N,h,b,as1,as2,ξb,α1,fc,ft,fy,As,As1):         ❹
    M = M*10**6
    N = N*10**3
    e0 = M/N
    h0 = h-as1

    if e0 <= 0.5*h-as1:
        e = h/2-e0-as1
        e1 = h/2+e0-as2
    else:
        e = e0-h/2+as1
```

```
        e1 = e0+h/2-as2
    ρmin =  max(45*ft/fy, 0.2)
    # As1 = max(As1, ρmin*b*h/100)

    ξ = (1+e/h0)-sqrt((1+e/h0)**2-2*(fy*As*e-fy*As1*e1)/(α1*fc*b*h0**2))

    if ξ<= 2*as2/h0:
        Nu = fy*As*(h0-as2)/e1
        Mu = Nu*e0
    return e0, e, e1, As1, As, ρmin, ξ, Nu, Mu

def main():
    '''                        M,   N,    h,    b,  as1,  ξb,    fcuk'''
    M,N,h,b,as1,ξb,fcuk = 92, 115, 400, 250, 45, 0.518, 30          ❺
    α1,fc,ft,fy,As,As1 = α(fcuk),fc1(fcuk),ft1(fcuk),360,1520,603   ❻
    γ, as2 = 1.0, as1

    results = eccentric_tension(M,N,h,b,as1,as2,ξb,α1,fc,ft,fy,As,As1)
    e0, e, e1, As1, As, ρmin, ξ, Nu, Mu  = results                  ❼
    Asmin = ρmin/100*b*h

    print(f'轴向力对截面重心的偏心距e0 = {e0:<3.1f} mm')
    print(f'轴向力对纵向受拉钢筋合力点的距离 e = {e:<3.1f} mm')
    print(f'混凝土受压区截面高度      e1 = {e1:<3.1f} mm')
    print(f'受压钢筋最小配筋面积  Asmin = {Asmin:<3.1f} mm^2')
    print(f'受压钢筋计算配筋面积   As1 = {As1:<3.1f} mm^2')
    print(f'受拉钢筋计算配筋面积    As = {As:<3.1f} mm^2')
    print(f'最小配筋率             ρmin = {ρmin:<3.2f} %')
    print(f'最大轴力设计值           Nu = {Nu/1000:<3.2f} kN')
    print(f'最大弯矩设计值           Mu = {Mu/10**6:<3.2f} kN·m')
    print(f'                        ξ = {ξ:<3.3f} ')

    if As1 == Asmin:
        print('受压钢筋由最小配筋率控制。')
    if e0 <= 0.5*h-as1:
        print('偏心受拉构件为：小偏心受拉')
    else:
        print('偏心受拉构件为：大偏心受拉')

    dt = datetime.now()
    localtime = dt.strftime('%Y-%m-%d  %H:%M:%S ')
    print('-'*m)
    print("本计算书生成时间 :", localtime)

    filename = '大偏心矩形截面受拉构件复核.docx'
    with open(filename,'w',encoding = 'utf-8') as f:
        f.write('计算结果: \n')
        f.write(f'轴向力对截面重心的偏心距e0 = {e0:<3.1f} mm\n')
        f.write(f'轴向力对纵向受拉钢筋合力点的距离 e = {e:<3.1f} mm\n')
```

```
        f.write(f'混凝土受压区截面高度      e1 = {e1:<3.1f} mm\n')
        f.write(f'受压钢筋最小配筋面积  Asmin = {Asmin:<3.1f} mm^2\n')
        f.write(f'受压钢筋计算配筋面积   As1 = {As1:<3.1f} mm^2\n')
        f.write(f'受拉钢筋计算配筋面积    As = {As:<3.1f} mm^2\n')
        f.write(f'最小配筋率              ρmin = {ρmin:<3.2f} %\n')
        f.write(f'最大轴力设计值           Nu = {Nu/1000:<3.2f} kN\n')
        f.write(f'最大弯矩设计值           Mu = {Mu/10**6:<3.2f} kN·m\n')
        f.write(f'                          ξ = {ξ:<3.3f} ')
        f.write(f'本计算书生成时间 : {localtime}')

if __name__ == "__main__":
    m = 50
    print('='*m)
    main()
    print('='*m)
```

4.5.3　输出结果

运行代码清单 4-5，可以得到输出结果 4-5。

输 出 结 果　　　　　　　　　　4-5

```
轴向力对截面重心的偏心距       e0 = 800.0 mm
轴向力对纵向受拉钢筋合力点的距离e = 645.0 mm
混凝土受压区截面高度          e1 = 955.0 mm
受压钢筋最小配筋面积      Asmin = 200.0 mm^2
受压钢筋计算配筋面积      As1 = 603.0 mm^2
受拉钢筋计算配筋面积      As = 1520.0 mm^2
最小配筋率              ρmin = 0.20 %
最大轴力设计值           Nu = 177.63 kN
最大弯矩设计值           Mu = 142.10 kN·m
                          ξ = 0.117

偏心受拉构件为：大偏心受拉
```

4.6　偏心矩形截面受拉构件受剪承载力计算

4.6.1　项目描述

根据《混凝土结构设计规范》GB 50010—2010（2015 年版）第 6.3.14 条，偏心受拉构件配箍计算如流程图 4-3、流程图 4-4 所示。

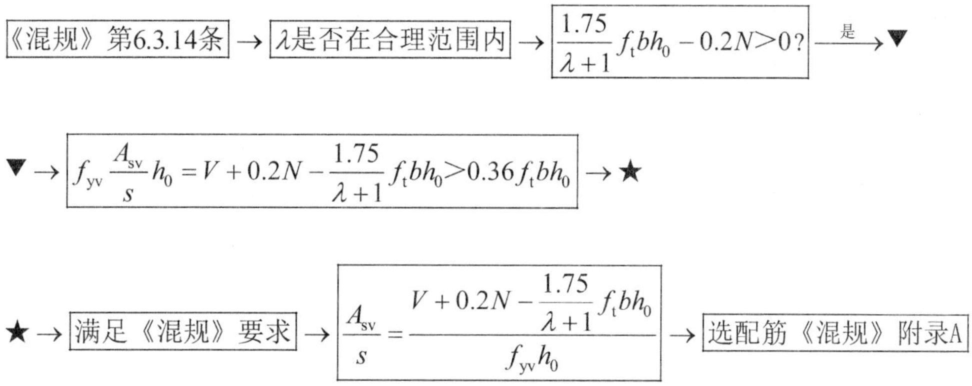

《混规》第6.3.14条 → λ是否在合理范围内 → $\dfrac{1.75}{\lambda+1}f_t b h_0 - 0.2N > 0$? —是→ ▼

▼ → $f_{yv}\dfrac{A_{sv}}{s}h_0 = V + 0.2N - \dfrac{1.75}{\lambda+1}f_t b h_0 > 0.36 f_t b h_0$ → ★

★ → 满足《混规》要求 → $\dfrac{A_{sv}}{s} = \dfrac{V + 0.2N - \dfrac{1.75}{\lambda+1}f_t b h_0}{f_{yv}h_0}$ → 选配筋《混规》附录A

流程图 4-3　偏心受拉构件配箍计算-1

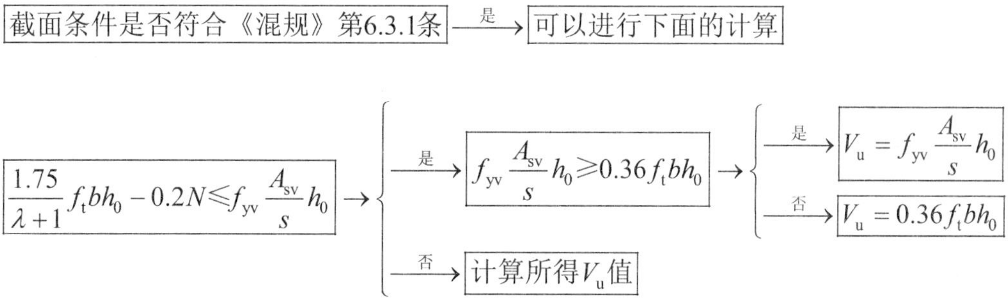

截面条件是否符合《混规》第6.3.1条 —是→ 可以进行下面的计算

$\dfrac{1.75}{\lambda+1}f_t b h_0 - 0.2N \leqslant f_{yv}\dfrac{A_{sv}}{s}h_0$ → 是→ $f_{yv}\dfrac{A_{sv}}{s}h_0 \geqslant 0.36 f_t b h_0$ → 是→ $V_u = f_{yv}\dfrac{A_{sv}}{s}h_0$ / 否→ $V_u = 0.36 f_t b h_0$

否→ 计算所得V_u值

流程图 4-4　偏心受拉构件配箍计算-2

4.6.2　项目代码

本计算程序为偏心矩形截面受拉构件受剪承载力计算，代码清单 4-6 的❶为定义混凝土的调整系数的函数，❷为定义计算混凝土抗压强度设计值的函数，❸为定义计算混凝土抗拉强度设计值的函数，❹为定义偏心受拉的函数，❺为以上定义函数的参数赋值，❻为各个材料参数赋值，❼为判断截面尺寸是否符合规范要求，❽为计算偏心受拉构件的各个参数值。具体见代码清单 4-6。

代 码 清 单　　　　　　　　4–6

```
# -*- coding: utf-8 -*-
from math import sin,cos,tan,pi,sqrt,ceil
import sympy as sp
from sympy import cot
from datetime import datetime
import numpy as np
import matplotlib.pyplot as plt

def α(fcuk):                                                    ❶
    α1 = min(1.0-0.06*(fcuk-50)/3, 1.0)
```

```
        return α1

def fc1(fcuk):                                                    ❷
    α_c1 = max((0.76+(0.82-0.76)*(fcuk-50)/(80-50)),0.76)
    α_c2 = min((1-(1-0.87)*(fcuk-40)/(80-40)),1.0)
    fck = 0.88*α_c1*α_c2*fcuk
    fc = fck/1.4
    return fc

def ft1(fcuk):                                                    ❸
    δ = [0.21, 0.18, 0.16, 0.14, 0.13, 0.12, 0.12,
            0.11, 0.11, 0.1, 0.1, 0.1, 0.1, 0.1]
    i = int((fcuk-15)/5)
    α_c2 = min((1-(1-0.87)*(fcuk-40)/(80-40)),1.0)
    ftk = 0.88*0.395*fcuk**0.55*(1-1.645*δ[i])**0.45*α_c2
    ft = ftk/1.4
    return ft

def eccentric_tension(V,M,N,h,b,a,as1,as2,α1,fc,ft,fy,fyv,As,As1):  ❹
    M = M*10**6
    N = N*10**3
    V = V*10**3
    e0 = M/N
    h0 = h-as1

    λ = min(a/h0, 3)
    nAsv1_s = (V-1.75*ft*b*h0/(λ+1.0)+0.2*N)/(fyv*h0)

    if e0 <= 0.5*h-as1:
        e = h/2-e0-as1
        e1 = h/2+e0-as2
    else:
        e = e0-h/2+as1
        e1 = e0+h/2-as2
    ρmin =  max(45*ft/fy, 0.2)

    ξ = (1+e/h0)-sqrt((1+e/h0)**2-2*(fy*As*e-fy*As1*e1)/(α1*fc*b*h0**2))

    if ξ<= 2*as2/h0:
        Nu = fy*As*(h0-as2)/e1
        Mu = Nu*e0
    return e0, e, e1, As1, As, ρmin, ξ, Nu, Mu, nAsv1_s

def main():
    '''                    V,  M,  N,  h,  b,  a,  as1, ξb, fcuk'''
    V,M,N,h,b,a,as1,ξb,fcuk = 60, 92, 98, 280, 250, 1500, 40, 0.518, 30  ❺
    α1,fc,ft,fy,fyv,As,As1=α(fcuk),fc1(fcuk),ft1(fcuk),300,270,1520,603   ❻
    γ, as2 = 1.0, as1
```

```
    βc = 1.0
    h0 = h-as1
    if V*1000 <= 0.25*βc*fc*b*h0:                                    ❼
        print(f'{V}kN<={0.25*βc*fc*b*h0/1000:<3.1f}kN,构件截面尺寸符合《混规》
第6.3.1条')


    result = eccentric_tension(V,M,N,h,b,a,as1,as2,α1,fc,ft,fy,fyv,As,As1)


    e0, e, e1, As1, As, ρmin, ξ, Nu, Mu, nAsv1_s  = result            ❽
    Asmin = ρmin/100*b*h

    print(f'轴向力对截面重心的偏心距   e0 = {e0:<3.1f} mm')
    print(f'轴向力对纵向受拉钢筋合力点的距离e = {e:<3.1f} mm')
    print(f'混凝土受压区截面高度       e1 = {e1:<3.1f} mm')
    print(f'受压钢筋最小配筋面积    Asmin = {Asmin:<3.1f} mm^2')
    print(f'受压钢筋计算配筋面积     As1 = {As1:<3.1f} mm^2')
    print(f'受拉钢筋计算配筋面积      As = {As:<3.1f} mm^2')
    print(f'最小配筋率              ρmin = {ρmin:<3.2f} %')
    print(f'最大轴力设计值            Nu = {Nu/1000:<3.2f} kN')
    print(f'最大弯矩设计值            Mu = {Mu/10**6:<3.2f} kN·m')
    print(f'                         ξ = {ξ:<3.3f} ')
    print(f'                   nAsv1_s = {nAsv1_s:<3.3f} ')

    if As1 == Asmin:
        print('受压钢筋由最小配筋率控制。')
    if e0 <= 0.5*h-as1:
        print('偏心受拉构件为: 小偏心受拉')
    else:
        print('偏心受拉构件为: 大偏心受拉')

    dt = datetime.now()
    localtime = dt.strftime('%Y-%m-%d  %H:%M:%S ')
    print('-'*m)
    print("本计算书生成时间 :", localtime)

    filename = '偏心矩形截面受拉构件受剪承载力计算.docx'
    with open(filename,'w',encoding = 'utf-8') as f:
        f.write('计算结果: \n')
        f.write(f'轴向力对截面重心的偏心距 e0 = {e0:<3.1f} mm\n')
        f.write(f'轴向力对纵向受拉钢筋合力点的距离e = {e:<3.1f} mm\n')
        f.write(f'混凝土受压区截面高度       e1 = {e1:<3.1f} mm\n')
        f.write(f'受压钢筋最小配筋面积    Asmin = {Asmin:<3.1f} mm^2\n')
        f.write(f'受压钢筋计算配筋面积     As1 = {As1:<3.1f} mm^2\n')
        f.write(f'受拉钢筋计算配筋面积      As = {As:<3.1f} mm^2\n')
        f.write(f'最小配筋率              ρmin = {ρmin:<3.2f} %\n')
        f.write(f'最大轴力设计值            Nu = {Nu/1000:<3.2f} kN\n')
        f.write(f'最大弯矩设计值            Mu = {Mu/10**6:<3.2f} kN·m\n')
        f.write(f'                         ξ = {ξ:<3.3f} ')
        f.write(f'                   nAsv1_s = {nAsv1_s:<3.3f} ')
        f.write(f'本计算书生成时间 : {localtime}')
```

```
if __name__ == "__main__":
    m = 50
    print('='*m)
    main()
    print('='*m)
```

4.6.3 输出结果

运行代码清单 4-6，可以得到输出结果 4-6。

输 出 结 果   4-6

```
60 kN <= 215.0 kN，构件截面尺寸符合《混规》第6.3.1条
轴向力对截面重心的偏心距    e0 = 938.8 mm
轴向力对纵向受拉钢筋合力点的距离   e = 838.8 mm
混凝土受压区截面高度       e1 = 1038.8 mm
受压钢筋最小配筋面积    Asmin = 150.5 mm^2
受压钢筋计算配筋面积      As1 = 603.0 mm^2
受拉钢筋计算配筋面积       As = 1520.0 mm^2
最小配筋率           ρmin = 0.21 %
最大轴力设计值          Nu = 87.80 kN
最大弯矩设计值          Mu = 82.42 kN·m
                        ξ = 0.215
                  nAsv1_s = 0.648
偏心受拉构件为：大偏心受拉
```

4.7 偏心受拉构件裂缝

4.7.1 项目描述

项目描述与 1.7.1 节相同，不再赘述。

4.7.2 项目代码

本计算程序可以计算偏心受拉构件裂缝，代码清单 4-7 的❶为定义混凝土的调整系数的函数，❷为定义计算混凝土抗压强度设计值的函数，❸为定义计算混凝土抗拉强度设计值的函数，❹为定义偏心受拉构件裂缝的函数，❺为以上定义函数的参数赋值，❻为计算偏心受拉构件裂缝参数值。具体见代码清单 4-7。

4.7.3 输出结果

运行代码清单 4-7，可以得到输出结果 4-7。

```
# -*- coding: utf-8 -*-
from math import sin,cos,tan,pi,sqrt,ceil
import sympy as sp
from sympy import cot
from datetime import datetime
import numpy as np
import matplotlib.pyplot as plt

def α(fcuk):                                                    ❶
    α1 = min(1.0-0.06*(fcuk-50)/3, 1.0)
    return α1

def fc1(fcuk):                                                 ❷
    α_c1 = max((0.76+(0.82-0.76)*(fcuk-50)/(80-50)),0.76)
    α_c2 = min((1-(1-0.87)*(fcuk-40)/(80-40)),1.0)
    fck = 0.88*α_c1*α_c2*fcuk
    fc = fck/1.4
    return fc

def ft1(fcuk):                                                 ❸
    δ = [0.21, 0.18, 0.16, 0.14, 0.13, 0.12, 0.12,
            0.11, 0.11, 0.1, 0.1, 0.1, 0.1, 0.1]
    i = int((fcuk-15)/5)
    α_c2 = min((1-(1-0.87)*(fcuk-40)/(80-40)),1.0)
    ftk = 0.88*0.395*fcuk**0.55*(1-1.645*δ[i])**0.45*α_c2
    ft = ftk/1.4
    return ft, ftk

def Wmax_of_tension(αcr,Mq,Nq,b,bf,hf,h,cs,as1,As,deq,Ap,ftk):  ❹
    Mq = Mq*10**6
    Nq = Nq*10**3
    e0 = Mq/Nq
    h0 = h-as1
    Ate = 0.5*b*h
    ρte = (As+Ap)/Ate
    ρte = As/Ate
    σsq = (Nq*(e0+0.5*h-as1))/(As*(h0-as1))
    cs = min(max(cs,20),65)

    ψ = 1.1-0.65*ftk/(ρte*σsq)
    ψ = min(max(ψ,0.2),1.0)
    Wmax = αcr*ψ*σsq/Es*(1.9*cs+0.08*deq/ρte)
    return Wmax, ψ, ρte, σsq


def main():
    '''    Mq, Nq,  b,   bf, hf, h,   cs, as1, As,  deq, Ap, fcuk'''
```

```
    para = 48, 408, 250, 160, 0, 400, 25, 35,  1520, 22,  0,  20
    Mq, Nq, b, bf, hf, h, cs, as1, As, deq, Ap, fcuk = para          ❺

    γ, as2 = 1.0, as1
    α1, fc, fy = α(fcuk), fc1(fcuk), 360
    ft, ftk = ft1(fcuk)

    results = Wmax_of_tension(αcr,Mq,Nq,b,bf,hf,h,cs,as1,As,deq,Ap,ftk)❻
    Wmax, ψ, ρte, σsq = results
    print(f'最大裂缝宽度计算值       Wmax = {Wmax:<3.3f} mm')
    print(f'裂缝不均匀系数              ψ = {ψ:<3.3f} ')
    print(f'受压钢筋最小配筋面积      ρte = {ρte:<3.4f} ')
    print(f'受压钢筋计算配筋面积      σsq = {σsq:<3.2f} MPa')

    dt = datetime.now()
    localtime = dt.strftime('%Y-%m-%d  %H:%M:%S ')
    print('-'*m)
    print("本计算书生成时间 :", localtime)

    filename = '偏心受拉构件裂缝.docx'
    with open(filename,'w',encoding = 'utf-8') as f:
        f.write('计算结果: \n')
        f.write(f'最大裂缝宽度计算值       Wmax = {Wmax:<3.3f} mm\n')
        f.write(f'裂缝不均匀系数              ψ = {ψ:<3.3f} \n')
        f.write(f'受压钢筋最小配筋面积      ρte = {ρte:<3.4f} \n')
        f.write(f'受压钢筋计算配筋面积      σsq = {σsq:<3.2f} MPa\n')
        f.write(f'本计算书生成时间 : {localtime}')

if __name__ == "__main__":
    m = 50
    Es = 2.0*10**5        #Es---钢筋的弹性模量(N/mm^2)
    αcr = 2.4
    Ap = 0
    print('='*m)
    main()
    print('='*m)
```

输 出 结 果　　　　　　　　　　4-7

```
最大裂缝宽度计算值      Wmax = 0.278 mm
裂缝不均匀系数             ψ = 0.957
受压钢筋最小配筋面积     ρte = 0.0304
受压钢筋计算配筋面积     σsq = 229.90 MPa
```

5 钢筋混凝土受扭构件

5.1 纯扭构件承载力计算

5.1.1 项目描述

受扭构件的类型如图 5-1 所示。受扭构件截面如图 5-2 所示。

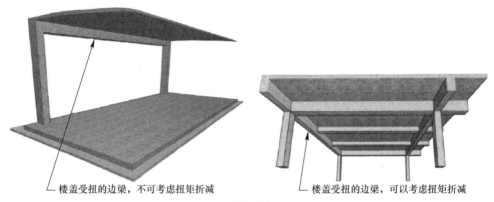

楼盖受扭的边梁，不可考虑扭矩折减

楼盖受扭的边梁，可以考虑扭矩折减

图 5-1　受扭构件的类型

根据《混凝土结构设计规范》GB 50010—2010（2015 年版，以后有时简称《混规》）第 6.4.1 条，受扭构件截面要求：①流程图 5-1 中相关参数的含义详见《混规》图 6.4.1；②图 5-2 引自《混规》。

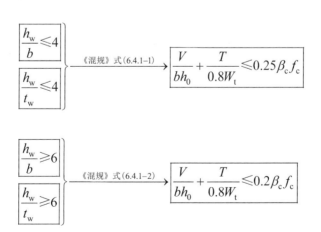

$\dfrac{h_{\mathrm{w}}}{b} \leqslant 4$

$\dfrac{h_{\mathrm{w}}}{t_{\mathrm{w}}} \leqslant 4$

《混规》式(6.4.1-1) → $\dfrac{V}{bh_0} + \dfrac{T}{0.8W_{\mathrm{t}}} \leqslant 0.25\beta_{\mathrm{c}} f_{\mathrm{c}}$

$\dfrac{h_{\mathrm{w}}}{b} \geqslant 6$

$\dfrac{h_{\mathrm{w}}}{t_{\mathrm{w}}} \geqslant 6$

《混规》式(6.4.1-2) → $\dfrac{V}{bh_0} + \dfrac{T}{0.8W_{\mathrm{t}}} \leqslant 0.2\beta_{\mathrm{c}} f_{\mathrm{c}}$

流程图 5-1　受扭构件截面要求

根据《混凝土结构设计规范》GB 50010—2010（2015 年版）第 6.4.3 条，计算受扭构件的截面受扭塑性抵抗矩。流程图 5-4 中相关参数的含义，详见《混规》图 6.4.2。

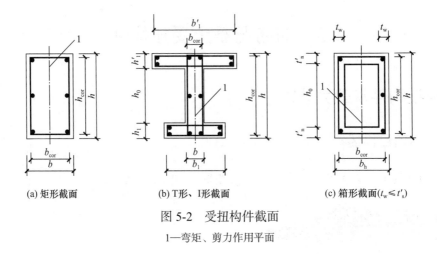

(a) 矩形截面 (b) T形、I形截面 (c) 箱形截面($t_w \le t'_s$)

图 5-2 受扭构件截面

1—弯矩、剪力作用平面

《混规》第6.4.1条$_t$ → $\dfrac{h_w}{b} \le 4$? —是→ 按《混规》式(6.4.1−1)计算 → ★

★ → $\dfrac{V}{bh_0} + \dfrac{T}{0.8W_t} \le 0.25\beta_c f_c$? —是→ 截面满足要求 → 可以进行后续计算

$\dfrac{V}{bh_0} + \dfrac{T}{W_t} \le 0.7f_t$? —是→ 按构造配置箍筋 —《混规》第9.2.9条→ $V \le 0.7f_t bh_0$ $\Big|_h$ —《混规》表9.2.9→ 选配筋

流程图 5-2 受剪扭构件的截面和构造要求

预应力混凝土构件 → 《混规》第10.1.13条 → $N_{p0} > 0.3f_c A_0$? { 是→ $N_{p0} = 0.3f_c A_0$ / 否→ 给定N_{p0}值 } → ★

★ —《混规》式(6.4.2−1)→ $\dfrac{V}{bh_0} + \dfrac{T}{W_t} \le 0.7f_t + 0.05\dfrac{N_{P0}}{bh_0}$

钢筋混凝土构件 → $N > 0.3f_c A$? { 是→ $N = 0.3f_c A$ / 否→ 给定N值 } —《混规》式(6.4.2−2)→ $\dfrac{V}{bh_0} + \dfrac{T}{W_t} \le 0.7f_t + 0.07\dfrac{N}{bh_0}$

流程图 5-3 不进行构件受剪扭承载力计算的条件

根据《混凝土结构设计规范》GB 50010—2010（2015 年版）第 6.4.4 条、第 9.2.5 条，

矩形截面纯扭构件如流程图 5-5 所示。

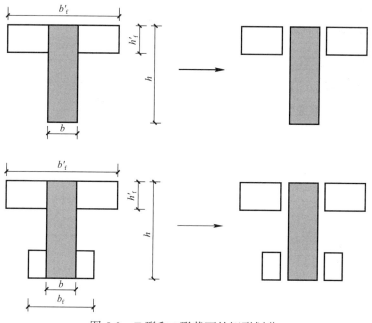

图 5-3　T 形和 I 形截面的矩形划分

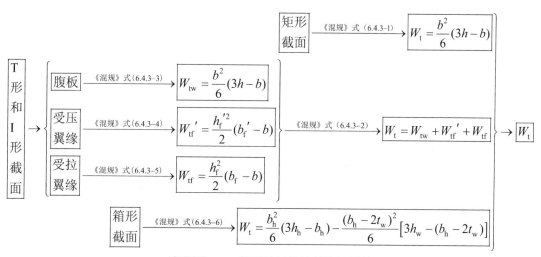

流程图 5-4　截面受扭塑性抵抗矩计算

　　根据《混凝土结构设计规范》GB 50010—2010（2015 年版）第 6.4.5 条，T 形和 I 形截面纯扭构件如流程图 5-6 所示。T 形和 I 形截面的矩形划分如图 5-3 所示。

　　根据《混凝土结构设计规范》GB 50010—2010（2015 年版）第 6.4.3 条、第 6.4.4 条、第 6.4.6 条，箱形截面钢筋混凝土纯扭构件如流程图 5-7 所示。

　　根据《混凝土结构设计规范》GB 50010—2010（2015 年版）第 6.4.7 条、第 6.4.3 条、第 6.4.4 条，矩形截面压扭钢筋混凝土构件如流程图 5-8 所示。

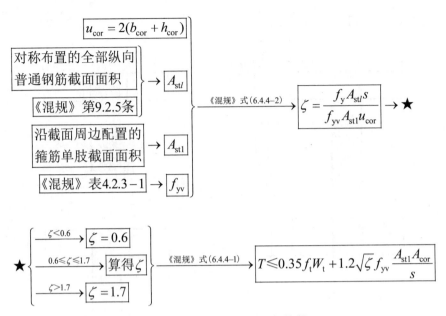

流程图 5-5　矩形截面纯扭构件

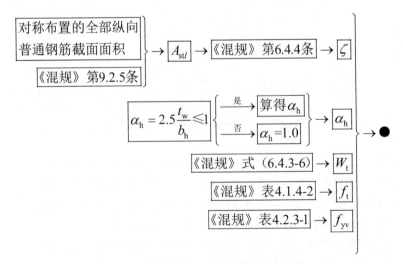

流程图 5-6　T 形和 I 形截面纯扭构件

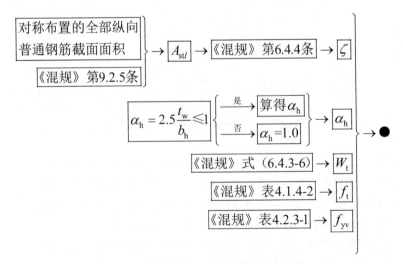

流程图 5-7　箱形截面钢筋混凝土纯扭构件（一）

$$\bullet \xrightarrow{\text{《混规》式}(6.4.6-1)} \boxed{T \leqslant 0.35\alpha_{\mathrm{h}}f_{\mathrm{t}}W_{\mathrm{t}} + 1.2\sqrt{\zeta}f_{\mathrm{yv}}\dfrac{A_{\mathrm{st1}}A_{\mathrm{cor}}}{s}}$$

流程图 5-7　箱形截面钢筋混凝土纯扭构件（二）

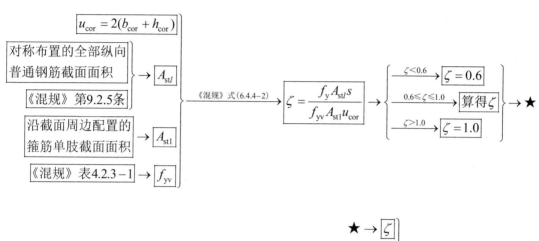

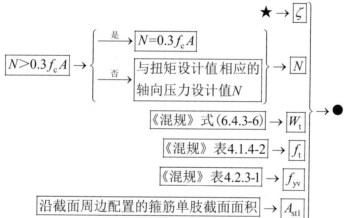

$$\bullet \xrightarrow{\text{《混规》式}(6.4.7)} \boxed{T \leqslant 0.35f_{\mathrm{t}}W_{\mathrm{t}} + 1.2\sqrt{\zeta}f_{\mathrm{yv}}\dfrac{A_{\mathrm{st1}}A_{\mathrm{cor}}}{s} + 0.07\dfrac{N}{A}W_{\mathrm{t}}}$$

流程图 5-8　矩形截面压扭钢筋混凝土构件

5.1.2　项目代码

本计算程序可以计算纯扭构件承载力，代码清单 5-1 的❶为定义混凝土的调整系数的函数，❷为定义计算混凝土抗压强度设计值的函数，❸为定义计算混凝土抗拉强度设计值的函数，❹为定义矩形受扭构件截面几何特性的函数，❺为定义受扭计算的函数，❻为定义受扭构件截面检验的函数，❼为以上定义函数的参数赋值，❽为计算受扭构件截面检验的函数，❾为受扭计算的各个参数值。具体见代码清单 5-1。

代 码 清 单   5—1

```python
# -*- coding: utf-8 -*-
from math import sin,cos,tan,pi,sqrt,ceil,floor
import sympy as sp
from sympy import cot
from datetime import datetime
import numpy as np
import matplotlib.pyplot as plt

def α(fcuk):                                                        ❶
    α1 = min(1.0-0.06*(fcuk-50)/3, 1.0)
    return α1

def fc1(fcuk):                                                      ❷
    α_c1 = max((0.76+(0.82-0.76)*(fcuk-50)/(80-50)),0.76)
    α_c2 = min((1-(1-0.87)*(fcuk-40)/(80-40)),1.0)
    fck = 0.88*α_c1*α_c2*fcuk
    fc = fck/1.4
    return fc

def ft1(fcuk):                                                      ❸
    δ = [0.21, 0.18, 0.16, 0.14, 0.13, 0.12, 0.12,
            0.11, 0.11, 0.1, 0.1, 0.1, 0.1, 0.1]
    i = int((fcuk-15)/5)
    α_c2 = min((1-(1-0.87)*(fcuk-40)/(80-40)),1.0)
    ftk = 0.88*0.395*fcuk**0.55*(1-1.645*δ[i])**0.45*α_c2
    ft = ftk/1.4
    return ft

def wwt(b,h,as1):                                                   ❹
    bcor = b-2*as1
    hcor = h-2*as1
    Acor = bcor*hcor
    A = b*h
    ucor = 2*(bcor+hcor)
    Wt = b**2*(3*h-b)/6
    return Acor, A, ucor, Wt

def torsional(b,h,as1,N,T,V,fc,ft,fy,fyv,Acor,A,ucor,s,Ast1_s):    ❺
    T = T*10**6
    V = V*1000
    ξ = 1.2
    Asv = 50.3
    n = 2

    ρsv = n*Asv/(b*s)*100
    ρsvmin = 0.28*ft/fyv*100

    Astl = ξ*fyv*Ast1_s*ucor/fy
```

```
    ρstl = Astl/(b*h)*100
    ρtlmin = 0.6*sqrt(min(T/(V*b),2))*ft/fy*100

    return Astl, ρsv, ρsvmin, ρstl, ρtlmin

def torsion_sect_chk (Wt,N,T,V,fc,ft,fy,fyv,Acor,A,ucor):          ❻
    ξ = 1.2
    Asv = 50.3
    T = T*10**6

    if N >= 0:
        N = min(N*1000, 0.3*fc*A)
        Ast1_s = (T-(0.35*ft+0.07*N/A)*Wt)/(1.2*sqrt(ξ)*fyv*Acor)
    else:
        N = abs(max(N*1000, -1.75*ft*A))
        Ast1_s = (T-(0.35*ft-0.2*N/A)*Wt)/(1.2*sqrt(ξ)*fyv*Acor)

    s = floor((Asv/Ast1_s)/10)*10
    return Ast1_s, s

def main():
    '''                    M,   N,   h,   b,  as1, ξb,     fcuk'''
    M,N,h,b,as1,ξb,fcuk = 120, 100, 450, 200, 30,  0.518, 30        ❼
    α1, fc, ft, fy,fyv = α(fcuk), fc1(fcuk), ft1(fcuk), 300, 210
    γ, as2 = 1.0,  as1
    T, V, βc = 10, 20, 1.0
    Acor, A, ucor, Wt = wwt(b,h,as1)

    hw = h-as1
    h0 = h-as1
    Ast1_s,s = torsion_sect_chk (Wt,N,T,V,fc,ft,fy,fyv,Acor,A,ucor)  ❽

    hw_b = max(min(hw/b,6), 4)
    if (V/(b*h0) + T/(0.8*Wt)) <= (0.35-0.025*hw_b)*βc*fc :
        print('截面尺寸满足《混规》第6.4.1条要求。')
    else:
        print('截面尺寸不满足《混规》第6.4.1条要求！')

    results = torsional(b,h,as1,N,T,V,fc,ft,fy,fyv,Acor,A,ucor,s,Ast1_s) ❾
    Astl, ρsv, ρsvmin, ρstl, ρtlmin = results

    print(f'截面核心部分的面积        Acor = {Acor:<3.1f} mm^2')
    print(f'截面核心部分的周长        ucor = {ucor:<3.1f} mm')
    print(f'受扭构件的截面受扭塑性抵抗矩   Wt = {Wt:<3.1f} mm^3')
    print(f'构件单位长度受扭钢筋截面积 Ast1_s = {Ast1_s:<3.3f} mm^2/mm')
    print(f'受扭钢筋间距              s = {s:<3.0f} mm')
    print(f'对称布置的受拉钢筋面积     Astl = {Astl:<3.1f} mm^2')
    print(f'配箍率                  ρsv = {ρsv:<3.3f} %')
    print(f'最小配箍率            ρsvmin = {ρsvmin:<3.3f} %')
```

```python
    print(f'纵筋配筋率                        ρstl = {ρstl:<3.3f} %')
    print(f'最小纵筋配筋率                    ρtlmin = {ρtlmin:<3.3f} %')

    T = np.linspace(10,160,100)
s1 = [torsion_sect_chk (Wt,N,T1,V,fc,ft,fy,fyv,Acor,A,ucor)[1]
for T1 in T]
s2 = [abs(torsion_sect_chk (Wt,N,-T1,V,fc,ft,fy,fyv,Acor,A,ucor)[1])
for T1 in T]

    fig, ax = plt.subplots(figsize = (5.7,4.3))
    plt.rcParams['font.sans-serif'] = ['STsong']

    plt.plot(T,s1, color='b', lw=2, linestyle='-',label='压扭')
    plt.plot(T,s2, color='r', lw=2, linestyle='--',label='拉扭')
    plt.ylabel("受扭钢筋间距  $ s (mm)$", size=8)
    plt.xlabel("$T (kN·m)$", size=8)

    x1, x2, y1, y2 = 0, max(T), 0, max(s1)+0.01
    plt.axis([x1,x2,y1,y2])
    plt.axis('on')

    xmin, xmax, dx = x1, x2, 10
    ymin, ymax, dy = y1, y2, 10
    plt.xticks(np.arange(xmin,xmax,dx))
    plt.yticks(np.arange(ymin,ymax,dy))

    plt.grid()
    plt.legend()
    plt.show()
    graph = '受纯扭矩形截面构件配筋'
    fig.savefig(graph, dpi=600, facecolor="#f1f1f1")

    dt = datetime.now()
    localtime = dt.strftime('%Y-%m-%d  %H:%M:%S ')
    print('-'*m)
    print("本计算书生成时间 :", localtime)

    filename = '受纯扭矩形截面构件配筋.docx'
    with open(filename,'w',encoding = 'utf-8') as f:
        f.write('计算结果: \n')
        f.write(f'截面核心部分的面积                 Acor = {Acor:<3.1f} mm^2\n')
        f.write(f'截面核心部分的周长                 ucor = {ucor:<3.1f} mm\n')
        f.write(f'受扭构件的截面受扭塑性抵抗矩    Wt = {Wt:<3.1f} mm^3\n')
        f.write(f'构件单位长度受扭钢筋截面面积Ast1_s ={Ast1_s:<3.3f}mm^2/
mm\n')
        f.write(f'受扭钢筋间距                        s = {s:<3.0f} mm\n')
        f.write(f'对称布置的受拉钢筋面积          Astl = {Astl:<3.1f} mm^2\n')
        f.write(f'配箍率                            ρsv = {ρsv:<3.3f} %\n')
        f.write(f'最小配箍率                        ρsvmin = {ρsvmin:<3.3f} %\n')
```

```
        f.write(f'纵筋配筋率                            ρstl = {ρstl:<3.3f} %\n')
        f.write(f'最小纵筋配筋率                        ρtlmin = {ρtlmin:<3.3f} %\n')
        f.write(f'本计算书生成时间 : {localtime}')

if __name__ == "__main__":
    m = 50
    print('='*m)
    main()
    print('='*m)
```

5.1.3　输出结果

运行代码清单 5-1，可以得到输出结果 5-1。

输 出 结 果 　　　　　　　　　　　5-1

```
截面尺寸满足《混规》第6.4.1条要求。
截面核心部分的面积          Acor = 54600.0 mm^2
截面核心部分的周长          ucor = 1060.0 mm
受扭构件的截面受扭塑性抵抗矩   Wt = 7666666.7 mm^3
构件单位长度受扭钢筋截面面积  Ast1_s = 0.369 mm^2/mm
受扭钢筋间距                 s = 130 mm
对称布置的受拉钢筋面积       Astl = 328.4 mm^2
配箍率                      ρsv = 0.387 %
最小配箍率                 ρsvmin = 0.191 %
纵筋配筋率                   ρstl = 0.365 %
最小纵筋配筋率             ρtlmin = 0.405 %
```

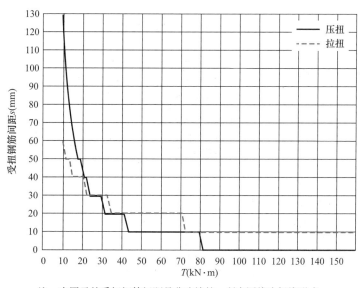

注：本图示的受扭钢筋间距是非连续的，所有图线为折线形式。

5.2 剪扭和弯扭构件承载力计算

5.2.1 项目描述

根据《混凝土结构设计规范》GB 50010—2010（2015 年版）第 6.4.8 条、第 6.4.9 条、第 9.2.10 条，一般剪扭构件如流程图 5-9 所示；抗剪扭箍筋的配置如流程图 5-10 所示；一般剪扭构件配筋计算如流程图 5-11 所示。

《混规》式 $(6.4.8-2) \rightarrow$ $\beta_t = \dfrac{1.5}{1 + 0.5\dfrac{VW_T}{Tbh_0}}$ $\rightarrow$
- $\beta_t < 0.5 \rightarrow$ $\beta_t = 0.5$
- $0.5 \leqslant \beta_t \leqslant 1.0 \rightarrow$ 算得 β_t
- $\beta_t > 1.0 \rightarrow$ $\beta_t = 1.0$

$\rightarrow$ β_t $\rightarrow$ ★

受剪承载力 $\rightarrow$
- 《混规》第6.3.4条 $\rightarrow$ λ
- ★ $\rightarrow$ β_t
- N_{p0}
- 《混规》表4.1.4-2 $\rightarrow$ f_t
- 《混规》表4.2.3-1 $\rightarrow$ f_{yv}

《混规》式 $(6.4.8-1) \rightarrow$ $V \leqslant (1.5 - \beta_t)(0.7f_tbh_0 + 0.05N_{p0}) + f_{yv}\dfrac{A_{sv}}{s}h_0$

受扭承载力 $\rightarrow$
- 《混规》第6.4.4条 $\rightarrow$ ζ
- ★ $\rightarrow$ β_t

《混规》式 $(6.4.8-3) \rightarrow$ $T \leqslant \beta_t\left(0.35f_t + 0.05\dfrac{N_{p0}}{A_0}\right)W_t + \left(1.2\sqrt{\zeta}f_{yv}\dfrac{A_{st1}A_{cor}}{s}\right)$

流程图 5-9　一般剪扭构件

《混规》第6.4.8条 $\rightarrow$ $\beta_t = \dfrac{1.5}{1 + 0.5\dfrac{VW_t}{Tbh_0}} > 1.0?$ $\rightarrow$ $\beta_t = 1.0$

受扭计算 —— 《混规》式 $(6.4.8-3)$ $\dfrac{A_{st1}}{s}$

$\rightarrow$ ★

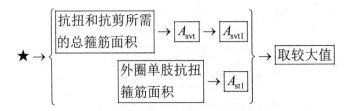

★ $\rightarrow$
- 抗扭和抗剪所需的总箍筋面积 $\rightarrow$ A_{svt} $\rightarrow$ A_{svt1}
- 外圈单肢抗扭箍筋面积 $\rightarrow$ A_{st1}

$\rightarrow$ 取较大值

流程图 5-10　抗剪扭箍筋的配置

$$\frac{V}{bh_0} + \frac{T}{W_t} > 0.7f_t \xrightarrow{\text{不满足《混规》式(6.4.2-1)}} \boxed{\text{按计算要求配置箍筋}}$$

$$\boxed{\begin{array}{c}\text{受剪}\\\text{计算}\end{array}} \xrightarrow{\text{《混规》式(6.4.8-1)}} \boxed{\dfrac{A_{sv}}{s} \geqslant \dfrac{V - (1.5-\beta_t)(0.7f_t bh_0)}{nf_y h_0}}$$

$$\boxed{\begin{array}{c}\text{受扭}\\\text{计算}\end{array}} \xrightarrow{\text{《混规》式(6.4.8-3)}} \boxed{\dfrac{A_{st1}}{s} \geqslant \dfrac{T - \beta_t(0.35f_t)W_t}{1.2\sqrt{\zeta}f_{yv}A_{cor}}} \Bigg\} \rightarrow \boxed{\dfrac{A_{st}}{s} \geqslant \dfrac{A_{st1}}{s} + \dfrac{A_{sv}}{s}} \rightarrow \boxed{\text{选配筋}}$$

流程图 5-11　一般剪扭构件配筋计算

根据《混凝土结构设计规范》GB 50010—2010（2015 年版）第 6.3.4 条、第 6.4.4 条、第 6.4.8 条，集中荷载作用下的独立剪扭构件如流程图 5-12 所示。

$$\boxed{\text{《混规》式(6.4.8-5)}} \rightarrow \boxed{\beta_t = \dfrac{1.5}{1+0.2(\lambda+1)\dfrac{VW_t}{Tbh_0}}} \rightarrow \begin{cases} \xrightarrow{\beta_t<0.5} \boxed{\beta_t = 0.5}\\ \xrightarrow{0\leqslant\beta_t\leqslant1.0} \boxed{\text{算得}\beta_t}\\ \xrightarrow{\beta_t>1.0} \boxed{\beta_t = 1.0} \end{cases} \Bigg\} \rightarrow \boxed{\beta_t} \rightarrow \bullet$$

$$\boxed{\begin{array}{c}\text{受剪}\\\text{承载力}\end{array}} \rightarrow \begin{cases} \boxed{\text{《混规》第6.3.4条}} \rightarrow \boxed{\lambda}\\ \bullet \rightarrow \boxed{\beta_t}\\ \boxed{N_{p0}}\\ \boxed{\text{《混规》表4.1.4-2}} \rightarrow \boxed{f_t}\\ \boxed{\text{《混规》表4.2.3-1}} \rightarrow \boxed{f_{yv}} \end{cases} \xrightarrow{\text{《混规》式(6.4.8-1)}} \boxed{V \leqslant (1.5-\beta_t)\left(\dfrac{1.75}{\lambda+1}f_t bh_0 + 0.05N_{p0}\right) + f_{yv}\dfrac{A_{sv}}{s}h_0}$$

$$\boxed{\begin{array}{c}\text{受扭}\\\text{承载力}\end{array}} \rightarrow \begin{cases} \boxed{\text{《混规》第6.4.4条}} \rightarrow \boxed{\zeta}\\ \bullet \rightarrow \boxed{\beta_t} \end{cases} \xrightarrow{\text{《混规》式(6.4.8-3)}} \boxed{T \leqslant \beta_t\left(0.35f_t + 0.05\dfrac{N_{p0}}{A_0}\right)W_t + 1.2\sqrt{\zeta}f_{yv}\dfrac{A_{st1}A_{cor}}{s}}$$

流程图 5-12　集中荷载作用下的独立剪扭构件

根据《混凝土结构设计规范》GB 50010—2010（2015 年版）第 6.3.4 条、第 6.4.4 条、第 6.4.8 条、第 6.4.12 条、第 6.4.6 条、第 9.2.10 条，箱形一般剪扭构件如流程图 5-13 所示。

$$\boxed{\text{《混规》式(6.4.8-2)}} \rightarrow \boxed{\beta_t = \dfrac{1.5}{1+0.5\dfrac{VW_T}{Tbh_0}}} \rightarrow \begin{cases} \xrightarrow{\beta_t<0.5} \boxed{\beta_t = 0.5}\\ \xrightarrow{0.5\leqslant\beta_t\leqslant1.0} \boxed{\text{算得}\beta_t}\\ \xrightarrow{\beta_t>1.0} \boxed{\beta_t = 1.0} \end{cases} \Bigg\} \rightarrow \boxed{\beta_t} \rightarrow \bigstar$$

流程图 5-13　箱形一般剪扭构件（一）

受剪承载力 → 《混规》第6.3.4条 → λ
★ → β_t
《混规》表4.1.4-2 → f_t
《混规》表4.2.3-1 → f_{yv}
《混规》式(6.4.10-1) → $V \leq 0.7(1.5 - \beta_t)f_t b h_0 + f_{yv}\dfrac{A_{sv}}{s}h_0$

受扭承载力 → 《混规》第6.4.4条 → ζ
★ → β_t
《混规》式(6.4.10-2) → $T \leq 0.35\alpha_h \beta_t f_t W_t + 1.2\sqrt{\zeta}f_{yv}\dfrac{A_{st1}A_{cor}}{s}$

《混规》第6.4.12条 → $V \leq 0.35 f_t b h_0$ → 按纯扭构件计算 → 《混规》第6.4.10条 → $T \leq 0.35\alpha_h f_t W_t + 1.2\sqrt{\zeta}f_{yv}\dfrac{A_{st1}A_{cor}}{s}$ → ◆

◆ → $\dfrac{A_{st1}}{s}$ → 选配筋 → 《混规》第9.2.10条 → $\rho_{sv} > \rho_{svmin} = 0.28\dfrac{f_t}{f_{yv}}$

流程图 5-13　箱形一般剪扭构件（二）

根据《混凝土结构设计规范》GB 50010—2010（2015 年版）第 6.4.8 条、第 6.4.10 条，箱形集中荷载作用下的独立剪扭构件如流程图 5-14 所示。

《混规》式(6.4.8-5) → $\beta_t = \dfrac{1.5}{1 + 0.5\dfrac{V\alpha_h W_t}{Tbh_0}}$ →
$\beta_t < 0.5$ → $\beta_t = 0.5$
$0.5 \leq \beta_t \leq 1.0$ → 算得β_t
$\beta_t > 1.0$ → $\beta_t = 1.0$
→ β_t → ★

《混规》式(6.4.8-5) → $\beta_t = \dfrac{1.5}{1 + 0.2(\lambda + 1)\dfrac{V\alpha_h W_t}{Tbh_0}}$ →
$\beta_t < 0.5$ → $\beta_t = 0.5$
$0.5 \leq \beta_t \leq 1.0$ → 算得β_t
$\beta_t > 1.0$ → $\beta_t = 1.0$
→ β_t → ●

一般剪扭构件
受剪承载力 → 《混规》式(6.4.10-1) ★ → $V \leq 0.7(1.5 - \beta_t)f_t b h_0 + f_{yv}\dfrac{A_{sv}}{s}h_0$
受扭承载力 → 《混规》第6.4.4条 → ζ ★ → ◆

流程图 5-14　箱形集中荷载作用下的独立剪扭构件（一）

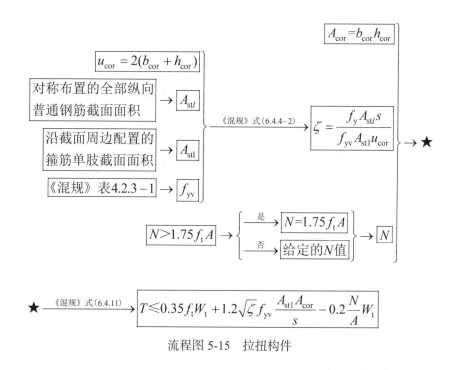

流程图 5-14　箱形集中荷载作用下的独立剪扭构件（二）

根据《混凝土结构设计规范》GB 50010—2010（2015 年版）第 6.4.11 条，拉扭构件如流程图 5-15 所示。

流程图 5-15　拉扭构件

5.2.2　项目代码

本计算程序可以计算剪扭和弯扭构件承载力，代码清单 5-2 的❶为定义混凝土的调整系数的函数，❷为定义计算混凝土抗压强度设计值的函数，❸为定义计算混凝土抗拉强度设计值的函数，❹为定义矩形受扭构件截面几何特性的函数，❺为定义受扭计算的函数，❻为定义受扭构件截面检验的函数，❼～❽为以上定义函数的参数赋值，❾为计算受扭构件截面检验的函数，❿为受扭计算的各个参数值。具体见代码清单 5-2。

代 码 清 单　　　　　　　　　　　　　　　　5-2

```python
# -*- coding: utf-8 -*-
from math import sin,cos,tan,pi,sqrt,ceil,floor
import sympy as sp
from datetime import datetime
import numpy as np
import matplotlib.pyplot as plt

def α(fcuk):                                                        ❶
    α1 = min(1.0-0.06*(fcuk-50)/3, 1.0)
    return α1

def fc1(fcuk):                                                     ❷
    α_c1 = max((0.76+(0.82-0.76)*(fcuk-50)/(80-50)),0.76)
    α_c2 = min((1-(1-0.87)*(fcuk-40)/(80-40)),1.0)
    fck = 0.88*α_c1*α_c2*fcuk
    fc = fck/1.4
    return fc

def ft1(fcuk):                                                     ❸
    δ = [0.21, 0.18, 0.16, 0.14, 0.13, 0.12, 0.12,
            0.11, 0.11, 0.1, 0.1, 0.1, 0.1, 0.1]
    i = int((fcuk-15)/5)
    α_c2 = min((1-(1-0.87)*(fcuk-40)/(80-40)),1.0)
    ftk = 0.88*0.395*fcuk**0.55*(1-1.645*δ[i])**0.45*α_c2
    ft = ftk/1.4
    return ft

def wwt(b,bf1,h,hf1,as1):                                          ❹
    bcor = b-2*as1
    hcor = h-2*as1
    Acor = bcor*hcor
    A = b*h
    ucor = 2*(bcor+hcor)
    Wtw = b**2*(3*h-b)/6
    Wtf = hf1**2*(bf1-b)/2
    Wt = Wtw+Wtf
    return Acor, A, ucor, Wtw, Wtf, Wt

def tor(b,h,as1,N,T,V,fc,ft,fy,fyv,Acor,A,ucor,s,Ast1_s,ξ,Asv):   ❺
    T = T*10**6
    V = V*1000
    n = 2

    ρsv = n*Asv/(b*s)*100
    ρsvmin = 0.28*ft/fyv*100

    Astl = ξ*fyv*Ast1_s*ucor/fy
```

```python
        ρstl = Astl/(b*h)*100
        ρtlmin = 0.6*sqrt(min(T/(V*b),2))*ft/fy*100

        return Astl, ρsv, ρsvmin, ρstl, ρtlmin

def tor_sect_chek (Wt,N,T,V,fc,ft,fy,fyv,Acor,A,ucor,ξ,Asv):        ❻
    T = T*10**6
    if N >= 0:
        N = min(N*1000, 0.3*fc*A)
        Ast1_s = (T-(0.35*ft+0.07*N/A)*Wt)/(1.2*sqrt(ξ)*fyv*Acor)
    else:
        N = abs(max(N*1000, -1.75*ft*A))
        Ast1_s = (T-(0.35*ft-0.2*N/A)*Wt)/(1.2*sqrt(ξ)*fyv*Acor)
    s = floor((Asv/Ast1_s)/10)*10
    return Ast1_s, s

def main():
    '''                           M, N, b, bf1, h, hf1, as1  ξb,fcuk'''
    M,N,b,bf1,h,hf1,as1,ξb,fcuk = 120,100,200,400,450,80,30,0.518,30   ❼
    α1, fc, ft, fy,fyv,Asv = α(fcuk),fc1(fcuk),ft1(fcuk),300,210,50.3
    γ, as2 = 1.0,   as1
    T, V, βc = 10, 20, 1.0
    ξ = 1.0                                                             ❽

    Acor, A, ucor, Wtw, Wtf, Wt = wwt(b,bf1,h,hf1,as1)
    hw = h-as1
    h0 = h-as1
    Ast1_s,s= tor_sect_chek (Wt,N,T,V,fc,ft,fy,fyv,Acor,A,ucor,ξ,Asv)  ❾

    hw_b = max(min(hw/b,6), 4)
    if (V/(b*h0) + T/(0.8*Wt)) <= (0.35-0.025*hw_b)*βc*fc :
        print('截面尺寸满足《混规》第6.4.1条要求。')
    else:
        print('截面尺寸不满足《混规》第6.4.1条要求！')

    results= tor(b,h,as1,N,T,V,fc,ft,fy,fyv,Acor,A,ucor,s,Ast1_s,ξ,Asv)
    Astl, ρsv, ρsvmin, ρstl, ρtlmin = results                          ❿

    print(f'截面核心部分的面积         Acor = {Acor:<3.1f} mm^2')
    print(f'截面核心部分的周长         ucor = {ucor:<3.1f} mm')
    print(f'受扭构件的截面受扭塑性抵抗矩   Wtw = {Wtw:<3.1f} mm^3')
    print(f'受扭构件的截面受扭塑性抵抗矩   Wtf = {Wtf:<3.1f} mm^3')
    print(f'受扭构件的截面受扭塑性抵抗矩   Wt = {Wt:<3.1f} mm^3')
    print(f'构件单位长度受扭钢筋截面积 Ast1_s = {Ast1_s:<3.3f} mm^2/mm')
    print(f'受扭钢筋间距              s = {s:<3.0f} mm')
    print(f'对称布置的受拉钢筋面积       Astl = {Astl:<3.1f} mm^2')
    print(f'配箍率                 ρsv = {ρsv:<3.3f} %')
    print(f'最小配箍率              ρsvmin = {ρsvmin:<3.3f} %')
    print(f'纵筋配筋率              ρstl = {ρstl:<3.3f} %')
```

```python
    print(f'最小纵筋配筋率              ρtlmin = {ρtlmin:<3.3f} %')

T = np.linspace(10,160,100)
s1 = [tor_sect_chek (Wt,N,T1,V,fc,ft,fy,fyv,Acor,A,ucor,ξ,Asv)[1]
                                        for T1 in T]
s2 = [abs(tor_sect_chek (Wt,N,-T1,V,fc,ft,fy,fyv,Acor,A,ucor,ξ,Asv)[1])
                                        for T1 in T]

fig, ax = plt.subplots(figsize = (5.7,4.3))
plt.rcParams['font.sans-serif'] = ['STsong']

plt.plot(T,s1, color='b', lw=2, linestyle='-',label='压扭')
plt.plot(T,s2, color='r', lw=2, linestyle='--',label='拉扭')
plt.ylabel("受扭钢筋间距  $ s (mm)$", size=8)
plt.xlabel("$T (kN·m)$", size=8)

x1, x2, y1, y2 = 0, max(T), 0, max(s1)+0.01
plt.axis([x1,x2,y1,y2])
plt.axis('on')

xmin, xmax, dx = x1, x2, 10
ymin, ymax, dy = y1, y2, 10
plt.xticks(np.arange(xmin,xmax,dx))
plt.yticks(np.arange(ymin,ymax,dy))

plt.grid()
plt.legend()
plt.show()
graph = '受纯扭T形截面构件配筋'
fig.savefig(graph, dpi=600, facecolor="#f1f1f1")

dt = datetime.now()
localtime = dt.strftime('%Y-%m-%d  %H:%M:%S ')
print('-'*m)
print("本计算书生成时间 :", localtime)

filename = '受纯扭T形截面构件配筋.docx'
with open(filename,'w',encoding = 'utf-8') as f:
    f.write('计算结果: \n')
    f.write(f'截面核心部分的面积          Acor = {Acor:<3.1f} mm^2\n')
    f.write(f'截面核心部分的周长          ucor = {ucor:<3.1f} mm\n')
    f.write(f'受扭构件的截面受扭塑性抵抗矩   Wt = {Wt:<3.1f} mm^3\n')
    f.write(f'构件单位长度受扭钢筋截面积 Ast1_s = {Ast1_s:<3.3f} mm^2/
mm\n')
    f.write(f'受扭钢筋间距                 s = {s:<3.0f} mm\n')
    f.write(f'对称布置的受拉钢筋面积      Astl = {Astl:<3.1f} mm^2\n')
    f.write(f'配箍率                     ρsv = {ρsv:<3.3f} %\n')
    f.write(f'最小配箍率              ρsvmin = {ρsvmin:<3.3f} %\n')
    f.write(f'纵筋配筋率                 ρstl = {ρstl:<3.3f} %\n')
```

```
        f.write(f'最小纵筋配筋率                    ρtlmin = {ρtlmin:<3.3f} %\n')
        f.write(f'本计算书生成时间：{localtime}')

if __name__ == "__main__":
    m = 50
    print('='*m)
    main()
    print('='*m)
```

5.2.3　输出结果

运行代码清单5-2，可以得到输出结果5-2。

输　出　结　果　　　　　　　　　　　　5-2

截面尺寸满足《混规》第6.4.1条要求。
截面核心部分的面积　　　　　　　Acor = 54600.0 mm^2
截面核心部分的周长　　　　　　　ucor = 1060.0 mm
受扭构件的截面受扭塑性抵抗矩　　Wtw = 7666666.7 mm^3
受扭构件的截面受扭塑性抵抗矩　　Wtf = 640000.0 mm^3
受扭构件的截面受扭塑性抵抗矩　　Wt = 8306666.7 mm^3
构件单位长度受扭钢筋截面积　Ast1_s = 0.377 mm^2/mm
受扭钢筋间距　　　　　　　　　　s = 130 mm
对称布置的受拉钢筋面积　　　　Astl = 279.8 mm^2
配箍率　　　　　　　　　　　　ρsv = 0.387 %
最小配箍率　　　　　　　　ρsvmin = 0.191 %
纵筋配筋率　　　　　　　　　　ρstl = 0.311 %
最小纵筋配筋率　　　　　　　ρtlmin = 0.405 %

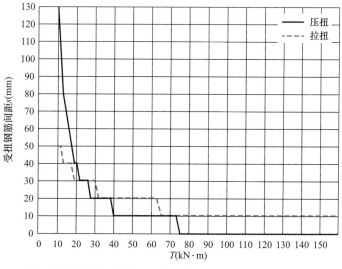

注：本图示的受扭钢筋间距是非连续的，所有图线为折线形式。

5.3 钢筋混凝土弯剪扭构件承载力计算

5.3.1 项目描述

根据《混凝土结构设计规范》GB 50010—2010（2015 年版）第 6.4.14 条、第 6.4.17 条，在轴向压力、弯矩、剪力和扭矩共同作用下钢筋混凝土矩形截面框架柱见流程图 5-16；在轴向拉力、弯矩、剪力和扭矩共同作用下钢筋混凝土矩形截面框架柱见流程图 5-17。

$$\boxed{\text{受剪承载力}} \xrightarrow{\text{《混规》式 (6.4.14-1)}} \boxed{V \leqslant (1.5 - \beta_t)\left(\frac{1.75}{\lambda+1}f_t b h_0 + 0.07N\right) + f_{yv}\frac{A_{sv}}{s}h_0}$$

$$\boxed{\text{受扭承载力}} \xrightarrow{\text{《混规》式 (6.4.14-2)}} \boxed{T \leqslant \beta_t\left(0.35f_t + 0.07\frac{N}{A}\right)W_t + 1.2\sqrt{\zeta}f_{yv}\frac{A_{st1}A_{cor}}{s}}$$

流程图 5-16　在轴向压力、弯矩、剪力和扭矩共同作用下框架柱的受剪承载力计算

$$\boxed{\text{受剪承载力}} \xrightarrow{\text{《混规》式 (6.4.17-1)}} \boxed{V_u = (1.5 - \beta_t)\left(\frac{1.75}{\lambda+1}f_t b h_0 - 0.2N\right) + f_{yv}\frac{A_{sv}}{s}h_0 \leqslant f_{yv}\frac{A_{sv}}{s}h_0 ?} \rightarrow \bigstar$$

$$\bigstar \rightarrow \begin{cases} \xrightarrow{\text{是}} \boxed{V_u = f_{yv}\dfrac{A_{sv}}{s}h_0} \\[2ex] \xrightarrow{\text{否}} \boxed{\text{计算所得}V_u} \end{cases}$$

$$\boxed{\begin{array}{c}\text{受扭}\\\text{承载力}\end{array}} \xrightarrow{\text{《混规》式 (6.4.17-2)}} \boxed{T_u = \beta_t\left(0.35f_t - 0.2\frac{N}{A}\right)W_t + 1.2\sqrt{\zeta}f_{yv}\frac{A_{st1}A_{cor}}{s} \leqslant 1.2\sqrt{\zeta}f_{yv}\frac{A_{st1}A_{cor}}{s} ?} \rightarrow \blacklozenge$$

$$\blacklozenge \rightarrow \begin{cases} \xrightarrow{\text{是}} \boxed{T_u = 1.2\sqrt{\zeta}f_{yv}\dfrac{A_{st1}A_{cor}}{s}} \\[2ex] \xrightarrow{\text{否}} \boxed{\text{计算所得}T_u} \end{cases}$$

流程图 5-17　在轴向拉力、弯矩、剪力和扭矩共同作用下框架柱的受剪承载力计算

5.3.2 项目代码

本计算程序可以计算钢筋混凝土弯剪扭构件承载力，代码清单 5-3 的❶为定义混凝土的调整系数的函数，❷为定义计算混凝土抗压强度设计值的函数，❸为定义计算混凝土抗拉强度设计值的函数，❹为定义矩形受扭构件截面几何特性的函数，❺为定义受扭计算的函数，❻为定义受扭构件截面检验的函数，❼为以上定义函数的参数赋值，❽为计算受扭

构件截面特性的函数，❾为受扭构件截面尺寸检验，❿为计算受扭构件的参数值。具体见代码清单 5-3。

代 码 清 单

5–3

```python
# -*- coding: utf-8 -*-
from math import sin,cos,tan,pi,sqrt,ceil,floor
import sympy as sp
from datetime import datetime
import numpy as np
import matplotlib.pyplot as plt

def α(fcuk):                                                        ❶
    α1 = min(1.0-0.06*(fcuk-50)/3, 1.0)
    return α1

def fc1(fcuk):                                                     ❷
    α_c1 = max((0.76+(0.82-0.76)*(fcuk-50)/(80-50)),0.76)
    α_c2 = min((1-(1-0.87)*(fcuk-40)/(80-40)),1.0)
    fck = 0.88*α_c1*α_c2*fcuk
    fc = fck/1.4
    return fc

def ft1(fcuk):                                                    ❸
    δ = [0.21, 0.18, 0.16, 0.14, 0.13, 0.12, 0.12,
            0.11, 0.11, 0.1, 0.1, 0.1, 0.1, 0.1]
    i = int((fcuk-15)/5)
    α_c2 = min((1-(1-0.87)*(fcuk-40)/(80-40)),1.0)
    ftk = 0.88*0.395*fcuk**0.55*(1-1.645*δ[i])**0.45*α_c2
    ft = ftk/1.4
    return ft

def wwt(bh,hh,tw,as1):                                            ❹
    bcor = bh-2*as1
    hcor = hh-2*as1
    Acor = bcor*hcor
    A = bh*hh
    hw = hh-2*tw
    ucor = 2*(bcor+hcor)
    Wt1 = bh**2*(3*hh-bh)/6
    Wt2 = (bh-2*tw)**2*(3*hw-(bh-2*tw))/6
    Wt = Wt1-Wt2
    αh = 2.5*tw/bh
    return Acor, A, ucor, Wt, αh

def torsional(bh,hh,as1,N,T,V,fc,ft,fy,fyv,Acor,A,ucor,s,Ast1_s,ξ):  ❺
    T = T*10**6
    V = V*1000
    Asv = 50.3
```

```
    n = 2

    ρsv = n*Asv/(bh*s)*100
    ρsvmin = 0.28*ft/fyv*100

    Astl = ξ*fyv*Ast1_s*ucor/fy
    ρstl = Astl/(bh*hh)*100
    ρtlmin = 0.6*sqrt(min(T/(V*bh),2))*ft/fy*100

    return Astl, ρsv, ρsvmin, ρstl, ρtlmin

def torsion_sect_charact(Wt,N,T,V,fc,ft,fy,fyv,Acor,A,ucor,αh,ξ):       ❻
    Asv = 50.3
    T = T*10**6

    if N >= 0:
        N = min(N*1000, 0.3*fc*A)
        Ast1_s = (T-(0.35*αh*ft+0.07*N/A)*Wt)/(1.2*sqrt(ξ)*fyv*Acor)
    else:
        N = abs(max(N*1000, -1.75*ft*A))
        Ast1_s = (T-(0.35*ft-0.2*N/A)*Wt)/(1.2*sqrt(ξ)*fyv*Acor)

    # s = Asv/Ast1_s
    s = floor((Asv/Ast1_s)/10)*10
    return Ast1_s, s


def main():
    '''                            M,  N,  bh,  tw,  hh,  as1  ξb,   fcuk'''
    M,N,bh,tw,hh,as1,ξb,fcuk = 120, 0, 600, 150, 800, 25,  0.518, 25   ❼
    α1, fc, ft, fy,fyv = α(fcuk), fc1(fcuk), ft1(fcuk), 360, 270
    γ, as2 = 1.0,  as1
    T, V, βc = 78, 85, 1.0
    ξ = 1.0

    Acor, A, ucor, Wt, αh = wwt(bh,hh,tw,as1)                           ❽
    hw = hh-as1
    h0 = hh-as1
    b = 2*tw
    Ast1_s, s = torsion_sect_charact(Wt,N,T,V,fc,ft,fy,fyv,Acor,A,ucor,αh,ξ)
    s = 100
    hw_b = max(min(hw/bh,6), 4)

    if (V/(b*h0) + T/(0.8*Wt)) <= (0.35-0.025*hw_b)*βc*fc :             ❾
        print('截面尺寸满足《混规》第6.4.1条要求。')
    else:
        print('截面尺寸不满足《混规》第6.4.1条要求！')

    results = torsional(b,hh,as1,N,T,V,fc,ft,fy,fyv,Acor,A,ucor,s,Ast1_s,ξ)
```

```
    Astl, ρsv, ρsvmin, ρstl, ρtlmin = results                                ❿

    print(f'截面核心部分的面积              Acor = {Acor:<3.1f} mm^2')
    print(f'截面核心部分的周长              ucor = {ucor:<3.1f} mm')
    print(f'受扭构件的截面受扭塑性抵抗矩      αh = {αh:<3.3f} ')
    # print(f'受扭构件的截面受扭塑性抵抗矩    Wtf = {Wtf:<3.1f} mm^3')
    print(f'受扭构件的截面受扭塑性抵抗矩     Wt = {Wt:<3.1f} mm^3')
    print(f'构件单位长度受扭钢筋截面积 Ast1_s = {Ast1_s:<3.3f} mm^2/mm')
    print(f'受扭钢筋间距                   s = {s:<3.0f} mm')
    print(f'对称布置的受拉钢筋面积         Astl = {Astl:<3.1f} mm^2')
    print(f'配箍率                       ρsv = {ρsv:<3.3f} %')
    print(f'最小配箍率                 ρsvmin = {ρsvmin:<3.3f} %')
    print(f'纵筋配筋率                    ρstl = {ρstl:<3.3f} %')
    print(f'最小纵筋配筋率             ρtlmin = {ρtlmin:<3.3f} %')

    dt = datetime.now()
    localtime = dt.strftime('%Y-%m-%d  %H:%M:%S ')
    print('-'*m)
    print("本计算书生成时间 :", localtime)

    filename = '受纯扭T形截面构件配筋.docx'
    with open(filename,'w',encoding = 'utf-8') as f:
        f.write('计算结果: \n')
        f.write(f'截面核心部分的面积              Acor = {Acor:<3.1f} mm^2\n')
        f.write(f'截面核心部分的周长              ucor = {ucor:<3.1f} mm\n')
        f.write(f'受扭构件的截面受扭塑性抵抗矩      Wt = {Wt:<3.1f} mm^3\n')
        f.write(f'构件单位长度受扭钢筋截面积Ast1_s ={Ast1_s:<3.3f} mm^2/
mm\n')
        f.write(f'受扭钢筋间距                    s = {s:<3.0f} mm\n')
        f.write(f'对称布置的受拉钢筋面积         Astl = {Astl:<3.1f} mm^2\n')
        f.write(f'配箍率                        ρsv = {ρsv:<3.3f} %\n')
        f.write(f'最小配箍率                  ρsvmin = {ρsvmin:<3.3f} %\n')
        f.write(f'纵筋配筋率                    ρstl = {ρstl:<3.3f} %\n')
        f.write(f'最小纵筋配筋率             ρtlmin = {ρtlmin:<3.3f} %\n')
        f.write(f'本计算书生成时间 : {localtime}')

if __name__ == "__main__":
    m = 50
    print('='*m)
    main()
    print('='*m)
```

5.3.3 输出结果

运行代码清单 5-3，可以得到输出结果 5-3。

截面尺寸满足《混规》第6.4.1条要求。
截面核心部分的面积　　　　　Acor = 412500.0 mm^2
截面核心部分的周长　　　　　ucor = 2600.0 mm
受扭构件的截面受扭塑性抵抗矩　αh = 0.625
受扭构件的截面受扭塑性抵抗矩　Wt = 90000000.0 mm^3
构件单位长度受扭钢筋截面积 Ast1_s = 0.396 mm^2/mm
受扭钢筋间距　　　　　　　　s = 100 mm
对称布置的受拉钢筋面积　　　Astl = 773.0 mm^2
配箍率　　　　　　　　　　ρsv = 0.335 %
最小配箍率　　　　　　ρsvmin = 0.132 %
纵筋配筋率　　　　　　　ρstl = 0.322 %
最小纵筋配筋率　　　　ρtlmin = 0.300 %

6 混凝土受冲切、牛腿、预埋件及疲劳计算

6.1 楼盖冲切配筋计算

6.1.1 项目描述

板受冲切承载力计算类型见图 6-1。

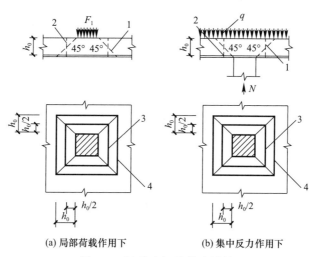

(a) 局部荷载作用下   (b) 集中反力作用下

图 6-1 板受冲切承载力计算

1—冲切破坏锥体的斜截面；2—计算截面；3—计算截面的周长；4—冲切破坏锥体的底面线

1. 不配置冲切钢筋的情形
步骤 1：求 β_h、β_s（流程图 6-1）

$$800\text{mm}<h<2000\text{mm} \xrightarrow{\text{是}} \boxed{\begin{array}{l} h\leqslant800\text{mm} \xrightarrow{\text{是}} \boxed{\beta_h=1.0} \\ \beta_h=1-\dfrac{h-800}{2000-800}\cdot(1-0.9) \\ h\geqslant2000\text{mm} \xrightarrow{\text{是}} \boxed{\beta_h=0.9} \end{array}} \to \boxed{\beta_h}$$

$$\boxed{\text{冲切面形状}} \to \begin{cases} \boxed{\text{矩形}} \to \boxed{\beta_s=\dfrac{l}{b}<2?} \to \begin{cases} \xrightarrow{\text{否}} \boxed{\text{算得}\beta_s} \\ \xrightarrow{\text{是}} \boxed{\beta_s=2} \end{cases} \to \boxed{2\leqslant\beta_s\leqslant4} \\ \boxed{\text{圆形}} \to \boxed{\beta_s=2} \end{cases}$$

流程图 6-1 求 β_h、β_s

步骤 2：求 α_s、η（流程图 6-2）

$$\boxed{\text{柱位置影响系数}}\begin{cases}\boxed{\text{中柱}}\to\boxed{\alpha_\mathrm{s}=40}\\\boxed{\text{边柱}}\to\boxed{\alpha_\mathrm{s}=30}\\\boxed{\text{角柱}}\to\boxed{\alpha_\mathrm{s}=20}\end{cases}\to\boxed{\alpha_\mathrm{s}}\to\bigstar$$

$$\begin{aligned}\boxed{\text{《混规》式}(6.5.1-2)}&\to\boxed{\eta_1=0.4+\dfrac{1.2}{\beta_\mathrm{s}}}\\\boxed{\text{《混规》式}(6.5.1-3)}\atop\bigstar&\to\boxed{\eta_2=0.5+\dfrac{\alpha_\mathrm{s}h_0}{4u_\mathrm{m}}}\end{aligned}\Biggr\}\xrightarrow{\text{取较小值}}\boxed{\eta=\min(\eta_1,\eta_2)}$$

流程图 6-2　求 α_s、η

步骤 3：求 h_0、u_m

h_0 为两个配筋方向的截面有效高度的平均值，$h_0=h-c-\phi$。

临界截面的周长 $u_\mathrm{m}=2\times\left[\left(b+2\times\dfrac{h_0}{2}\right)+\left(l+2\times\dfrac{h_0}{2}\right)\right]=2(b+l+2h_0)=2(b+l)+4h_0$

步骤 4：不配置抗冲切钢筋板的抗冲切验算（流程图 6-3）

$$\boxed{\text{有不平衡弯矩?}}\begin{cases}\xrightarrow{\text{无}}\boxed{F_l=N-b_\mathrm{b}^2\cdot q}\\\xrightarrow{\text{有，《混规》第6.5.6条}}\boxed{\text{附录F}}\to\boxed{F_l=F_{l,\mathrm{eq}}}\end{cases}\Biggr\}\to\bullet$$

$$\bullet\xrightarrow{\text{《混规》式}(6.5.1-1)}\boxed{F_l\leqslant(0.7\beta_\mathrm{h}f_\mathrm{t}+0.25\sigma_{\mathrm{pc,m}})\eta u_\mathrm{m}h_0}$$

流程图 6-3　不配置抗冲切钢筋板的抗冲切验算

2. 配置冲切钢筋的情形

步骤 1：《混凝土结构设计规范》GB 50010—2010（2015 年版）第 6.5.3 条
求 η（流程图 6-2）

临界截面的周长 $u_\mathrm{m}=2\times\left[\left(b+2\times\dfrac{h_0}{2}\right)+\left(l+2\times\dfrac{h_0}{2}\right)\right]=2(b+l+2h_0)=2(b+l)+4h_0$

受冲切截面要求：$F_l\leqslant 1.2f_\mathrm{t}\eta u_\mathrm{m}h_0$

配置箍筋、弯起钢筋时的受冲切承载力：

$$F_l\leqslant(0.5f_\mathrm{t}+0.25\sigma_{\mathrm{pc,m}})\eta u_\mathrm{m}h_0+0.8f_{\mathrm{yv}}A_{\mathrm{svu}}+0.8f_\mathrm{y}A_{\mathrm{sbu}}\sin\alpha$$

步骤 2：《混凝土结构设计规范》GB 50010—2010（2015 年版）第 6.5.4 条
对配置抗冲切钢筋的冲切破坏锥体以外 $0.5h_0$ 处的最不利周长 u_m 为：

$$u_\mathrm{m}=2\times[(b+2h_0+2\times0.5h_0)+(l+2h_0+2\times0.5h_0)]=2(b+l)+12h_0$$

冲切承载力计算见流程图 6-4，弯起钢筋冲切计算要求见流程图 6-5。

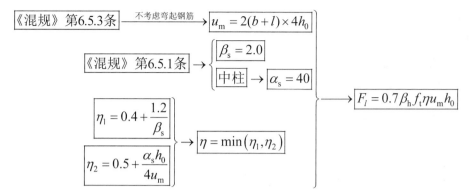

流程图 6-4　冲切承载力计算

《混规》第6.5.3条 → u_m, η, α ——《混规》式（6.5.3-2）→ $F_l \leqslant 0.5 f_t \eta u_m h_0 + 0.8 f_y A_{sbu} \sin \alpha$
$< 1.2 f_t \eta u_m h_0$

流程图 6-5　弯起钢筋冲切计算要求

6.1.2　项目代码

本计算程序可以计算楼盖冲切配筋，代码清单 6-1 的❶为定义计算混凝土抗拉强度设计值的函数，❷为定义混凝土冲切截面高度影响系数的函数，❸为定义面积形状的影响系数的函数，❹为定义计算截面周长的函数，❺为定义计算冲切效应的函数，❻为以上定义函数的参数赋值，❼为计算柱帽底部抗冲切承载力，❽为计算柱帽顶部抗冲切承载力。具体见代码清单 6-1。

代 码 清 单　　　　　　　　　　　　　　6-1

```
# -*- coding: utf-8 -*-
import numpy as np
from pylab import mpl
import matplotlib.pyplot as plt
mpl.rcParams['axes.unicode_minus'] = False
from datetime import datetime

def ft1(fcuk):                                                      ❶
    δ = [0.21, 0.18, 0.16, 0.14, 0.13, 0.12, 0.12,
            0.11, 0.11, 0.1, 0.1, 0.1, 0.1, 0.1]
    i = int((fcuk-15)/5)
    α_c2 = min((1-(1-0.87)*(fcuk-40)/(80-40)),1.0)
    ftk = 0.88*0.395*fcuk**0.55*(1-1.645*δ[i])**0.45*α_c2
    ft = ftk/1.4
    return ft

def βh1(h):                                                         ❷
```

```
        if h<= 800:
            βh = 1.0
        elif h >= 2000:
            βh = 0.9
        else:
            βh = 1-(h-800)/1200*0.1
        return  βh

def η1(h0,um,hc,bc,αs):                                         ❸
    βs = max(hc/bc, 2.0)
    η1 = 0.4+1.2/βs
    η2 = 0.5+αs*h0/(4*um)
    η = min(η1,η2)
    return η

def um1(as1,h,bt,ht):                                           ❹
    h0 = h-as1
    um = 2*((bt+h0)+(ht+h0))
    return h0, um

def punch_reinforce_of_floor(h0,um,bt,ht,βh,η,q,ft,L,B):        ❺
    q = q/1000
    N = q*L*B
    Fl = N-q*(bt+2*h0)*(ht+2*h0)
    Flu = 0.7*βh*ft*η*um*h0
    return  N, Fl, Flu

def main():
    '''                       as1,  h,   hc,  bc,  bt,   ht,   L,    B '''
    as1,h,hc,bc,bt,ht,L,B = 30,  250, 600, 600, 1600, 1600, 8400, 8400  ❻
    '''          q,  fcuk '''
    q,fcuk = 20, 35
    αs = 40
    ft = ft1(fcuk)
    βh = βh1(h)
    h0,um = um1(as1,h,bt,ht)
    η = η1(h0,um,hc,bc,αs)

    N, Fl, Flu = punch_reinforce_of_floor(h0,um,bt,ht,βh,η,q,ft,L,B)  ❼
    print(f'柱顶反力设计值                N = {N/1000:<3.1f} kN')
    print(f'柱帽边冲切效应设计值          Fl = {Fl/1000:<3.1f} kN')
    print(f'柱帽边抗冲切承载力设计值    Flu = {Flu/1000:<3.1f} kN')
    if Flu>=Fl:
        print('柱帽边受冲切满足《混规》第6.5.1条要求。')
    else:
        print('不满足《混规》第6.5.1条要求，需做出调整。')

    print('-'*many)
    '''              as1, h,   bt,  ht '''
```

```
as1,h,bt,ht = 45, 400, 600, 600
βh = βh1(h)
h0, um = um1(as1,h,bt,ht)
η = η1(h0,um,hc,bc,αs)
N1,Fl1,Flu1 = punch_reinforce_of_floor(h0,um,bt,ht,βh,η,q,ft,L,B)    ❽
print(f'柱顶反力设计值              N = {N1/1000:<3.1f} kN')
print(f'柱帽边冲切效应设计值        Fl = {Fl1/1000:<3.1f} kN')
print(f'柱边抗冲切承载力设计值      Flu = {Flu1/1000:<3.1f} kN')
if Flu1>=Fl1:
    print('柱边受冲切满足《混规》第6.5.1条要求。')
else:
    print('不满足《混规》第6.5.1条要求，需做出调整。')

fig,ax = plt.subplots(2,1, figsize=(5.7,4.3), facecolor="#f1f1f1")
fig.subplots_adjust(left=0.15, hspace=0.5)
plt.rcParams['font.sans-serif'] = ['STsong']

h1 = np.linspace(100,800,100)
h0, um = um1(as1,h1,bt,ht)
Flu2 = punch_reinforce_of_floor(h0,um,bt,ht,βh,η,q,ft,L,B)[2]

y_limt_min = 0
y_limit_max = max(Flu2/1000)
ax[0].set_ylim(y_limt_min, y_limit_max)

ax[0].plot(h1,Flu2/1000, color='g', linestyle='-',lw=2)
ax[0].set_ylabel("抗冲切承载力设计值 (kN)",size=8)
ax[0].set_xlabel("混凝土板厚 (mm)",size=8)
ax[0].grid()

fcuk = [20,25,30,35,40,45,50,55,60,65,70,75,80]
h0, um = 0.5*max(h0), max(um)
Flu2 = [punch_reinforce_of_floor(h0,um,bt,ht,βh,η,q,ft,L,B)[2]/1000\
                    for ft in [ft1(fcuk1) for fcuk1 in fcuk]]

ax[1].plot(fcuk,Flu2, color='r', linestyle='-',lw=2)
ax[1].set_ylabel("抗冲切承载力设计值 (kN)",size=8)
ax[1].set_xlabel("混凝土强度等级 (MPa)",size=8)
ax[1].grid()

plt.show()
graph = '带柱帽楼盖冲切配筋计算'
fig.suptitle(graph, fontsize=10)
fig.savefig(graph, dpi=600, facecolor="#f1f1f1")

dt = datetime.now()
localtime = dt.strftime('%Y-%m-%d  %H:%M:%S')
print('-'*many)
print("本计算书生成时间 :", localtime)
```

```
    filename = '带柱帽楼盖冲切配筋计算.docx'
    with open(filename,'w',encoding = 'utf-8') as f:
        f.write('计算结果: \n')
        f.write(f'柱顶反力设计值                N = {N1/1000:<3.1f} kN\n')
        f.write(f'柱帽边冲切效应设计值          Fl = {Fl/1000:<3.1f} kN\n')
        f.write(f'柱帽边抗冲切承载力设计值  Flu = {Flu/1000:<3.1f} kN\n')
        f.write(f'柱边冲切效应设计值            Fl = {Fl1/1000:<3.1f} kN\n')
        f.write(f'柱边抗冲切承载力设计值    Flu = {Flu1/1000:<3.1f} kN\n')
        f.write(f'本计算书生成时间 : {localtime}')

if __name__ == "__main__":
    many = 50
    print('='*many)
    main()
    print('='*many)
```

6.1.3 输出结果

运行代码清单 6-1，可以得到输出结果 6-1。

输 出 结 果   6-1

```
顶反力设计值                   N = 1411.2 kN
柱帽边冲切效应设计值          Fl = 1328.0 kN
柱帽边抗冲切承载力设计值  Flu = 1416.1 kN
柱帽边受冲切满足《混规》第6.5.1条要求。
--------------------------------------------------
柱顶反力设计值                 N = 1411.2 kN
柱帽边冲切效应设计值          Fl = 1376.9 kN
柱边抗冲切承载力设计值    Flu = 1494.7 kN
柱边受冲切满足《混规》第6.5.1条要求。
```

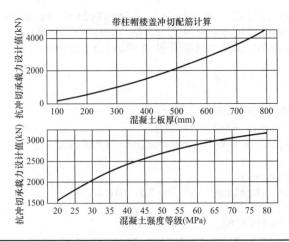

6.2　圆柱楼盖冲切配筋计算

6.2.1　项目描述

项目描述与 6.1.1 节相同，不再赘述。

6.2.2　项目代码

本计算程序可以计算圆柱楼盖冲切配筋，代码清单 6-2 的❶为定义计算混凝土抗拉强度设计值的函数，❷为定义混凝土冲切截面高度影响系数的函数，❸为定义冲切效应的函数，❹为以上定义函数的参数赋值，❺为计算柱帽底部抗冲切承载力，❻为计算柱帽顶部抗冲切承载力。具体见代码清单 6-2。

代 码 清 单　　　　　　　　　　　6-2

```python
# -*- coding: utf-8 -*-
from math import sin,cos,radians,pi
from datetime import datetime

def ft1(fcuk):                                              ❶
    δ = [0.21, 0.18, 0.16, 0.14, 0.13, 0.12, 0.12,
            0.11, 0.11, 0.1, 0.1, 0.1, 0.1, 0.1]
    i = int((fcuk-15)/5)
    α_c2 = min((1-(1-0.87)*(fcuk-40)/(80-40)),1.0)
    ftk = 0.88*0.395*fcuk**0.55*(1-1.645*δ[i])**0.45*α_c2
    ft = ftk/1.4
    return ft

def βh1(h):                                                 ❷
    if h<= 800:
        βh = 1.0
    elif h >= 2000:
        βh = 0.9
    else:
        βh = 1-(h-800)/1200*0.1
    return  βh

def punch(as1,h,d,q,fcuk,L):                                ❸
    ft = ft1(fcuk)
    h0 = h-as1
    um = pi*(d+h0)
    N = q*L**2
    Fl = N-q*(d+2*h0)**2
    βs = 2.0
    η1 = 0.4+1.2/βs
```

```
    αs = 40
    η2 = 0.5+αs*h0/(4*um)
    η = min(η1,η2)
    βh = βh1(h)
    Flu = 0.7*βh*ft*η*um*h0
    return  Fl, Flu

def main():
    '''                      as1, h,  d,  q,        fcuk, L '''
    as1,h,d,q,fcuk,L = 20, 200, 950, 20/1000, 30,   5600         ❹
    Fl, Flu = punch(as1,h,d,q,fcuk,L)                            ❺
    print(f'柱帽边冲切效应设计值     Fl = {Fl/1000:<3.1f} kN')
    print(f'柱帽边抗冲切承载力设计值 Flu = {Flu/1000:<3.1f} kN')
    if Flu>=Fl:
        print('柱帽边受冲切满足《混规》要求')
    else:
        print('不满足《混规》要求，需调整尺寸')

    print('-'*many)
    as1,h,d,q,L = 20,450,950,20/1000,5600                        ❻
    Fl, Flu = punch(as1,h,d,q,fcuk,L)
    print(f'柱边冲切效应设计值         Fl = {Fl/1000:<3.1f} kN')
    print(f'柱边抗冲切承载力设计值      Flu = {Flu/1000:<3.1f} kN')
    if Flu>=Fl:
        print('柱边受冲切满足《混规》要求')
    else:
        print('不满足《混规》要求，需调整尺寸')

    dt = datetime.now()
    localtime = dt.strftime('%Y-%m-%d   %H:%M:%S')
    print('-'*many)
    print("本计算书生成时间 :", localtime)

    filename = '圆柱楼盖冲切配筋计算.docx'
    with open(filename,'w',encoding = 'utf-8') as f:
        f.write('计算结果: \n')
        f.write(f'柱帽边冲切效应设计值     Fl = {Fl/1000:<3.1f} kN\n')
        f.write(f'柱帽边抗冲切承载力设计值 Flu = {Flu/1000:<3.1f} kN\n')
        f.write(f'柱边冲切效应设计值         Fl = {Fl/1000:<3.1f} kN\n')
        f.write(f'柱边抗冲切承载力设计值      Flu = {Flu/1000:<3.1f} kN\n')
        f.write(f'本计算书生成时间 : {localtime}')

if __name__ == "__main__":
    many = 50
    print('='*many)
    main()
    print('='*many)
```

6.2.3 输出结果

运行代码清单 6-2，可以得到输出结果 6-2。

输 出 结 果　　　　　　　　　　6-2

```
柱帽边冲切效应设计值      Fl = 592.9 kN
柱帽边抗冲切承载力设计值  Flu = 640.9 kN
柱帽边受冲切满足《混规》要求
-------------------------------------------------
柱边冲切效应设计值        Fl = 561.7 kN
柱边抗冲切承载力设计值    Flu = 1869.9 kN
柱边受冲切满足《混规》要求
```

6.3 柱边带孔楼板受冲切配筋

6.3.1 项目描述

当板开有孔洞且孔洞至局部荷载或集中反力作用面积边缘的距离≤$6h_0$ 时，受冲切承载力计算中取用的计算截面周长 u_m，应扣除局部荷载或集中反力作用面积中心至开孔外边画出两条切线之间所包含的长度即 u_m-l_4。计算流程如流程图 6-6 所示。

当 $I_1 \leq I_2$ 时，$l_4 = \dfrac{\frac{b}{2}+\frac{h_0}{2}}{\frac{b}{2}+l_x} \cdot l_2$；当 $I_1 > I_2$ 时，$l_4 = \dfrac{\frac{b}{2}+\frac{h_0}{2}}{\frac{b}{2}+l_x} \cdot \sqrt{l_1 l_2}$。

邻近孔洞时的计算截面周长，如图 6-2 所示。

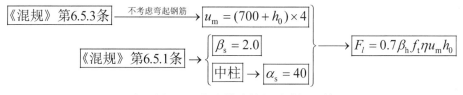

流程图 6-6 柱边带孔楼板受冲切配筋

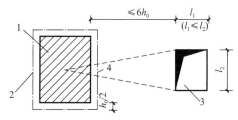

图 6-2 邻近孔洞时的计算截面周长

1—局部荷载或集中反力作用面；2—计算截面周长；3—孔洞；4—应扣除的长度

注：当图中 l_1 大于 l_2 时，孔洞边长 l_2 用 $\sqrt{l_1 l_2}$ 代替

6.3.2 项目代码

本计算程序可以计算柱边带孔楼板受冲切配筋，代码清单 6-3 的❶为定义计算混凝土抗拉强度设计值的函数，❷为定义冲切效应的函数，❸为以上定义函数的参数赋值，❹为柱边带孔楼板受冲切配筋的设计值。具体见代码清单 6-3。

代 码 清 单   6-3

```python
# -*- coding: utf-8 -*-
from datetime import datetime

def ft1(fcuk):                                                        ❶
    δ = [0.21, 0.18, 0.16, 0.14, 0.13, 0.12, 0.12,
            0.11, 0.11, 0.1, 0.1, 0.1, 0.1, 0.1]
    i = int((fcuk-15)/5)
    α_c2 = min((1-(1-0.87)*(fcuk-40)/(80-40)),1.0)
    ftk = 0.88*0.395*fcuk**0.55*(1-1.645*δ[i])**0.45*α_c2
    ft = ftk/1.4
    return ft

def punch(Fl,as1,h,bt,ht,fcuk,fyv,dist):                              ❷
    ft = ft1(fcuk)
    h0 = h-as1
    bb = bt+h0
    hb = ht+h0
    um = 4*(bt+h0)
    if 6*h0 > dist:
        AB = dist*(bt/2+h0/2)/(bt/2+dist)
    um = um-AB
    βs = max(ht/bt, 2.0)
    η1 = 0.4+1.2/βs
    η = η1
    βh = 1.0
    Flu = 0.7*βh*ft*η*um*h0

    Fcr = 1.2*ft*η*um*h0
    print(f'Fcr = {Fcr/1000:<3.1f} kN')
    Asvu = (Fl*1000-0.5*ft*η*um*h0)/(0.8*fyv)
    return  um, Fcr, Flu, Asvu

 def main():
    '''                        Fl, as1, h,  bt, ht, fcuk, fyv, dist'''
    Fl,as1,h,bt,ht,fcuk,fyv,dist = 669.5,20,200,600,600, 30,360,700    ❸
    um, Fcr, Flu, Asvu= punch(Fl,as1,h,bt,ht,fcuk,fyv,dist)            ❹
    print(f'板所能承受的荷载效应设计值       um = {um:<3.1f} mm')
    print(f'钢筋混凝土板抗冲切承载力设计值 Fcr = {Fcr/1000:<3.1f}kN')
    print(f'钢筋混凝土板抗冲切承载力设计值 Flu = {Flu/1000:<3.1f} kN')
    print(f'受冲切钢筋面积                 Asvu = {Asvu:<3.1f} mm^2')
```

```
    if Fcr > Fl:
        print('满足《混规》要求')

    dt = datetime.now()
    localtime = dt.strftime('%Y-%m-%d  %H:%M:%S ')
    print('-'*m)
    print("本计算书生成时间 :", localtime)

    filename = '柱边带孔楼板受冲切配筋.docx'
    with open(filename,'w',encoding = 'utf-8') as f:
        f.write('计算结果: \n')
        f.write(f'板所能承受的荷载效应设计值        um = {um:<3.1f} mm\n')
        f.write(f'钢筋混凝土板抗冲切承载力设计值Fcr = {Fcr/1000:<3.1f} kN\n')
        f.write(f'钢筋混凝土板抗冲切承载力设计值Flu = {Flu/1000:<3.1f} kN\n')
        f.write(f'受冲切钢筋面积                   Asvu = {Asvu:<3.1f} mm^2\n')
        f.write(f'本计算书生成时间 : {localtime}')

if __name__ == "__main__":
    m = 50
    print('='*m)
    main()
    print('='*m)
```

6.3.3　输出结果

运行代码清单 6-3，可以得到输出结果 6-3。

输 出 结 果　　　　　　　　　　　　　　　6-3

```
板所能承受的荷载效应设计值        um = 2847.0 mm
钢筋混凝土板抗冲切承载力设计值 Fcr = 881.2 kN
钢筋混凝土板抗冲切承载力设计值 Flu = 514.0 kN
受冲切钢筋面积                   Asvu = 1049.8 mm^2
满足《混规》要求
```

6.4　有弯起钢筋混凝土板受冲切承载力验算

6.4.1　项目描述

项目描述同 6.1.1 节相同，不再赘述。

6.4.2　项目代码

本计算程序为有弯起钢筋混凝土板受冲切承载力验算，代码清单 6-4 的❶为定义计算混凝土抗拉强度设计值的函数，❷为定义冲切效应的函数，❸为以上定义函数的参数赋值，❹为受冲切配筋的设计值。具体见代码清单 6-4。

代 码 清 单   6-4

```python
# -*- coding: utf-8 -*-
from math import sin, radians
from datetime import datetime

def ft1(fcuk):                                                           ❶
    δ = [0.21, 0.18, 0.16, 0.14, 0.13, 0.12, 0.12,
            0.11, 0.11, 0.1, 0.1, 0.1, 0.1, 0.1]
    i = int((fcuk-15)/5)
    α_c2 = min((1-(1-0.87)*(fcuk-40)/(80-40)),1.0)
    ftk = 0.88*0.395*fcuk**0.55*(1-1.645*δ[i])**0.45*α_c2
    ft = ftk/1.4
    return ft

def punch(as1,h,bt,ht,ft,fyv,Asbu,α):                                    ❷
    h0 = h-as1
    um = 4*(bt+h0)
    βs = max(ht/bt, 2.0)
    η1 = 0.4+1.2/βs
    αs = 40
    η2 = 0.5+αs*h0/(4*um)
    η = min(η1,η2)
    Flu = 0.5*ft*η*um*h0+0.8*fyv*Asbu*sin(radians(α))
    Fcr = 1.2*ft*η*um*h0
    return  Fcr, Flu

def main():
    '''                                  as1, h, bt, ht, fcuk, fyv, Asbu,  α  '''
    as1,h,bt,ht,fcuk,fyv,Asbu,α = 30,170,700,700,30,  360,  339*4, 30      ❸
    ft = ft1(fcuk)
    Fcr, Flu = punch(as1,h,bt,ht,ft,fyv,Asbu,α)                            ❹
    print(f'板所能承受的荷载效应设计值  Fcr = {Fcr/1000:<3.1f} kN')
    print(f'钢筋混凝土板抗冲切承载力设计值 Flu = {Flu/1000:<3.1f} kN')
    if Fcr > Flu:
        print('满足《混规》要求')
    else:
        print('不满足《混规》要求，需调整尺寸')

    dt = datetime.now()
    localtime = dt.strftime('%Y-%m-%d  %H:%M:%S')
    print('-'*many)
    print("本计算书生成时间 :", localtime)

    filename = '有弯起钢筋混凝土板受冲切承载力验算.docx'
```

```
with open(filename,'w',encoding = 'utf-8') as f:
    f.write('计算结果: \n')
    f.write(f'板所能承受的荷载效应设计值 Fcr = {Fcr/1000:<3.1f} kN\n')
    f.write(f'钢筋混凝土板抗冲切承载力设计值Flu = {Flu/1000:<3.1f} kN\n')
    f.write(f'本计算书生成时间 : {localtime}')

if __name__ == "__main__":
    many = 50
    print('='*many)
    main()
    print('='*many)
```

6.4.3 输出结果

运行代码清单 6-4，可以得到输出结果 6-4。

输　出　结　果　　　　　　　　　　　　6-4

```
板所能承受的荷载效应设计值      Fcr = 741.4 kN
钢筋混凝土板抗冲切承载力设计值 Flu = 504.2 kN
满足《混规》要求
```

6.5 板柱结构节点冲切验算

6.5.1 项目描述

临界截面上的偏心剪应力见图 6-3，无柱帽楼板的抗冲切加强措施见图 6-4。

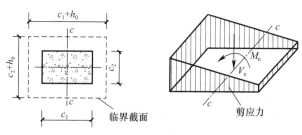

图 6-3　临界截面上的偏心剪应力

在局部荷载或集中反力作用下，当受冲切承载力不满足《混凝土结构设计规范》GB 50010—2010（2015 年版）第 6.5.1 条的要求且板厚受到限制时，可配置箍筋或弯起钢筋，并应符合《混凝土结构设计规范》GB 50010—2010（2015 年版）第 9.1.11 条的构造规定。板中抗冲切钢筋布置如图 6-4 所示。

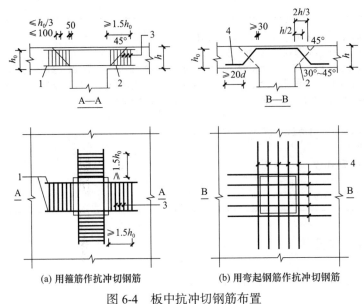

图 6-4　板中抗冲切钢筋布置

1—架立钢筋；2—冲切破坏锥面；3—箍筋；4—弯起钢筋

6.5.2　项目代码

本计算程序为板柱结构节点冲切验算，代码清单 6-5 的❶为定义计算混凝土抗拉强度设计值的函数，❷为定义混凝土冲切截面高度影响系数的函数，❸为定义计算冲切效应的函数，❹为以上定义函数的参数赋值，❺为计算柱边冲切效应值，❻为计算柱帽底部冲切效应值。具体见代码清单 6-5。

代 码 清 单　　　　　　　　　　　6-5

```python
# -*- coding: utf-8 -*-
from math import sin,cos,radians,pi,sqrt
from datetime import datetime

def ft1(fcuk):                                              ❶
    δ = [0.21, 0.18, 0.16, 0.14, 0.13, 0.12, 0.12,
            0.11, 0.11, 0.1, 0.1, 0.1, 0.1, 0.1]
    i = int((fcuk-15)/5)
    α_c2 = min((1-(1-0.87)*(fcuk-40)/(80-40)),1.0)
    ftk = 0.88*0.395*fcuk**0.55*(1-1.645*δ[i])**0.45*α_c2
    ft = ftk/1.4
    return ft

def βh1(h):                                                 ❷
    if h<= 800:
        βh = 1.0
```

```python
    elif h >= 2000:
        βh = 0.9
    else:
        βh = 1-(h-800)/1200*0.1
    return  βh

def punch(Munb,N,q,hc,bc,as1,h,ht,ft,ηvb,γRE):
    h0 = h+ht-as1
    um = 4*(bc+h0)
    N = N*1000
    Munb = Munb*10**6
    at = bc+h0
    am = at
    aAB = aCD = at/2
    α0 = 1-1/(1+2/3*sqrt((hc+h0)/(bc+h0)))
    Ic = h0*(at**3)/6+2*h0*am*(at/2)**2
    A = (bc+2*(h+ht))**2
    Fl = N-q/1000*A
    Fleq = Fl+(α0*Munb*aAB/Ic*um*h0)*ηvb

    βs = max(hc/bc, 2.0)
    η1 = 0.4+1.2/βs
    αs = 40
    η2 = 0.5+αs*h0/(4*um)
    η = min(η1,η2)
    Flu = 0.56*ft*η*um*h0/γRE
    return Fleq, Flu

def main():
    '''       Munb,   N,   q,   hc,  bc,  as1, h,   ht, fcuk,ηvb, γRE '''
    paras = 133.3, 930, 13,  600, 600, 30,  250, 120, 30, 1.7, 0.85
    Munb,N,q,hc,bc,as1,h,ht,fcuk,ηvb,γRE = paras

    ft = ft1(fcuk)
    Fleq, Flu = punch(Munb,N,q,hc,bc,as1,h,ht,ft,ηvb,γRE)
    print(f'柱边的荷载效应设计值       Fleq = {Fleq/1000:<3.1f} kN')
    print(f'柱边抗冲切承载力设计值     Flu = {Flu/1000:<3.1f} kN')
    if Fleq < Flu:
        print('满足《混规》要求')
    else:
        print('不满足《混规》要求，需调整尺寸')

    '''              hc,   bc,  as1,  ht '''
    hc,bc,as1,ht =  1600, 1600, 20,  0
    Fleq1, Flu1 = punch(Munb,N,q,hc,bc,as1,h,ht,fcuk,ηvb,γRE)
    print(f'柱帽边的荷载效应设计值     Fleq = {Fleq1/1000:<3.1f} kN')
    print(f'柱帽边冲切承载力设计值     Flu = {Flu1/1000:<3.1f} kN')
    if Fleq < Flu:
        print('满足《混规》要求')
```

❸ ❹ ❺ ❻

```
    else:
        print('不满足《混规》要求，需调整尺寸')

    dt = datetime.now()
    localtime = dt.strftime('%Y-%m-%d  %H:%M:%S')
    print('-'*many)
    print("本计算书生成时间 :", localtime)

    filename = '板柱结构节点冲切验算.docx'
    with open(filename,'w',encoding = 'utf-8') as f:
        f.write('计算结果: \n')
        f.write(f'柱边的荷载效应设计值      Fleq = {Fleq/1000:<3.1f} kN\n')
        f.write(f'柱边抗冲切承载力设计值     Flu = {Flu/1000:<3.1f} kN\n')
        f.write(f'柱帽边的荷载效应设计值   Fleq = {Fleq1/1000:<3.1f} kN\n')
        f.write(f'柱帽边冲切承载力设计值     Flu = {Flu1/1000:<3.1f} kN\n')
        f.write(f'本计算书生成时间 : {localtime}')

if __name__ == "__main__":
    many = 50
    print('='*many)
    main()
    print('='*many)
```

6.5.3 输出结果

运行代码清单 6-5，可以得到输出结果 6-5。

<table>
<tr><td align="center">输 出 结 果</td><td align="right">6—5</td></tr>
</table>

柱边的荷载效应设计值	Fleq = 1195.9 kN
柱边抗冲切承载力设计值	Flu = 1206.8 kN
满足《混规》要求	
柱帽边的荷载效应设计值	Fleq = 1021.3 kN
柱帽边冲切承载力设计值	Flu = 1294.1 kN
满足《混规》要求	

6.6 牛腿

6.6.1 项目描述

根据《混凝土结构设计规范》GB 50010—2010（2015 年版）第 9.3.10 条、第 9.3.11 条、第 9.3.12 条、第 9.3.13 条，牛腿配筋计算如流程图 6-7 所示。

$$a<0.3h_0? \rightarrow \left\{ \begin{array}{l} \text{否, 《混规》第9.3.11条} \rightarrow \boxed{a} \\ \text{是, 《混规》第9.3.11条} \rightarrow \boxed{a=0.3h_0} \end{array} \right\} \rightarrow \boxed{A_s = \dfrac{F_v a}{0.85 f_y h_0} + 1.2\dfrac{F_h}{f_y}} \right\} \rightarrow \boxed{A_s}$$

$$\text{《混规》第9.3.12条} \rightarrow \boxed{0.45\dfrac{f_t}{f_y}<0.2\%?} \xrightarrow{\text{是}} \boxed{A_{s,min} = \rho_{min} bh}$$

流程图 6-7　牛腿配筋计算

6.6.2　项目代码

本计算程序可以计算牛腿，代码清单 6-6 的❶为定义计算混凝土抗拉强度设计值的函数，❷为定义混凝土冲切截面高度影响系数的函数，❸为定义牛腿计算的函数，❹～❺为以上定义函数的参数赋值，❻为计算牛腿参数值。具体见代码清单 6-6。

代 码 清 单　　　　　　　　　　6-6

```python
# -*- coding: utf-8 -*-
from datetime import datetime
import sympy as sp

def ft1(fcuk):                                                    ❶
    δ = [0.21, 0.18, 0.16, 0.14, 0.13, 0.12, 0.12,
            0.11, 0.11, 0.1, 0.1, 0.1, 0.1, 0.1]
    i = int((fcuk-15)/5)
    α_c2 = min((1-(1-0.87)*(fcuk-40)/(80-40)),1.0)
    ftk = 0.88*0.395*fcuk**0.55*(1-1.645*δ[i])**0.45*α_c2
    ft = ftk/1.4
    return ftk, ft

def fc1(fcuk):                                                    ❷
    '''计算混凝土抗压强度设计值'''
    α_c1 = max((0.76 + (0.82-0.76)*(fcuk-50)/(80-50)),0.76)
    α_c2 = min((1 - (1-0.87)*(fcuk-40)/(80-40)),1.0)
    fck = 0.88*α_c1*α_c2*fcuk
    fc = fck/1.4
    return fc

def aaa(Fh,Fhk,Fv,Fvk,β,a,b1,b,as1,ftk,fy):                      ❸
    F = [Fh, Fhk, Fv, Fvk]
    Fh, Fhk, Fv, Fvk = [v*1000 for v in F]

    h0 = sp.symbols('h0', real=True)
    Eq = Fvk-β*(1-0.5*Fhk/Fvk)*(ftk*b*h0)/(0.5+a/h0)
    h0 = max(sp.solve(Eq, h0))
    h = h0+as1
    A = b*b1
```

```
        σ = Fvk/A
        a = max(a, 0.3*h0)
        As = Fv*a/(0.85*fy*h0)+1.2*Fh/fy
        ρ = As/(b*h)
        return h0, h, σ,  As, ρ

def main():
    '''     Fh,  Fhk,  Fv,  Fvk,  β,    a,  b1,  b,  as1, fcuk, fy '''
    para = 100, 80, 966, 702.7, 0.65, 120, 250, 400, 40, 30, 300          ❹
    Fh, Fhk, Fv, Fvk, β, a, b1, b, as1, fcuk, fy = para
    ftk, ft = ft1(fcuk)
    fc = fc1(fcuk)                                                        ❺
    h0, h, σ,  As, ρ = aaa(Fh,Fhk,Fv,Fvk,β,a,b1,b,as1,ftk,fy)            ❻

    print(f'牛腿与下柱交接处的垂直截面有效高度 h0 = {h0:<3.1f} mm')
    print(f'牛腿与下柱交接处的垂直截面高度      h = {h:<3.1f} mm')
    print(f'纵向受力钢筋的纵截面面积           As = {As:<3.1f} mm^2')
    print(f'纵向受力钢筋的配筋率               ρ = {ρ*100:<3.3f} %')
    print(f'竖向力Fvk所引起的局部压应力        σ = {σ:<3.3f} N/mm^2')
    if σ <= 0.75*fc:
        print("竖向力Fvk所引起的局部压应力满足要求。第9.3.10条第3款的要求。")

    dt = datetime.now()
    localtime = dt.strftime('%Y-%m-%d   %H:%M:%S')
    print('-'*many)
    print("本计算书生成时间 :", localtime)

    filename = '板柱结构节点冲切验算.docx'
    with open(filename,'w',encoding = 'utf-8') as f:
        f.write('计算结果: \n')
        f.write(f'牛腿与下柱交接处的垂直截面有效高度 h0 = {h0:<3.1f} mm \n')
        f.write(f'牛腿与下柱交接处的垂直截面高度      h = {h:<3.1f} mm \n')
        f.write(f'纵向受力钢筋的纵截面面积           As = {As:<3.1f} mm^2 \n')
        f.write(f'纵向受力钢筋的配筋率               ρ = {ρ*100:<3.3f} % \n')
        f.write(f'竖向力Fvk所引起的局部压应力        σ = {σ:<3.3f} N/mm^2 \n')
        f.write(f'本计算书生成时间 : {localtime}')

if __name__ == "__main__":
    many = 50
    print('='*many)
    main()
    print('='*many)
```

6.6.3 输出结果

运行代码清单 6-6，可以得到输出结果 6-6。

牛腿与下柱交接处的垂直截面有效高度　　h0 = 903.9 mm
牛腿与下柱交接处的垂直截面高度　　　　h = 943.9 mm
纵向受力钢筋的纵截面面积　　　　　　　As = 1536.5 mm^2
纵向受力钢筋的配筋率　　　　　　　　　ρ = 0.407 %
竖向力Fvk所引起的局部压应力　　　　　σ = 7.027 N/mm^2
竖向力Fvk所引起的局部压应力满足要求。第9.3.10条第3款的要求。

6.7　预埋件

6.7.1　项目描述

根据《混凝土结构设计规范》GB 50010—2010（2015 年版）第 9.7.1 条、第 9.7.2 条、第 9.7.3 条、第 9.7.4 条、第 9.7.5 条，直锚筋预埋件、弯折锚筋预埋件如流程图 6-8 所示。

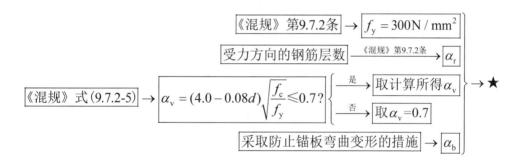

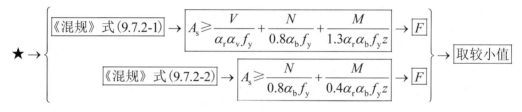

流程图 6-8　直锚筋预埋件、弯折锚筋预埋件

轴向拉力作用下的预埋件如图 6-5 所示，弯矩作用下的预埋件如图 6-6 所示，剪力作用下的预埋件如图 6-7 所示，拉力、剪力和弯矩共同作用下的预埋件如图 6-8 所示。

6.7.2　项目代码

本计算程序可以计算预埋件，代码清单 6-7 的❶为定义计算混凝土抗压强度设计值的函数，❷为定义预埋件的函数，❸～❹为以上定义函数的参数赋值，❺为计算预埋件参数值。具体见代码清单 6-7。

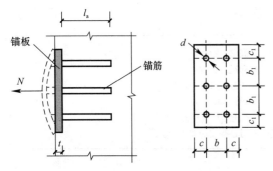

图 6-5　轴向拉力作用下的预埋件

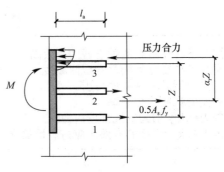

图 6-6　弯矩作用下的预埋件

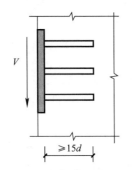

图 6-7　剪力作用下的预埋件

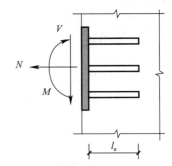

图 6-8　拉力、剪力和弯矩共同作用下的预埋件

代 码 清 单　　　　　　　　　　　　　　6-7

```python
# -*- coding: utf-8 -*-
from datetime import datetime
import sympy as sp
from math import sqrt
import numpy as np
import matplotlib.pyplot as plt

def fc1(fcuk):
    α_c1 = max((0.76 + (0.82-0.76)*(fcuk-50)/(80-50)),0.76)
    α_c2 = min((1 - (1-0.87)*(fcuk-40)/(80-40)),1.0)
    fck = 0.88*α_c1*α_c2*fcuk
    fc = fck/1.4
    return fc

def aaa(d,t,z,V,N,M,fc,fy,αr):
    αv = min((4.0-0.08*d)*sqrt(fc/fy), 0.7)
    αb = min((0.6+0.25*t/d), 1.0)
    fy = min(fy, 300)

    As1 = sp.symbols('As1', real=True)
    As2 = sp.symbols('As2', real=True)
    V, N, M = V*1000, N*1000, M*10**6
```

❶

❷

```
    if N >= 0:
        Eq = V/(αr*αv*fy) + N/(0.8*αb*fy) + M/(1.3*αr*αb*fy*z) - As1
        As1 = max(sp.solve(Eq, As1))
        Eq =  N/(0.8*αb*fy) + M/(0.4*αr*αb*fy*z) - As2
        As2 = max(sp.solve(Eq, As2))
    else:
        N = abs(N)
        M = max(M, 0.4*N*z)
        Eq = (V-0.3*N)/(αr*αv*fy) + (M-0.4*N*z)/(1.3*αr*αb*fy*z) - As1
        As1 = max(sp.solve(Eq, As1))
        Eq =  (M-0.4*N*z)/(0.4*αr*αb*fy*z) - As2
        As2 = max(sp.solve(Eq, As2))
    As = max(As1, As2)
    return  αv, αb, αr, As

def main():
    '''      d,  t,  z,   V,   N,    M,    fcuk,  fy '''
    para = 16, 25, 570, 60, 158, 68.7,   30,  360             ❸
    d, t, z, V, N, M, fcuk, fy = para

    cengshu = input('输入层数（两层、三层、四层）: ')          ❹
    dic = {'两层':1.0, '三层':0.9, '四层':0.85}
    αr = dic[cengshu]

    fc = fc1(fcuk)
    αv, αb, αr, As = aaa(d,t,z,V,N,M,fc,fy,αr)               ❺

    print(f'锚筋的受剪承载力系数    αv = {αv:<3.3f}')
    print(f'锚板的弯曲变形折减系数   αb = {αb:<3.3f}')
    print(f'锚筋层数的影响系数      αr = {αr:<3.3f}')
    print(f'锚筋的总截面面积        As = {As:<3.1f} mm^2')

    fig, ax = plt.subplots(figsize = (5.7,4.3))
    plt.rcParams['font.sans-serif'] = ['STsong']

    zz = np.linspace(100, 600, 100)
    As11 = [aaa(d,t,z,V,N,M,fc,fy,αr)[3] for z in zz]

    plt.plot(zz, As11, color='r', lw=2, linestyle='-')
    plt.ylabel("$ A_s (mm^2)$",size = 8)
    plt.xlabel("$z (mm)$",size = 8)
    plt.grid()
    plt.show()
    graph = '锚筋的总截面面积 As (mm^2)'
    fig.savefig(graph, dpi=300, facecolor="#f1f1f1")

    dt = datetime.now()
    localtime = dt.strftime('%Y-%m-%d  %H:%M:%S')
    print('-'*many)
```

```
    print("本计算书生成时间 :", localtime)

    filename = '锚筋的总截面面积.docx'
    with open(filename,'w',encoding = 'utf-8') as f:
        f.write('计算结果: \n')
        f.write(f'锚筋的受剪承载力系数      αv = {αv:<3.3f}\n')
        f.write(f'锚板的弯曲变形折减系数    αb = {αb:<3.3f}\n')
        f.write(f'锚筋层数的影响系数        αr = {αr:<3.3f}\n')
        f.write(f'锚筋的总截面面积          As = {As:<3.1f} mm^2\n')
        f.write(f'本计算书生成时间 : {localtime}')

if __name__ == "__main__":
    many = 50
    print('='*many)
    main()
    print('='*many)
```

6.7.3 输出结果

运行代码清单 6-7，可以得到输出结果 6-7。

输 出 结 果   6-7

```
输入层数（两层、三层、四层）: 三层
锚筋的受剪承载力系数      αv = 0.543
锚板的弯曲变形折减系数    αb = 0.991
锚筋层数的影响系数        αr = 0.900
锚筋的总截面面积          As = 1791.1 mm^2
```

6.8 钢筋混凝土构件疲劳计算

6.8.1 项目描述

受压区边缘纤维的混凝土压应力

$$\sigma_{cc,max}^{f} = \frac{M_{max}^{f} x_0}{I_0^{f}} \tag{6-1}$$

纵向受拉钢筋的应力幅

$$\triangle\sigma_{si}^{f} = \sigma_{si,max}^{f} - \sigma_{si,min}^{f} \tag{6-2}$$

$$\sigma_{si,min}^{f} = \alpha_{E}^{f} \frac{M_{min}^{f}(h_{0i} - x_0)}{I_0^{f}} \tag{6-3}$$

$$\sigma_{si,\max}^{\mathrm{f}} = \alpha_{\mathrm{E}}^{\mathrm{f}} \frac{M_{\max}^{\mathrm{f}}(h_{0i} - x_0)}{I_0^{\mathrm{f}}} \qquad (6\text{-}4)$$

式中　$M_{\max}^{\mathrm{f}}$、$M_{\min}^{\mathrm{f}}$——疲劳验算时同一截面上在相应荷载组合下产生的最大、最小弯矩值；

　　$\sigma_{si,\min}^{\mathrm{f}}$、$\sigma_{si,\max}^{\mathrm{f}}$——由弯矩 $M_{\min}^{\mathrm{f}}$、$M_{\max}^{\mathrm{f}}$ 引起相应截面受拉区第 i 层纵向钢筋的应力。

6.8.2　项目代码

本计算程序可以计算钢筋混凝土构件疲劳，代码清单 6-8 的❶为定义计算混凝土抗压强度设计值的函数，❷为定义计算混凝土抗拉强度设计值的函数，❸为定义混凝土应力的函数，❹为定义钢筋应力强度的函数，❺为定义混凝土受剪强度的函数，❻～❼为以上定义函数的参数赋值，❽为计算参数值，❾为计算参数值，❿为计算参数值。具体见代码清单 6-8。

代 码 清 单　　　　　　　　　　　6-8

```python
# -*- coding: utf-8 -*-
from datetime import datetime
import sympy as sp

def fc1(fcuk):                                                            ❶
    α_c1 = max((0.76 + (0.82-0.76)*(fcuk-50)/(80-50)),0.76)
    α_c2 = min((1 - (1-0.87)*(fcuk-40)/(80-40)),1.0)
    fck = 0.88*α_c1*α_c2*fcuk
    fc = fck/1.4
    return fc

def ft1(fcuk):                                                            ❷
    δ = [0.21, 0.18, 0.16, 0.14, 0.13, 0.12, 0.12,
            0.11, 0.11, 0.1, 0.1, 0.1, 0.1, 0.1]
    i = int((fcuk-15)/5)
    α_c2 = min((1-(1-0.87)*(fcuk-40)/(80-40)),1.0)
    ftk = 0.88*0.395*fcuk**0.55*(1-1.645*δ[i])**0.45*α_c2
    ft = ftk/1.4
    return ft, ftk

def concrete_stress(Mminf,Mmaxf,Es,Ecf,b,bf1,hf1,h0,as2,As,As1,fc):       ❸
    αEf = Es/Ecf
    x0 = sp.symbols('x0', real=True)
    Eq = bf1*x0**2/2-(bf1-b)*(x0-hf1)**2/2\
            +αEf*As1*(x0-as2)-αEf*As*(h0-x0)
    x0 = max(sp.solve(Eq, x0))
    I0f = bf1*x0**3/3-(bf1-b)*(x0-hf1)**3/3\
        +αEf*As1*(x0-as2)+αEf*As*(h0-x0)**2

    Mminf, Mmaxf = Mminf*10**6, Mmaxf*10**6
```

```
        ρcf =  Mminf/Mmaxf
        γρ = 1.0
        fcf = γρ*fc
        σ_ccmaxf = Mmaxf*x0/I0f
        return x0, I0f, fcf, σ_ccmaxf

    def stress_amplitude_reinf(Mminf,Mmaxf,Es,Ecf,h0,x0,I0f):          ❹
        Mminf, Mmaxf = Mminf*10**6, Mmaxf*10**6
        αEf = Es/Ecf
        σ_cminf = αEf*Mminf*(h0-x0)/I0f
        σ_cmaxf = αEf*Mmaxf*(h0-x0)/I0f
        σ_s = σ_cmaxf-σ_cminf
        ρcf = σ_cminf/σ_cmaxf
        return σ_s, ρcf

    def fatigue_strength_inclined(Vminf,Vmaxf,ft,b,h0,x0,Asv,s):       ❺
        Vminf, Vmaxf = Vminf*10**3, Vmaxf*10**3
        ρtf = Vminf/Vmaxf
        γρ = 0.69
        ftf = γρ*ft
        z0 = h0-x0/3
        τf = Vmaxf/(b*z0)
        ρsf = Vminf/Vmaxf
        V = Vmaxf-Vminf
        η = V/Vmaxf
        σsvf = (V-0.1*η*ftf*b*h0)*s/(Asv*z0)
        return σsvf

    def main():
        '''      b,   bf1, hf1, h,  as1, as2, As,  As1, fcuk, Asv,  s '''
        para = 250, 500, 100, 850, 70,  40,  2909, 314,  35,   157, 100   ❻

        b, bf1, hf1, h, as1,as2 , As, As1, fcuk,  Asv, s = para
        '''                           Mminf, Mmaxf, Vminf, Vmaxf    '''
        Mminf, Mmaxf, Vminf,Vmaxf = 25.5,  300.5,  18,    188
        Es = 2.0*10**5
        Ecf = 1.3*10**4
        fyvf = 163.95

        h0 = h-as1
        fc = fc1(fcuk)
        ft, ftk = ft1(fcuk)                                              ❼

        results = concrete_stress(Mminf,Mmaxf,Es,Ecf,b,bf1,hf1,h0,as2,As,As1,fc)
        x0, I0f, fcf, σ_ccmaxf = results                                 ❽
        σ_s, ρcf = stress_amplitude_reinf(Mminf,Mmaxf,Es,Ecf,h0,x0,I0f)  ❾
        σsvf = fatigue_strength_inclined(Vminf,Vmaxf,ft,b,h0,x0,Asv,s)    ❿

        print(f'疲劳验算时换算截面的受压区高度    x0 = {x0:<3.1f} mm')
```

```python
        print(f'疲劳验算时换算截面的惯性矩        I0f = {I0f:<3.3e} mm^4')
        print(f'混凝土疲劳强度                fcf = {fcf:<3.1f} N/mm^2')
        print(f'受压区边缘纤维的混凝土应力 σ_ccmaxf = {σ_ccmaxf:<3.1f} N/mm^2')
        if σ_ccmaxf  <= fcf:
            print(f"σ_ccmaxf={σ_ccmaxf:<3.1f}N/mm^2 <= fcf={fcf:<3.1f}N/mm^2,
满足规范要求。")
        else:
            print(f"σ_ccmaxf={σ_ccmaxf:<3.1f}N/mm^2 > fcf={fcf:<3.1f}N/mm^2,,
重新设计。")
        print(f'比值                        ρcf = {ρcf:<3.3f}')
        print(f'纵向受拉钢筋应力幅            σ_s = {σ_s:<3.1f} N/mm^2')
        print(f'斜截面疲劳强度              σsvf = {σsvf:<3.1f} N/mm^2')
        if σsvf  <= fyvf:
            print(f"σsvf={σsvf:<3.1f}N/mm^2<=fyvf={fyvf:<3.1f}N/mm^2,满足规范
要求。")
        else:
            print(f"σsvf={σsvf:<3.1f}N/mm^2>fyvf={fyvf:<3.1f}N/mm^2,重新设计。")


    dt = datetime.now()
    localtime = dt.strftime('%Y-%m-%d  %H:%M:%S')
    print('-'*many)
    print("本计算书生成时间 :", localtime)

    filename = '梁的疲劳计算.docx'
    with open(filename,'w',encoding = 'utf-8') as f:
        f.write('计算结果: \n')
        f.write(f'疲劳验算时换算截面的受压区高度    x0 = {x0:<3.1f} mm\n')
        f.write(f'疲劳验算时换算截面的惯性矩     I0f = {I0f:<3.3e} mm^4\n')
        f.write(f'混凝土疲劳强度               fcf = {fcf:<3.1f} N/mm^2\n')
        f.write(f'受压区边缘纤维的混凝土应力     σ_ccmaxf = {σ_ccmaxf:<3.1f}
N/mm^2\n')
        if σ_ccmaxf  <= fcf:
            f.write(f"σ_ccmaxf={σ_ccmaxf:<3.1f}N/mm^2 <= fcf={fcf:<3.1f}
N/mm^2,满足规范要求。\n")
        else:
            f.write(f"σ_ccmaxf={σ_ccmaxf:<3.1f}N/mm^2 > fcf={fcf:<3.1f}
N/mm^2,,重新设计。\n")
        f.write(f'比值                            ρcf = {ρcf:<3.3f}\n')
        f.write(f'纵向受拉钢筋应力幅             σ_s = {σ_s:<3.1f} N/mm^2\n')
        f.write(f'斜截面疲劳强度              σsvf = {σsvf:<3.1f} N/mm^2\n')
        if σsvf  <= fyvf:
            f.write(f"σsvf={σsvf:<3.1f}N/mm^2 <= fyvf={fyvf:<3.1f}N/mm^2,
满足规范要求。\n")
        else:
            f.write(f"σsvf={σsvf:<3.1f}N/mm^2 > fyvf={fyvf:<3.1f}N/mm^2,
重新设计。\n")
        f.write(f'本计算书生成时间 : {localtime}')


if __name__ == "__main__":
```

```
many = 50
print('='*many)
main()
print('='*many)
```

6.8.3 输出结果

运行代码清单 6-8，可以得到输出结果 6-8。

输 出 结 果 6-8

```
疲劳验算时换算截面的受压区高度     x0 = 318.0 mm
疲劳验算时换算截面的惯性矩        I0f = 1.405e+10 mm^4
混凝土疲劳强度                 fcf = 16.7 N/mm^2
受压区边缘纤维的混凝土应力  σ_ccmaxf = 6.8 N/mm^2
σ_ccmaxf=6.8N/mm^2 <= fcf=16.7N/mm^2,满足规范要求。
比值                       ρcf = 0.085
纵向受拉钢筋应力幅            σ_s = 139.1 N/mm^2
斜截面疲劳强度               σsvf = 142.5 N/mm^2
σsvf=142.5N/mm^2 <= fyvf=163.9N/mm^2,满足规范要求。
```

7 钢筋混凝土叠合梁

7.1 叠合梁正截面计算

7.1.1 项目描述

按照《混凝土结构设计规范》GB 50010—2010（2015 年版）附录 H.0.8 条的配筋率 ρ_{tel}、ρ_{te} 的计算：预制构件 $\rho_{tel}=\dfrac{A_s}{A_{tel}}=\dfrac{A_s}{0.5bh_1+(b_f-b)h_f}\geqslant 0.01$；叠合构件 $\rho_{te}=\dfrac{A_s}{A_{te}}=\dfrac{A_s}{0.5bh+(b_f+b)h_f}\geqslant 0.01$。

根据《混规》附录 H.0.9 条：Bs2 应按叠合式受弯构件正弯矩区段、负弯矩区段，分别进行计算；《混规》附录 H.0.10 条，式（H.0.10-1）中 $\rho=\dfrac{A_s}{bh_0}$；

根据《混规》式（7.1.4—7），$\gamma_f'=\dfrac{(b_f'-b)h_f'}{bh_0}$；对于矩形截面，$\gamma_f'=0.0$。

根据《混规》附录 H.0.7 条，M_{1u} 的计算按 6.2.10 条计算，由式（6.2.10-1），当 $A_s'=0$，则有

$$M_{1u}=a_1 f_c bx\left(h_{01}-\frac{x}{2}\right) \tag{7-1}$$

式中 h_{01}——预制构件截面有效高度。

7.1.2 项目代码

本计算程序为叠合梁正截面计算，代码清单 7-1 的 ❶ 为定义计算混凝土抗压强度设计值的函数，❷ 为定义计算混凝土抗拉强度设计值的函数，❸ 为定义第一阶段荷载效应的函数，❹ 为定义第二阶段荷载效应的函数，❺ 为定义钢筋应力的函数，❻ 为定义计算预制混凝土梁裂缝宽度值的函数，❼ 为定义计算混凝土梁挠度的函数，❽～❾ 为以上定义函数的参数赋值，❿ 为叠合梁参数计算值。具体见代码清单 7-1。

代 码 清 单　　　　　　　　　　7-1

```
# -*- coding: utf-8 -*-
from datetime import datetime
import sympy as sp

def fc(fcuk):                                                        ❶
    α_c1 = max((0.76+(0.82-0.76)*(fcuk-50)/(80-50)),0.76)
    α_c2 = min((1-(1-0.87)*(fcuk-40)/(80-40)),1.0)
    fck = 0.88*α_c1*α_c2*fcuk
```

```
        fc = fck/1.4
        return fc

    def ftk1(fcuk):                                                          ❷
        δ = [0.21, 0.18, 0.16, 0.14, 0.13, 0.12, 0.12,
                0.11, 0.11, 0.1, 0.1, 0.1, 0.1, 0.1]
        i = int((fcuk-15)/5)
        α_c2 = min((1-(1-0.87)*(fcuk-40)/(80-40)), 1.0)
        ftk = 0.88*0.395*fcuk**0.55*(1-1.645*δ[i])**0.45*α_c2
        return ftk

    def first_force_calcu(q1Gk,q1Qk,l0,γG,γQ):                               ❸
        M1Gk = (q1Gk*l0**2)/8
        V1Gk = (q1Gk*l0)/2
        M1Qk = (q1Qk*l0**2)/8
        V1Qk = (q1Qk*l0)/2
        M1 = γG*M1Gk + γQ*M1Qk
        V1 = γG*V1Gk + γQ*V1Qk
        return M1Gk, V1Gk, M1Qk, V1Qk, M1, V1

    def second_force_calcu(q2Gk,q2Qk,l0,γG,γQ,M1Gk,V1Gk):
        M2Gk = (q2Gk*l0**2)/8
        V2Gk = (q2Gk*l0)/2
        M2Qk = (q2Qk*l0**2)/8
        V2Qk = (q2Qk*l0)/2
        M2 = γG*M1Gk + γG*M2Gk + γQ*M2Qk
        V2 = γG*V1Gk + γG*V2Gk + γQ*V2Qk
        return M2Gk, V2Gk, M2Qk, V2Qk, M2, V2

    def Longitudinal_reinf(b,h,as1,γ,M,fc,fy):                               ❹
        M = M*10**6
        h0 = h-as1
        α1 = 1.0
        x = sp.symbols('x', real=True)
        Eq = γ*M-α1*fc*b*x*(h0-x/2)
        x = min(sp.solve(Eq, x))
        As = α1*fc*b*x/fy
        return As

    def reinf_stress(M1Gk,M2Gk,M2Qk,As,h01,h0):                             ❺
        M1Gk, M2Gk, M2Qk = M1Gk*10**6, M2Gk*10**6, M2Qk*10**6
        σs1k = M1Gk/(0.87*As*h01)
        ψq = 0.4
        M2q = M2Gk+ψq*M2Qk
        σs2q = M2q/(0.87*As*h0)
        σsq = σs1k+σs2q
        return σsq

    def precast_beam_crack_width(M1Gk,M1Qk,b,bf,hf,h,cs,as1,As,deq,Ap,ftk):  ❻
```

```
        M1k = M1Gk+M1Qk
        M1k = M1k*10**6
        h0 = h-as1
        Ate = max(0.5*b*h, 0.5*b*h+(bf-b)*hf)
        ρte = (As+Ap)/Ate
        σsq =  M1k/(0.87*h0*As)
        cs = min(max(cs,20),65)
        ψ = 1.1-0.65*ftk/(ρte*σsq)
        ψ = min(max(ψ,0.2),1.0)
        Wmax = αcr*ψ*σsq/Es*(1.9*cs+0.08*deq/ρte)
        return Wmax, ψ, ρte, σsq

def beam_deflection_limit(M1Gk,M1Qk,M2Gk,M2Qk,b,bf1,hf1,h,h1,l0,as1,As2,A
s1,ftk):
        l0 = l0*1000
        h0 = h-as1
        h01 = h1-as1
        M1Gk, M1Qk = M1Gk*10**6, M1Qk*10**6
        M2Gk, M2Qk = M2Gk*10**6, M2Qk*10**6
        M1k = M1Gk+M1Qk
        γf1 = 0.2

        αE = Es/Ec
        ρ = As2/(b*h01)
        ρ1 = As1/(b*h0)
        Ate = max(0.5*b*h, 0.5*b*h+(bf1-b)*hf1)
        ρte = As2/Ate
        σsq = M1k/(0.87*h01*As2)
        ψ = 1.1-0.65*ftk/(ρte*σsq)
        ψ = min(max(ψ,0.2),1.0)
        Bs1 = Es*As2*h01**2/(1.15*ψ+0.2+6*αE*ρ/(1+3.5*γf1))

        f1 = 5*M1k*l0**2/(48*Bs1)
        flim1 = l0/300

        θ = 1.6+0.4*(1-ρ1/ρ)
        Bs2 = Es*As2*h0**2/(0.7+0.6*h1/h+4.5*αE*ρ/(1+3.5*γf1))
        B2 = Bs2/θ
        ψq = 0.4
        Mq = M1Gk+M2Gk+ψq*M2Qk
        B2 = Mq*Bs2/((Bs2/Bs1-1)*M1Gk+θ*Mq)

        f2 = 5*Mq*l0**2/(48*B2)
        flim2 = l0/200
        return θ, Bs1, f1, Bs2, B2, f2, flim1, flim2

def main():
        '''                                  q1Gk,q1Qk,q2Gk,q2Qk,l0,γG,γQ'''
        q1Gk,q1Qk,q2Gk,q2Qk,l0,γG,γQ = 12, 14,10, 22, 5.8, 1.2, 1.4
```

❼

❽

```
'''       γ,    λ,  h,  as1, fcuk, fyv,  s '''
para = 1.0, 3, 700, 40,  25,    270, 200
γ,λ,h,as1,fcuk,fyv,s = para
'''                          b,  bf1,h1,h2,hf1,fy,cs,deq,Ap '''
b,bf1,h1,h2,hf1,fy,cs,deq,Ap = 250,500,500,700,100,300,25,22,0
fcuk1, fcuk2 = 25, 30
fc1 = fc(fcuk1)
fc2 = fc(fcuk2)
h0 = h-as1
h01 = h1-as1
ftk = ftk1(fcuk)                                              ❾

results1 = first_force_calcu(q1Gk,q1Qk,l0,γG,γQ)
M1Gk, V1Gk, M1Qk, V1Qk, M1, V1 = results1

results2 = second_force_calcu(q2Gk,q2Qk,l0,γG,γQ,M1Gk,V1Gk)
M2Gk, V2Gk, M2Qk, V2Qk, M2, V2 = results2

As1 = Longitudinal_reinf(bf1,h1,as1,γ,M1,fc2,fy)
As2 = Longitudinal_reinf(b,h2,as1,γ,M2,fc1,fy)
σsq = reinf_stress(M1Gk,M2Gk,M2Qk,As2,h01,h0)
results=beam_deflection_limit(M1Gk,M1Qk,M2Gk,M2Qk,b,bf1,hf1,h,h1,l0,a
s1,As2,As1,ftk)
θ, Bs1, f1, Bs2, B2, f2, flim1, flim2 = results             ❿

print('计算结果: ')
print(f'第一阶段所需纵向钢筋截面积     As1 = {As1:<3.1f} mm^2')
print(f'第二阶段所需纵向钢筋截面积     As2 = {As2:<3.1f} mm^2')
print('-'*many)
print('根据弯矩准永久组合计算挠度: ')
print(f'参数                        θ = {θ:<3.1f} ')
print(f'钢筋混凝土梁刚度           Bs1 = {Bs1:<3.3e} N·mm^2')
print(f'钢筋混凝土梁挠度            f1 = {f1:<3.2f} mm')
print(f'钢筋混凝土梁刚度           Bs2 = {Bs2:<3.3e} N·mm^2')
print(f'钢筋混凝土梁刚度            B2 = {B2:<3.3e} N·mm^2')
print(f'钢筋混凝土梁挠度            f2 = {f2:<3.2f} mm')
print(f'钢筋混凝土梁挠度限值1/300  flim1 = {flim1:<3.2f} mm')
print(f'钢筋混凝土梁挠度限值1/200  flim2 = {flim2:<3.2f} mm')
print('-'*many)
print(f'第一阶段跨中弯矩设计值       M1 = {M1:<3.1f} kN·m')
print(f'第一阶段支座剪力设计值       V1 = {V1:<3.1f} kN')
print(f'第二阶段跨中弯矩设计值       M2 = {M2:<3.1f} kN·m')
print(f'第二阶段支座剪力设计值       V2 = {V2:<3.1f} kN')
print(f'钢筋应力                    σsq = {σsq:<3.2f} N/mm^2')
if  σsq <= 0.9*fy:
    print("钢筋应力符合规范要求。")
print('-'*many)
```

```
    results = precast_beam_crack_width(M1Gk,M1Qk,b,bf1,hf1,h,cs,as1,As2,
deq,Ap,ftk)
    Wmax, ψ, ρte, σsq = results
    composite_beam_Wmax = 2*αcr*ψ*σsq/Es*(1.9*cs+0.08*deq/ρte)
    print('根据弯矩准永久组合及裂缝限值计算所得: ')
    print(f'钢筋混凝土梁裂缝宽度              Wmax = {Wmax:<3.3f} mm')
    print(f'纵向受拉钢筋不均匀系数             ψ = {ψ:<3.3f} ')
    print(f'纵向受拉钢筋配筋率               ρte = {ρte*100:<3.3f} % ')
    print(f'纵向受拉钢筋应力               σsq = {σsq:<3.2f} N/mm^2')
    print(f'钢筋混凝土叠合梁裂缝宽度Wmax = {composite_beam_Wmax:<3.3f} mm')

    dt = datetime.now()
    localtime = dt.strftime('%Y-%m-%d  %H:%M:%S')
    print('-'*many)
    print("本计算书生成时间 :", localtime)

    filename = '叠合梁计算.docx'
    with open(filename,'w',encoding = 'utf-8') as f:
        f.write('计算结果: \n')

        f.write(f'第一阶段所需纵向钢筋截面积        As1 = {As1:<3.1f} mm^2\n')
        f.write(f'第二阶段所需纵向钢筋截面积        As2 = {As2:<3.1f} mm^2\n')
        f.write('根据弯矩准永久组合计算挠度: \n')
        f.write(f'参数                    θ = {θ:<3.1f} \n')
        f.write(f'钢筋混凝土梁刚度             Bs1 = {Bs1:<3.3e} N·mm^2\n')
        f.write(f'钢筋混凝土梁挠度              f1 = {f1:<3.2f} mm\n')
        f.write(f'钢筋混凝土梁刚度             Bs2 = {Bs2:<3.3e} N·mm^2\n')
        f.write(f'钢筋混凝土梁刚度              B2 = {B2:<3.3e} N·mm^2\n')
        f.write(f'钢筋混凝土梁挠度              f2 = {f2:<3.2f} mm\n')
        f.write(f'钢筋混凝土梁挠度限值1/300   flim1 = {flim1:<3.2f} mm\n')
        f.write(f'钢筋混凝土梁挠度限值1/200   flim2 = {flim2:<3.2f} mm\n')

        f.write(f'第一阶段跨中弯矩设计值            M1 = {M1:<3.1f} kN·m\n')
        f.write(f'第一阶段支座剪力设计值            V1 = {V1:<3.1f} kN\n')
        f.write(f'第二阶段跨中弯矩设计值            M2 = {M2:<3.1f} kN·m\n')
        f.write(f'第二阶段支座剪力设计值            V2 = {V2:<3.1f} kN\n')
        f.write(f'钢筋应力                 σsq = {σsq:<3.2f} N/mm^2\n')
        if  σsq <= 0.9*fy:
            f.write("钢筋应力符合规范要求。\n")
        f.write('根据弯矩准永久组合及裂缝限值计算所得: \n')
        f.write(f'钢筋混凝土梁裂缝宽度              Wmax = {Wmax:<3.3f} mm\n')
        f.write(f'纵向受拉钢筋不均匀系数             ψ = {ψ:<3.3f} \n')
        f.write(f'纵向受拉钢筋配筋率               ρte = {ρte*100:<3.3f} % \n')
        f.write(f'纵向受拉钢筋应力               σsq = {σsq:<3.2f} N/mm^2\n')
        f.write(f'叠合梁裂缝宽度Wmax={composite_beam_Wmax:<3.3f}mm\n')
        f.write(f'本计算书生成时间 : {localtime}')

if __name__ == "__main__":
```

```
many = 50
Es = 2.0*10**5
Ec = 2.8*10**4
αcr = 1.9
print('='*many)
main()
print('='*many)
```

7.1.3 输出结果

运行代码清单 7-1，可以得到输出结果 7-1。

输 出 结 果   7-1

计算结果:
第一阶段所需纵向钢筋截面积　　　　As1 = 1090.1 mm^2
第二阶段所需纵向钢筋截面积　　　　As2 = 1354.4 mm^2

- -

根据弯矩准永久组合计算挠度:
参数　　　　　　　　　　　　　　　θ = 1.8
钢筋混凝土梁刚度　　　　　　　　Bs1 = 4.721e+13 N·mm^2
钢筋混凝土梁挠度　　　　　　　　 f1 = 8.12 mm
钢筋混凝土梁刚度　　　　　　　　Bs2 = 8.732e+13 N·mm^2
钢筋混凝土梁刚度　　　　　　　　 B2 = 4.145e+13 N·mm^2
钢筋混凝土梁挠度　　　　　　　　 f2 = 10.95 mm
钢筋混凝土梁挠度限值1/300　　 flim1 = 19.33 mm
钢筋混凝土梁挠度限值1/200　　 flim2 = 29.00 mm

- -

第一阶段跨中弯矩设计值　　　　　M1 = 143.0 kN·m
第一阶段支座剪力设计值　　　　　V1 = 98.6 kN
第二阶段跨中弯矩设计值　　　　　M2 = 240.5 kN·m
第二阶段支座剪力设计值　　　　　V2 = 165.9 kN
钢筋应力　　　　　　　　　　　σsq = 194.74 N/mm^2
钢筋应力符合规范要求。

- -

根据弯矩准永久组合及裂缝限值计算所得:
钢筋混凝土梁裂缝宽度　　　　　Wmax = 0.108 mm
纵向受拉钢筋不均匀系数　　　　　 ψ = 0.417
纵向受拉钢筋配筋率　　　　　　 ρte = 1.204 %
纵向受拉钢筋应力　　　　　　　σsq = 140.58 N/mm^2
钢筋混凝土叠合梁裂缝宽度　　　Wmax = 0.216 mm

7.2　叠合梁斜截面计算

7.2.1　项目描述

预制构件:

$$V_1 = V_{1G} + V_{1Q} \tag{7-2}$$

叠合构件:

$$V = V_{1G} + V_{2G} + V_{2Q} \tag{7-3}$$

叠合面的受剪承载力应符合下列规定:

$$V \leqslant 1.2 f_t b h_0 + 0.85 f_{yv} \frac{A_{sv}}{s} h_0 \tag{7-4}$$

式中　V_{1G}——预制构件自重、预制楼板自重和叠合层自重在计算截面产生的剪力设计值;

V_{2G}——第二阶段面层、吊顶灯自重在计算截面产生的剪力设计值;

V_{1Q}——第一阶段活荷载在计算截面产生的剪力设计值;

V_{2Q}——第二阶段活荷载在计算截面产生的剪力设计值。

7.2.2　项目代码

本计算程序为叠合梁斜截面计算,代码清单 7-2 的❶为定义计算混凝土抗压强度设计值的函数,❷为定义计算混凝土抗拉强度设计值的函数,❸为定义受剪截面的系数取值的函数,❹为定义计算混凝土强度影响系数的函数,❺为定义计算混凝土受剪承载力系数的函数,❻为定义钢筋直径的函数,❼为定义确定钢筋混凝土梁截面箍筋的函数,❽为定义预制构件表面剪应力的函数,❾为定义第一阶段荷载效应的函数,❿~⓫为以上函数赋初始值,⓬为第一阶段荷载效应,⓭为第二阶段荷载效应,⓮为受剪截面的系数值,⓯为确定钢筋混凝土梁截面箍筋。具体见代码清单 7-2。

代 码 清 单　　　　　　　　7-2

```
# -*- coding: utf-8 -*-
import sympy as sp
from math import pi,sqrt,ceil
from datetime import datetime

def fc1(fcuk):                                          ❶
    α_c1 = max((0.76 + (0.82-0.76)*(fcuk-50)/(80-50)),0.76)
    α_c2 = min((1 - (1-0.87)*(fcuk-40)/(80-40)),1.0)
    fck = 0.88*α_c1*α_c2*fcuk
    fc = fck/1.4
    return fc
```

```
def ft1(fcuk):                                                          ❷
    δ = [0.21, 0.18, 0.16, 0.14, 0.13, 0.12, 0.12,
            0.11, 0.11, 0.1, 0.1, 0.1, 0.1, 0.1]
    i = int((fcuk-15)/5)
    α_c2 = min((1-(1-0.87)*(fcuk-40)/(80-40)),1.0)
    ftk = 0.88*0.395*fcuk**0.55*(1-1.645* δ[i])**0.45*α_c2
    ft = ftk/1.4
    return ft

def coefficient_of_shear_section(hw,b):                                 ❸
    if hw/b <= 4 :
        μ = 0.25
    elif hw/b >= 6 :
        μ = 0.2
    else:
        μ = 0.25-(0.25-0.2)*(hw/b-4)/(6-4)
    return μ

def βc(fcuk):                                                          ❹
    if fcuk <= 50 :
        βc = 1.0
    elif fcuk >= 80 :
        βc = 0.8
    else:
        βc = 1.0-(1.0-0.8)*(fcuk-50)/(80-50)
    return βc

def αcv1(λ):                                                           ❺
    αcv = 0.7  if λ == 0  else 1.75/(λ+1)
    return αcv

def d_reinf(ds):                                                       ❻
    d = [6, 8, 10, 12, 14, 16, 18, 20, 22, 25, 28, 32]
    for dd in d:
        if ds <= dd:
            ds = dd
            break
    return ds

def Asv(γ,V,λ,αcv,b,h0,ft,fyv,s):                                      ❼
    '''---  本程序为确定钢筋混凝土梁截面箍筋的程序  ---
    需要输入以下参数:
    γ----结构重要性系数或承载力抗震调整系数;
    V-----剪力设计值(kN);
    αcv--斜截面混凝土受剪承载力系数;
    b-----钢筋混凝土梁宽(mm);
    h-----钢筋混凝土梁宽(mm);
    fcuk--混凝土的强度等级,直接输入数值,比如35;
```

```
        fyv---箍筋抗剪强度设计值(N/mm^2);
        s-----箍筋间距(mm)。    '''

    Asv = sp.symbols('Asv', real=True)
    V = V*1000

    if γ*V < αcv*ft*b*h0 :
        Asv = 0.24*ft1/fyv*b*s
        Vconc = αcv*ft*b*h0/1000
        print(f'混凝土抗剪承载力设计值(kN) Vconc = {Vconc:<3.1f}')
    else:
        Eq = γ*V - αcv*ft*b*h0 - fyv*Asv/s*h0
        Asv = min(sp.solve(Eq, Asv))
        Asv_min = 0.24*ft/fyv*b*s
        Asv = max(Asv, Asv_min)
    return Asv

def Shear_of_surface(ft,b,h0,fyv,Asv,s):                          ❽
    Vu = 1.2*ft*b*h0+0.85*fyv*Asv/s*h0
    Vu =  Vu/1000
    return Vu

def first_force_calcu(q1Gk,q1Qk,l0,γG,γQ):                        ❾
    M1Gk = (q1Gk*l0**2)/8
    V1Gk = (q1Gk*l0)/2
    M1Qk = (q1Qk*l0**2)/8
    V1Qk = (q1Qk*l0)/2
    M1 = γG*M1Gk + γQ*M1Qk
    V1 = γG*V1Gk + γQ*V1Qk
    return M1Gk, V1Gk, M1Qk, V1Qk, M1, V1

def second_force_calcu(q2Gk,q2Qk,l0,γG,γQ,M1Gk,V1Gk):
    M2Gk = (q2Gk*l0**2)/8
    V2Gk = (q2Gk*l0)/2
    M2Qk = (q2Qk*l0**2)/8
    V2Qk = (q2Qk*l0)/2
    M2 = γG*M1Gk + γG*M2Gk + γQ*M2Qk
    V2 = γG*V1Gk + γG*V2Gk + γQ*V2Qk
    return M2Gk, V2Gk, M2Qk, V2Qk, M2, V2

def Longitudinal_reinf(b,h,as1,γ,M,fc,fy):
    M = M*10**6
    h0 = h-as1
    α1 = 1.0
    x = sp.symbols('x', real=True)
    Eq = γ*M-α1*fc*b*x*(h0-x/2)
    x = min(sp.solve(Eq, x))
    As = fc*b*x/fy
    return As
```

```
def main():
    print('\n',Asv.__doc__,'\n')
    '''                                q1Gk,q1Qk,q2Gk,q2Qk,l0,γG,γQ'''
    q1Gk,q1Qk,q2Gk,q2Qk,l0,γG,γQ = 12, 14,10, 22, 5.8, 1.2, 1.4        ⑩
    '''    γ,   λ,  h,  as1, fcuk, fyv,  s '''
    para = 1.0, 3, 700, 40,   25,   270, 200
    γ,λ,h,as1,fcuk,fyv,s = para
    '''                                b,  bf1,h1,h2,hf1,fy,cs,deq,Ap '''
    b,bf1,h1,h2,hf1,fy,cs,deq,Ap = 250,500,500,700,100,300,25,22,0
    fcuk1, fcuk2 = 25, 30                                                ⑪
    h0 = h-as1
    h01 = h1-as1
    hw = h0 = h-40

    βc1 = βc(fcuk)
    fc = fc1(fcuk)
    ft = ft1(fcuk)
    αcv = αcv1(λ)

    results1 = first_force_calcu(q1Gk,q1Qk,l0,γG,γQ)
    M1Gk, V1Gk, M1Qk, V1Qk, M1, V1 = results1                           ⑫
    results2 = second_force_calcu(q2Gk,q2Qk,l0,γG,γQ,M1Gk,V1Gk)
    M2Gk, V2Gk, M2Qk, V2Qk, M2, V2 = results2                           ⑬

    υ = coefficient_of_shear_section(hw,b)                              ⑭
    if V1 > υ*βc1*fc*b*h0:
        print('重新确定受弯构件的截面尺寸。')

    else:
        print('受弯构件的截面尺寸符合规范要求。')
        Asv1 = Asv(γ,V1,λ,αcv,b,h0,ft,fyv,s)
        print(f'矩形截面钢筋混凝土梁箍筋面积    Asv = {Asv1:<3.1f} mm^2')
        num_strrup_legs = 2
        d = max(ceil(sqrt(4*Asv1/(num_strrup_legs*pi))),6)
        d = d_reinf(d)
        if d > 12:
            num_strrup_legs = 4
            d = max(ceil(sqrt(4*Asv1/(num_strrup_legs*pi))),6)
            d = d_reinf(d)
        print(f'矩形截面钢筋混凝土梁箍筋直径      d = {d:<3.0f} mm')

    print(f'矩形截面钢筋混凝土梁配箍肢数      n = {num_strrup_legs:<2.0f}')
    print(f'矩形截面钢筋混凝土梁配箍间距      s = {s:<3.0f} mm')
    ρsv = Asv1/(b*s)*100
    print(f'矩形截面钢筋混凝土梁配箍率      ρsv = {ρsv:<3.3f} %')

    print('-'*m)
```

```
    if V2 > υ*βc1*fc*b*h0:
        print('重新确定受弯构件的截面尺寸。')
    else:
        print('受弯构件的截面尺寸符合规范要求。')
        Asv1 = Asv(γ,V2,λ,αcv,b,h0,ft,fyv,s)
        print(f'矩形截面钢筋混凝土梁箍筋面积    Asv = {Asv1:<3.1f} mm^2')
        num_strrup_legs = 2
        d = max(ceil(sqrt(4*Asv1/(num_strrup_legs*pi))),6)
        d = d_reinf(d)
        if d > 12:
            num_strrup_legs = 4
            d = max(ceil(sqrt(4*Asv1/(num_strrup_legs*pi))),6)
            d = d_reinf(d)
        print(f'矩形截面钢筋混凝土梁箍筋直径      d = {d:<3.0f} mm')

    print(f'矩形截面钢筋混凝土梁配箍肢数      n = {num_strrup_legs:<2.0f}')
    print(f'矩形截面钢筋混凝土梁配箍间距      s = {s:<3.0f} mm')
    ρsv = Asv1/(b*s)*100
    print(f'矩形截面钢筋混凝土梁配箍率        ρsv = {ρsv:<3.3f} %')

    Vu = Shear_of_surface(ft,b,h0,fyv,Asv1,s)

    if Vu >= V2:                                                      ⑮
        print(f'叠合面受剪承载力 Vu = {Vu:<3.1f} kN >= V1 = {V2:<3.1f} kN')
        print("叠合面受剪承载力符合规范要求。")

    dt = datetime.now()
    localtime = dt.strftime('%Y-%m-%d  %H:%M:%S ')
    print('-'*m)
    print("本计算书生成时间 :", localtime)

    filename = '叠合梁计算--2.docx'
    with open(filename,'w',encoding = 'utf-8') as f:
        f.write('\n'+ Asv.__doc__+'\n')
        f.write('计算结果: \n')
        f.write(f'矩形截面钢筋混凝土梁箍筋面积 Asv = {Asv1:<3.1f} mm^2\n')
        f.write(f'矩形截面钢筋混凝土梁箍筋直径      d = {d:<3.0f} mm\n')
        f.write(f'钢筋混凝土梁配箍肢数        n = {num_strrup_legs:<2.0f}\n')
        f.write(f'矩形截面钢筋混凝土梁配箍间距      s = {s:<3.0f} mm\n')
        f.write(f'矩形截面钢筋混凝土梁配箍率      ρsv = {ρsv:<3.3f} %\n')
        f.write(f'本计算书生成时间 : {localtime}')

if __name__ == "__main__":
    m = 50
    print('='*m)
    main()
    print('='*m)
```

7.2.3　输出结果

运行代码清单 7-2，可以得到输出结果 7-2。

输 出 结 果

7-2

```
--- 本程序为确定钢筋混凝土梁截面箍筋的程序 ---
    需要输入以下参数：
    γ----结构重要性系数或承载力抗震调整系数；
    V-----剪力设计值(kN)；
    αcv--斜截面混凝土受剪承载力系数；
    b-----钢筋混凝土梁宽(mm)；
    h-----钢筋混凝土梁宽(mm)；
    fcuk--混凝土的强度等级，直接输入数值，比如35；
    fyv---箍筋抗剪强度设计值(N/mm^2)；
    s-----箍筋间距(mm)。

受弯构件的截面尺寸符合规范要求。
矩形截面钢筋混凝土梁箍筋面积    Asv = 56.5 mm^2
矩形截面钢筋混凝土梁箍筋直径     d = 6    mm
矩形截面钢筋混凝土梁配箍肢数     n = 2
矩形截面钢筋混凝土梁配箍间距     s = 200 mm
矩形截面钢筋混凝土梁配箍率     ρsv = 0.113 %
-------------------------------------------------
受弯构件的截面尺寸符合规范要求。
矩形截面钢筋混凝土梁箍筋面积    Asv = 83.2 mm^2
矩形截面钢筋混凝土梁箍筋直径     d = 8    mm
矩形截面钢筋混凝土梁配箍肢数     n = 2
矩形截面钢筋混凝土梁配箍间距     s = 200 mm
矩形截面钢筋混凝土梁配箍率     ρsv = 0.166 %
叠合面受剪承载力 Vu = 314.7 kN >= V1 = 165.9 kN
叠合面受剪承载力符合规范要求。
```

---

8 钢筋混凝土剪力墙

8.1 大偏心受压剪力墙验算

8.1.1 项目描述

根据《混凝土结构设计规范》GB 50010—2010（2015 年版）第 6.2.19 条，剪力墙在偏心受压时的正截面抗震承载力如流程图 8-1 所示。

$$\xi=\frac{N-\left(1-\dfrac{2}{\omega}\right)f_{yw}A_{sw}}{\dfrac{f_{yw}A_{sw}}{0.5\beta_1\omega}+\alpha_1 f_c b h_0}\xrightarrow{\xi\leqslant\xi_b}\begin{cases}\xrightarrow{是}\boxed{大偏心受压剪力墙}\\ \xrightarrow{否}\boxed{小偏心受压剪力墙}\end{cases}$$

$$N_{sw}=\left(1+\frac{\xi-\beta_1}{0.5\beta_1\omega}\right)f_{yw}A_{sw}\xrightarrow{《混规》式(6.2.19\text{–}3)}\bigstar$$

$$\bigstar\rightarrow N\leqslant\alpha_1 f_c\left[\xi b h_0+(b_f'-b)h_f'\right]+f_y'A_s'-\sigma_s A_s+N_{sw}$$

$$\left.\begin{array}{l}M_{sw}=\left[0.5-\left(\dfrac{\xi-\beta_1}{\beta_1\omega}\right)^2\right]f_{yw}A_{sw}h_{sw}\\ e_i=e_0+e_a\rightarrow e=e_i+h/2-a\end{array}\right\}\xrightarrow{《混规》式(6.2.19\text{–}4)}\bullet$$

$$\bullet\rightarrow Ne\leqslant\alpha_1 f_c\left[\xi(1-0.5\xi)bh_0^2+(b_f'-b)h_f'\left(h_0-\frac{h'}{2}\right)\right]+f_y'A_s'(h_0-a_s')+M_{sw}$$

流程图 8-1　剪力墙在偏心受压时的正截面抗震承载力

根据《混凝土结构设计规范》GB 50010—2010（2015 年版）第 11.7.16 条～第 11.7.18 条，剪力墙的轴压比如流程图 8-2 所示。

单片剪力墙受力状态如图 8-1 所示。

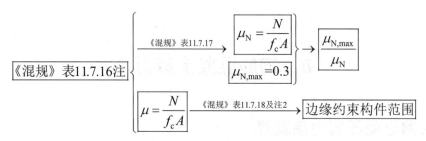

流程图 8-2　剪力墙的轴压比

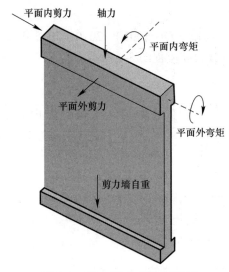

图 8-1　剪力墙受力状态简图

8.1.2　项目代码

本计算程序为大偏心受压剪力墙验算，代码清单 8-1 的❶为定义材料强度设计值的函数，❷为定义非均匀受压时的混凝土极限压应变的函数，❸为定义混凝土的调整系数的函数，❹为定义混凝土受压区高度的调整系数的函数，❺为定义混凝土受压区相对高度的函数，❻为定义计算轴心受压构件的稳定系数的函数，❼为定义混凝土受压区相对高度比值的函数，❽为定义混凝土剪力墙弯矩和配筋的函数，❾为定义剪力墙抗剪的函数，❿为定义钢筋直径的函数，⓫～⓬为以上定义函数的参数赋值，⓭为混凝土剪力墙大偏心受剪参数值，⓮为混凝土剪力墙配筋参数值，⓯为混凝土剪力墙剪力参数值。具体见代码清单 8-1。

代 码 清 单　　　　　　　　　　　　　　8–1

```
# -*- coding: utf-8 -*-
import sympy as sp
from math import sqrt, pi
```

```python
from datetime import datetime

def force(Concret, reinforcment):                                          ❶
    conc = {'C20':9.6,'C25':11.9,'C30':14.3,'C35':16.7,'C40':19.1,
            'C45':21.1,'C50':23.1,'C55':25.3,'C60':27.5,'C65':29.7,
            'C70':31.8,'C75':33.8,'C80':35.9}
    fc = conc.get(Concret)
    cont = {'C20':1.10,'C25':1.27,'C30':1.43,'C35':1.57,'C40':1.71,
            'C45':1.80,'C50':1.89,'C55':1.96,'C60':2.04,'C65':2.09,
            'C70':2.14,'C75':2.18,'C80':2.22}
    ft = cont.get(Concret)

    reinf = {'HPB300':235,'HRB400':360,'HRB500':435}
    fy = reinf.get(reinforcment)
    return  fc, ft, fy

def ε_cu(fcuk):                                                            ❷
    ε_cu = min((0.0033-(fcuk-50)*10**-5),0.0033)
    return ε_cu

def α11(fcuk):                                                            ❸
    α1 = min(1.0-0.06*(fcuk-50)/3, 1.0)
    return α1

def β11(fcuk):                                                            ❹
    β1 = min(0.8-0.06*(fcuk-50)/30, 0.8)
    return β1

def ξ_b1(fcuk,fy,Es):                                                     ❺
    ε_cu1 = ε_cu(fcuk)
    β1 = β11(fcuk)
    ξb = β1/(1+fy/(Es*ε_cu1))
    return ξb

def φ1(H,bw):                                                             ❻
    l0 = H
    φ = 1/(1+0.002*(l0/bw-8)**2)
    return φ

def shear_wall(a,a1,hw,bw,N,α1,β1,fc,fy,Asw):                            ❼
    hsw = hw-2*a-2*a1
    h0 = hw-a
    ω = hsw/h0
    ρ = Asw/(hsw*bw)

    ξ = sp.symbols('ξ', real=True)
    Eq = N-(1-2/ω)*fy*Asw-fy*Asw*ξ/(0.5*β1*ω)-α1*fc*bw*h0*ξ
    ξ = min(sp.solve(Eq, ξ))
    return  ρ, ξ
```

```
def M_As(ξ,γ,a,a1,H,hw,bw,M,N,α1,β1,fc,fy,Asw):        ⑧
    h0 = hw-a
    hsw = hw-2*a-2*a1
    ω = hsw/h0

    e0 = M/N
    ea = hw/30
    ei = e0+ea
    e = ei+hw/2-a

    Msw = (0.5-((ξ-β1)/(β1*ω))**2)*fy*Asw*hsw
    As = sp.symbols('As', real=True)
    Eq = N*e-α1*fc*bw*h0**2*ξ*(1-0.5*ξ)-Msw-fy*(h0-a1)*As
    Asmin = ρmin*hw*bw
    As = max(max(sp.solve(Eq,As)),Asmin)

    A = bw*hw
    φ = φ1(H,bw)
    As2 = (γ*N/(0.9*φ)-(fc*A)-fy*Asw)/fy

    As1 = As = max(As,As2)
    As2 = As = max(As,As2)
    return As1, As2, As, Msw

def V_check(a,hw,bw,M,N,V,ft,fc):                       ⑨
    βc = 1.0
    h0 = hw-a
    Vlim = 0.25*βc*fc*bw*h0
    λ = max(M/(V*h0), 1.5)
    Vv = 0.2*fc*bw*hw

    Aw = A = bw*hw
    Vu = (0.5*ft*bw*h0+0.13*N*Aw/A)/(λ-0.5)
    return Vu, V, Vlim, Vv

def bar_diameter(As, num):                              ⑩
    d = sqrt(4*As/pi/num)
    renfd = [6,8,10,12,14,16,18,20,22,25,28,32,36,40,50]
    for v, dd in enumerate(renfd):
        if d > dd:
            xx = v
    d = renfd[xx]
    return d

def main():
    '''        γ,    a,   a1,   H,    hw,   bw,  M,   N,    V,    Asw '''
    paras = 1.0, 200, 200, 3600, 4020, 200, 369, 3152, 1006, 2355   ⑪
    γ, a, a1, H, hw, bw, M, N, V, Asw = paras
```

```
        M, N, V = M*10**6, N*10**3, V*10**3

        Concret, reinforcment = 'C40','HRB400'
        fc, ft, fy = force(Concret, reinforcment)                          ⑫
        fcuk = int(Concret[1:])
        α1 = α11(fcuk)
        β1 = β11(fcuk)


        ρ, ξ = shear_wall(a,a1,hw,bw,N,α1,β1,fc,fy,Asw)                     ⑬
        As1, As2, As, Msw = M_As(ξ,γ,a,a1,H,hw,bw,M,N,α1,β1,fc,fy,Asw)     ⑭
        Vu, V, Vlim, Vv = V_check(a,hw,bw,M,N,V,ft,fc)                      ⑮
        ξb = ξ_b1(fcuk,fy,Es)


        ds_num1 = 4
        ds1 = bar_diameter(As, ds_num1)
        ds_num2 = 4
        ds2 = bar_diameter(As, ds_num2)

    print("剪力墙为"+'大偏心受压。' if ξ <= ξb else "剪力墙为"+'小偏心受
压。')
    print(f'剪力墙受拉纵向钢筋截面积      As1 = {As1:<3.0f} mm^2')
    print(f'初选受拉纵筋 {ds_num1} 根直径       ds1 = {ds1:<2.0f} mm')
    print(f'剪力墙受压纵向钢筋截面积      As2 = {As2:<3.0f} mm^2')
    print(f'初选受压纵筋 {ds_num2} 根直径       ds2 = {ds2:<2.0f} mm')
    print(f'混凝土受压区高度比值           ξ = {ξ:<3.3f} ')
    print(f'剪力墙弯矩设计值             Msw = {Msw/10**6:<3.1f} kN·m')
    print(f'剪力墙混凝土抗剪承载力        Vu = {Vu/1000:<3.1f} kN')
    print(f'剪力墙剪力设计值              V = {V/1000:<3.1f} kN')

    if ρ >= ρmin:
        print('配筋率满足《混规》构造要求。')
    else:
        print('配筋率不满足《混规》构造要求。')
    if Vu >= V:
        print('满足《混规》要求，仅需构造配置水平分布钢筋。')
    else:
        print('不满足《混规》要求，需计算配置水平分布钢筋。')
    if Vlim >= V:
        print('满足《混规》斜截面尺寸条件要求。')
    else:
        print('不满足《混规》斜截面尺寸条件要求。')
    if Vv >= V:
        print('Vv >= V 满足《混规》要求。')
    else:
        print('配筋率不满足《混规》要求。')

    dt = datetime.now()
    localtime = dt.strftime('%Y-%m-%d  %H:%M:%S')
    print('-'*many)
```

```python
print("本计算书生成时间 :", localtime)

filename = '大偏心受压剪力墙配筋验算.docx'
with open(filename,'w',encoding = 'utf-8') as f:
    f.write('计算结果: \n')
    f.write("剪力墙为"+'大偏心受压。\n' if ξ <= ξb else '小偏心受压。\n')
    f.write(f'剪力墙受拉纵向钢筋截面积       As1 = {As1:<3.0f} mm^2\n')
    f.write(f'剪力墙受拉纵向钢筋截面积       As2 = {As2:<3.0f} mm^2\n')
    f.write(f'混凝土受压区高度比值             ξ = {ξ:<3.3f} \n')
    f.write(f'剪力墙弯矩设计值               Msw = {Msw/10**6:<3.1f} kN·m\n')
    f.write(f'剪力墙混凝土抗剪承载力          Vu = {Vu/1000:<3.1f} kN\n')
    f.write(f'剪力墙剪力设计值                V = {V/1000:<3.1f} kN\n')

        if ρ >= ρmin:
            f.write('配筋率满足《混规》构造要求。\n')
        else:
            f.write('配筋率不满足《混规》构造要求。\n')
        if Vu >= V:
            f.write('满足《混规》要求，仅需构造配置水平分布钢筋。\n')
        else:
            f.write('不满足《混规》要求，需计算配置水平分布钢筋。\n')
        if Vlim >= V:
            f.write('满足《混规》斜截面尺寸条件要求。\n')
        else:
            f.write('不满足《混规》斜截面尺寸条件要求。\n')
        if Vv >= V:
            f.write('Vv >= V 满足《混规》要求。\n')
        else:
            f.write('配筋率不满足《混规》要求。\n')
        f.write(f'本计算书生成时间 : {localtime}')

if __name__ == "__main__":
    Es = 2.0*10**5
    ρmin = 0.002
    many = 50
    print('='*many)
    main()
    print('='*many)
```

8.1.3　输出结果

运行代码清单 8-1，可以得到输出结果 8-1。

输　出　结　果　　　　　　　　　　　　8—1

剪力墙为大偏心受压。

```
剪力墙受拉纵向钢筋截面积      As1 = 1608 mm^2
初选受拉纵筋 4 根直径        ds1 = 22 mm
剪力墙受压纵向钢筋截面积      As2 = 1608 mm^2
初选受压纵筋 4 根直径        ds2 = 22 mm
混凝土受压区高度比值          ξ = 0.252
剪力墙弯矩设计值            Msw = -436.0 kN·m
剪力墙混凝土抗剪承载力        Vu = 1063.0 kN
剪力墙剪力设计值             V = 1006.0 kN
配筋率满足《混规》构造要求。
满足《混规》要求，仅需构造配置水平分布钢筋。
满足《混规》斜截面尺寸条件要求。
Vv >= V 满足《混规》要求。
```

8.2　小偏心受压剪力墙验算

8.2.1　项目描述

项目描述同 8.1.1 节相同，不再赘述。

8.2.2　项目代码

本计算程序为小偏心受压剪力墙验算，代码清单 8-2 的❶为定义材料强度设计值的函数，❷为定义非均匀受压时的混凝土极限压应变的函数，❸为定义混凝土的调整系数的函数，❹为定义混凝土受压区高度的调整系数的函数，❺为定义混凝土受压区相对高度的函数，❻为定义计算轴心受压构件的稳定系数的函数，❼为定义混凝土受压区相对高度比值的函数，❽为定义混凝土剪力墙弯矩和配筋的函数，❾为定义剪力墙抗剪的函数，❿为定义钢筋直径的函数，⓫～⓬为以上定义函数的参数赋值，⓭为混凝土剪力墙小偏心受剪参数值，⓮为混凝土剪力墙配筋参数值，⓯为混凝土剪力墙剪力参数值。具体见代码清单 8-2。

代　码　清　单　　　　　　　　8-2

```
# -*- coding: utf-8 -*-
import sympy as sp
from math import sqrt, pi
from datetime import datetime

def force(Concret, reinforcment):                        ❶
    conc = {'C20':9.6,'C25':11.9,'C30':14.3,'C35':16.7,'C40':19.1,
            'C45':21.1,'C50':23.1,'C55':25.3,'C60':27.5,'C65':29.7,
            'C70':31.8,'C75':33.8,'C80':35.9}
    fc = conc.get(Concret)
```

```
        cont = {'C20':1.10,'C25':1.27,'C30':1.43,'C35':1.57,'C40':1.71,
                'C45':1.80,'C50':1.89,'C55':1.96,'C60':2.04,'C65':2.09,
                'C70':2.14,'C75':2.18,'C80':2.22}
        ft = cont.get(Concret)

        reinf = {'HPB300':235,'HRB400':360,'HRB500':435}
        fy = reinf.get(reinforcment)
        return  fc, ft, fy

def ε_cu(fcuk):                                                          ❷
    ε_cu = min((0.0033-(fcuk-50)*10**-5),0.0033)
    return ε_cu

def α11(fcuk):                                                           ❸
    α1 = min(1.0-0.06*(fcuk-50)/3, 1.0)
    return α1

def β11(fcuk):                                                           ❹
    β1 = min(0.8-0.06*(fcuk-50)/30, 0.8)
    return β1

def ξ_b1(fcuk,fy,Es):                                                    ❺
    ε_cu1 = ε_cu(fcuk)
    β1 = β11(fcuk)
    ξb = β1/(1+fy/(Es*ε_cu1))
    return ξb

def φ1(H,bw):                                                            ❻
    l0 = H
    φ = 1/(1+0.002*(l0/bw-8)**2)
    return φ

def compres_shear_wall(a,a1,hw,bw,N,α1,β1,fc,fy,Asw):                    ❼
    hsw = hw-2*a-2*a1
    h0 = hw-a
    ω = hsw/h0
    ρ = Asw/(hsw*bw)

    ξ = sp.symbols('ξ', real=True)
    Eq = N-(1-2/ω)*fy*Asw-fy*Asw*ξ/(0.5*β1*ω)-α1*fc*bw*h0*ξ
    ξ = min(sp.solve(Eq, ξ))
    return ρ, ξ

def M_As(ξ,γ,a,a1,H,hw,bw,M,N,α1,β1,fc,fy,Asw):                         ❽
    h0 = hw-a
    φ = φ1(H,bw)

    hsw = hw-2*a-2*a1
    ω = hsw/h0
```

```
    e0 = M/N
    ea = hw/30
    ei = e0+ea
    e = ei+hw/2-a

    Msw = (0.5-((ξ-β1)/(β1*ω))**2)*fy*Asw*hsw
    As = sp.symbols('As', real=True)
    Eq = N*e-α1*fc*bw*h0**2*ξ*(1-0.5*ξ)-Msw-fy*(h0-a)*As
    Asmin = ρmin*hw*bw
    As = max(max(sp.solve(Eq,As)),Asmin)

    A = bw*hw
    As2 = (γ*N/(0.9*φ)-(fc*A)-fy*Asw)/fy
    As1 = As = max(As,As2)
    As2 = As = max(As,As2)
    return  As1, As2, As, Msw


def V_check(a,hw,bw,M,N,V,ft,fc):                                    ❾
    βc = 1.0
    h0 = hw-a
    Vlim = 0.25*βc*fc*bw*h0
    λ = max(M/(V*h0), 1.5)
    Vv = 0.2*fc*bw*hw

    Aw = A = bw*hw
    Vu = (0.5*ft*bw*h0+0.13*N*Aw/A)/(λ-0.5)
    return Vu, V, Vlim, Vv

def bar_diameter(As, num):                                          ❿
    d = sqrt(4*As/pi/num)
    renfd = [6,8,10,12,14,16,18,20,22,25,28,32,36,40,50]
    for v, dd in enumerate(renfd):
        if d > dd:
            xx = v
    d = renfd[xx]
    return d

def main():
    '''      γ,    a,   a1,  H,    hw,   bw,  M,   N,    V,    Asw '''
    paras = 1.0, 200, 200, 3600, 3500, 180, 2030, 5000, 1006, 1308
    γ, a, a1, H, hw, bw, M, N, V, Asw = paras                        ⓫
    M, N, V = M*10**6, N*10**3, V*10**3

    Concret, reinforcment = 'C25','HRB400'
    fc, ft, fy = force(Concret, reinforcment)                        ⓬
    fcuk = int(Concret[1:])
    α1 = α11(fcuk)
```

```python
    β1 = β11(fcuk)

    ρ, ξ = compres_shear_wall(a,a1,hw,bw,N,α1,β1,fc,fy,Asw)                    ⑬
    As1, As2, As, Msw = M_As(ξ,γ,a,a1,H,hw,bw,M,N,α1,β1,fc,fy,Asw)          ⑭
    Vu, V, Vlim, Vv = V_check(a,hw,bw,M,N,V,ft,fc)                            ⑮
    ξb = ξ_b1(fcuk,fy,Es)

    ds_num1 = 4
    ds1 = bar_diameter(As, ds_num1)
    ds_num2 = 4
    ds2 = bar_diameter(As, ds_num2)

print("剪力墙为"+'大偏心受压。' if ξ <= ξb else "剪力墙为"+'小偏心受压。')
    print(f'剪力墙受拉纵向钢筋截面积      As1 = {As1:<3.0f} mm^2')
    print(f'初选受拉纵筋 {ds_num1} 根直径        ds1 = {ds1:<2.0f} mm')
    print(f'剪力墙受压纵向钢筋截面积      As2 = {As2:<3.0f} mm^2')
    print(f'初选受压纵筋 {ds_num2} 根直径        ds2 = {ds2:<2.0f} mm')
    print(f'混凝土受压区高度比值              ξ = {ξ:<3.3f} ')
    print(f'剪力墙弯矩设计值              Msw = {Msw/10**6:<3.1f} kN·m')
    print(f'剪力墙混凝土抗剪承载力          Vu = {Vu/1000:<3.1f} kN')
    print(f'剪力墙剪力设计值                V = {V/1000:<3.1f} kN')

    if ρ >= ρmin:
        print('配筋率满足《混规》构造要求。')
    else:
        print('配筋率不满足《混规》构造要求。')
    if Vu >= V:
        print('满足《混规》要求，仅需构造配置水平分布钢筋。')
    else:
        print('不满足《混规》要求，需计算配置水平分布钢筋。')
    if Vlim >= V:
        print('满足《混规》斜截面尺寸条件要求。')
    else:
        print('不满足《混规》斜截面尺寸条件要求。')
    if Vv >= V:
        print('Vv >= V 满足《混规》要求。')
    else:
        print('配筋率不满足《混规》要求。')

    dt = datetime.now()
    localtime = dt.strftime('%Y-%m-%d  %H:%M:%S')
    print('-'*many)
    print("本计算书生成时间 :", localtime)

    filename = '小偏心受压剪力墙配筋验算.docx'
    with open(filename,'w',encoding = 'utf-8') as f:
        f.write('计算结果: \n')
        f.write("剪力墙为"+'大偏心受压。' if ξ <= ξb else "剪力墙为"+'小偏
心受压。\n')
```

```
        f.write(f'剪力墙受拉纵向钢筋截面面积    As1 = {As1:<3.0f} mm^2\n')
        f.write(f'初选受拉纵筋 {ds_num1} 根直径   ds1 = {ds1:<2.0f} mm\n')
        f.write(f'剪力墙受压纵向钢筋截面面积    As2 = {As2:<3.0f} mm^2\n')
        f.write(f'初选受压纵筋 {ds_num2} 根直径   ds2 = {ds2:<2.0f} mm\n')
        f.write(f'混凝土受压区高度比值          ξ = {ξ:<3.3f} \n')
        f.write(f'剪力墙弯矩设计值       Msw = {Msw/10**6:<3.1f} kN·m\n')
        f.write(f'剪力墙混凝土抗剪承载力     Vu = {Vu/1000:<3.1f} kN\n')
        f.write(f'剪力墙剪力设计值        V = {V/1000:<3.1f} kN\n')
        f.write(f'本计算书生成时间 : {localtime}')

if __name__ == "__main__":
    Es = 2.0*10**5
    ρmin = 0.002
    many = 50
    print('='*many)
    main()
    print('='*many)
```

8.2.3 输出结果

运行代码清单 8-2，可以得到输出结果 8-2。

输 出 结 果　　　　　　　　8-2

```
剪力墙为小偏心受压。
剪力墙受拉纵向钢筋截面面积   As1 = 1260 mm^2
初选受拉纵筋 4 根直径    ds1 = 20 mm
剪力墙受压纵向钢筋截面面积   As2 = 1260 mm^2
初选受压纵筋 4 根直径    ds2 = 20 mm
混凝土受压区高度比值     ξ = 0.668
剪力墙弯矩设计值      Msw = 583.7 kN·m
剪力墙混凝土抗剪承载力    Vu = 1027.2 kN
剪力墙剪力设计值      V = 1006.0 kN
配筋率满足《混规》构造要求。
满足《混规》要求，仅需构造配置水平分布钢筋。
满足《混规》斜截面尺寸条件要求。
Vv >= V 满足《混规》要求。
```

8.3 剪力墙斜截面承载力验算

8.3.1 项目描述

根据《混凝土结构设计规范》GB 50010—2010（2015 年版）第 11.1.6 条、第 11.7.4 条、第 11.7.14 条，剪力墙在偏心受压时的斜截面抗震受剪承载力如流程图 8-3 所示。

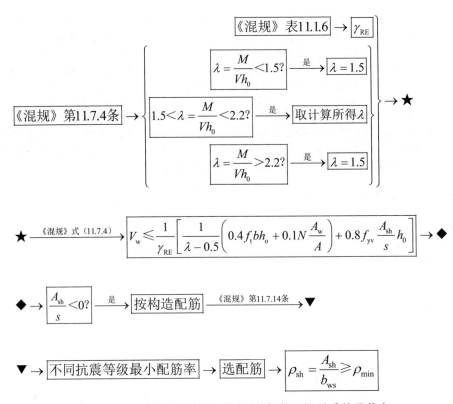

流程图 8-3　剪力墙在偏心受压时的斜截面抗震受剪承载力

8.3.2　项目代码

本计算程序为剪力墙斜截面承载力验算，代码清单 8-3 的❶为定义材料强度设计值的函数，❷为定义剪力墙受剪计算的函数，❸为定义钢筋直径的函数，❹～❺为以上定义函数的参数赋值，❻为定义计算剪力墙受剪承载力参数值的函数。具体见代码清单 8-3。

代 码 清 单　　　　　　　　　　8-3

```python
# -*- coding: utf-8 -*-
from datetime import datetime
from math import sqrt, pi

def force(Concret, reinforcment):                                    ❶
    conc = {'C20':9.6,'C25':11.9,'C30':14.3,'C35':16.7,'C40':19.1,
            'C45':21.1,'C50':23.1,'C55':25.3,'C60':27.5,'C65':29.7,
            'C70':31.8,'C75':33.8,'C80':35.9}
    fc = conc.get(Concret)
    cont = {'C20':1.10,'C25':1.27,'C30':1.43,'C35':1.57,'C40':1.71,
            'C45':1.80,'C50':1.89,'C55':1.96,'C60':2.04,'C65':2.09,
            'C70':2.14,'C75':2.18,'C80':2.22}
    ft = cont.get(Concret)
```

```
    reinf = {'HPB300':235,'HRB400':360,'HRB500':435}
    fy = reinf.get(reinforcment)
    return  fc, ft, fy

def shear_wall(γRE,a,a1,hw,bw,s,M,N,V,fc,ft,fy):              ❷
    h0 = hw-a
    Vc = V/1.6
    λ = min(M/(Vc*h0), 2.5)

    βc = 1.0
    Vlim = 0.15*βc*fc*bw*h0/γRE
    Nv = 0.2*fc*bw*hw

    Ash = (γRE*V-((0.4*ft*bw*h0+0.1*N)/(λ-0.5)))/(0.8*fy*h0)*s
    Ashmin = 0.0025*bw*s
    Ash = max(Ash, Ashmin)
    return  Vlim, Nv, Ash, Ashmin

def bar_diameter(As, num):                                    ❸
    d = sqrt(4*As/pi/num)
    renfd = [6,8,10,12,14,16,18,20,22,25,28,32,36,40,50]
    for v, dd in enumerate(renfd):
        if d > dd:
            xx = v
    d = renfd[xx]
    return d

def main():
    '''        γRE,   a,    a1,   hw,   bw,   s,    M,      N,      V    '''
    paras = 0.85,  200, 100, 1500, 300, 200, 1625, 1000, 980
    γRE,a,a1,hw,bw,s,M,N,V = paras                            ❹
    M, N, V = M*10**6, N*10**3, V*10**3

    Concret, reinforcment = 'C40','HRB400'
    fc, ft, fy = force(Concret, reinforcment)                 ❺

    results = shear_wall(γRE,a,a1,hw,bw,s,M,N,V,fc,ft,fy)
    Vlim, Nv, Ash, Ashmin = results                           ❻

    ds_num = 4
    ds = bar_diameter(Ash, ds_num)

    if Vlim >= V:
        print('满足《混规》斜截面尺寸条件要求')
    if Nv >= N:
        print('满足《混规》要求')

    print(f'剪力墙水平配筋面积          Ash = {Ash:<3.1f} mm^2')
```

```
print(f'初选箍筋 {ds_num} 根直径               ds = {ds:<2.0f} mm')
print(f'剪力墙水平最小配筋面积    Ashmin = {Ashmin:<3.1f} mm^2')

dt = datetime.now()
localtime = dt.strftime('%Y-%m-%d  %H:%M:%S')
print('-'*many)
print("本计算书生成时间 :", localtime)

filename = '剪力墙斜截面承载力验算.docx'
with open(filename,'w',encoding = 'utf-8') as f:
    f.write('计算结果: \n')
    f.write(f'剪力墙水平配筋面积              Ash = {Ash:<3.1f} mm^2\n')
    f.write(f'初选箍筋 {ds_num} 根直径               ds = {ds:<2.0f} mm\n')
    f.write(f'剪力墙水平最小配筋面积  Ashmin = {Ashmin:<3.1f} mm^2\n')
    f.write(f'本计算书生成时间 : {localtime}')

if __name__ == "__main__":
    many = 50
    print('='*many)
    main()
    print('='*many)
```

8.3.3 输出结果

运行代码清单 8-3，可以得到输出结果 8-3。

输 出 结 果   8-3

```
满足《混规》斜截面尺寸条件要求
满足《混规》要求
剪力墙水平配筋面积              Ash = 317.8 mm^2
初选箍筋 4 根直径               ds = 10 mm
剪力墙水平最小配筋面积  Ashmin = 150.0 mm^2
```

9　钢筋混凝土楼盖设计

9.1　实用法计算双向板

9.1.1　项目描述

采用实用塑性铰线法计算钢筋混凝土双向板，混凝土双向板平面布置及塑性铰划分模式如图 9-1 所示。双向板为楼盖结构的角部板块，板块边缘下有可视作线支座的刚性梁，采用双层双向等直径等间距的配筋模式，即为正交同性钢筋混凝土板。

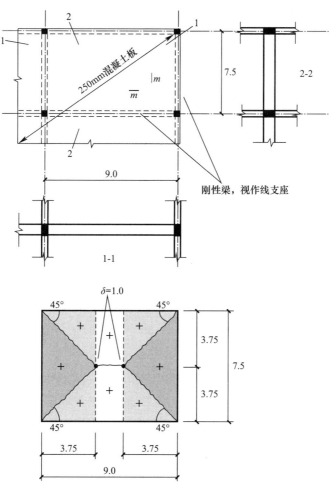

图 9-1　混凝土双向板平面布置及塑性铰划分模式（单位：m）

本项目的双向板的长为 9.0m，宽为 7.5m，板厚 250mm，采用 C30 混凝土，HRB400

级钢筋，混凝土保护层厚度为 20mm，均布面荷载设计值（包含构件自重）为 20kN/m²，x 向、y 向的塑性铰线 m 值相同。

9.1.2 项目代码

本计算程序为实用塑性铰线法计算双向板，代码清单 9-1 的 ❶ 为计算混凝土的调整系数的函数，❷ 为定义实用塑性铰线法计算双向板内力的函数，❸ 为定义材料强度的函数，❹ 为确定板配筋的函数，❺ 为确定钢筋直径的函数，❻ 为双向板的荷载与平面尺寸，❼ 为由 ❷ 处定义函数确定内力，❽ 为输出板顶和板底的配筋。具体见代码清单 9-1。

代 码 清 单   9-1

```python
# -*- coding: utf-8 -*-
from math import sqrt, pi
from datetime import datetime
import sympy as sp

def α11(fcuk):                                                      ❶
    α1 = min(1.0-0.06*(fcuk-50)/3, 1.0)
    return α1

def work_method_two_way_slab(q,l,b,μ):                              ❷
    m = sp.symbols('m', real=True)
    m1 = μ*m

    E = q*b*b/3+q*(l-b)*b/2
    Da = m*b/(b/2)+m1*b/(b/2)
    Db = m*l/(b/2)
    Dc = m*l/(b/2)+m1*l/(b/2)
    Dd = m*b/(b/2)
    D = Da+Db+Dc+Dd
    Eq = E-D
    m = min(sp.solve(Eq, m))

    m1 = μ*m
    Da = m*b/(b/2)+m1*b/(b/2)
    Db = m*l/(b/2)
    Dc = m*l/(b/2)+m1*l/(b/2)
    Dd = m*b/(b/2)
    D = Da+Db+Dc+Dd
    return E, D, m, m1

def material_strength(Concret,reinfbar):                            ❸
    con = {'C20':9.6,'C25':11.9,'C30':14.3,'C35':16.7,'C40':19.1,
           'C45':21.1,'C50':23.1,'C55':25.3,'C60':27.5,'C65':29.7,
           'C70':31.8,'C75':33.8,'C80':35.9}
    fc = con.get(Concret)
```

```python
    reinf = {'HPB300':235,'HRB400':360,'HRB500':435}
    fy = reinf.get(reinfbar)
    return fc, fy

def slab(γ,h,as1,α1,fc,fy,M):                                    ❹
    M = M*10**6
    h0 = h-as1
    b = 1000
    x = sp.symbols('x', real=True)
    Eq = γ*M-α1*fc*b*x*(h0-x/2)
    x = min(sp.solve(Eq, x))
    As = α1*fc*b*x/fy
    return h0, x, As

def bar_diameter(As,renfdis):                                    ❺
    num = 1000/renfdis
    d = sqrt(4*As/pi/num)
    renfd = [6,8,10,12,14,16,18,20,22,25,28,32,36,40,50]
    for v, dd in enumerate(renfd):
        if d > dd:
            xx = v
    d = renfd[xx]
    return d

def main():
    '''              q,   l,    b,    μ  '''
    q, l, b, μ = 20, 9.0, 7.5, 1.0                               ❻
    '''                          γ, h, as1,Concret,reinfbar,renfdis'''
    γ,h,as1,Concret,reinfbar,renfdis=1.0,250,30,'C40','HRB400',200

    E, D, m, m1 = work_method_two_way_slab(q,l,b,μ)              ❼
    fcuk = int(Concret[1:])
    α1 = α11(fcuk)
    fc, fy = material_strength(Concret,reinfbar)

    print(' 计算结果 :')
    print(f' 荷载效应设计值                    E = {E:<3.1f} kN·m/m')
    print(f' 几何抗力设计值                    D = {D:<3.1f} kN·m/m')
    print(f' 正塑性铰线处的弯矩设计值          m = {m:<3.1f} kN·m/m')
    print(f' 负塑性铰线处的弯矩设计值          m1 = {m1:<3.1f} kN·m/m')
    print(f' 混凝土抗压强度设计值              fc = {fc:<3.1f} N/mm^2')
    print(f' 钢筋抗拉强度设计值                fy = {fy:<3.0f} N/mm^2')

    for M in [m, m1]:                                            ❽
        h0, x, As = slab(γ,h,as1,α1,fc,fy,M)
        d = bar_diameter(As,renfdis)
        print('-'*many)
```

```
                print(f' 混凝土有效高度              h0 = {h0:<3.0f} mm')
                print(f' 混凝土受压区高度             x = {x:<3.0f}mm')
                print(f' 单位宽度所需钢筋面积          As = {As:<3.0f} mm^2/m')
                print(f' 双层双向钢筋直径及间距        φ{d:<2.0f} @ {renfdis} mm')

        print('-'*many)
        dt = datetime.now()
        localtime = dt.strftime('%Y-%m-%d  %H:%M:%S ')
        print ("本计算书生成时间 :", localtime)

        filename = ' 实用法计算双向板 .docx'
        with open(filename,'w',encoding = 'utf-8') as f:
            f.write(' 计算结果 :\n')
            f.write(f' 荷载效应设计值              E = {E:<3.1f} kN·m/m\n')
            f.write(f' 几何抗力设计值              D = {D:<3.1f} kN·m/m\n')
            f.write(f' 正塑性铰线处的弯矩设计值      m = {m:<3.1f} kN·m/m\n')
            f.write(f' 负塑性铰线处的弯矩设计值      m1 = {m1:<3.1f} kN·m/m\n')
            f.write(f' 混凝土抗压强度设计值        fc = {fc:<3.1f} N/mm^2\n')
            f.write(f' 钢筋抗拉强度设计值          fy = {fy:<3.0f} N/mm^2\n')
            f.write(f' 混凝土有效高度              h0 = {h0:<3.0f} mm\n')
            f.write(f' 混凝土受压区高度             x = {x:<3.0f} mm\n')
            f.write(f' 单位宽度所需钢筋面积          As = {As:<3.0f} mm^2/m\n')
            f.write(f' 双层双向钢筋直径及间距 φ{d:<2.0f} @ {renfdis} mm\n')
            f.write(f' 本计算书生成时间 : {localtime}')

if __name__ == "__main__":
    many = 50
    print('='*many)
    main()
    print('='*many)
```

9.1.3 输出结果

运行代码清单 9-1，可以得到输出结果 9-1。

输 出 结 果   9-1

```
计算结果 :
荷载效应设计值              E = 487.5 kN·m/m
几何抗力设计值              D = 487.5 kN·m/m
正塑性铰线处的弯矩设计值       m = 36.9 kN·m/m
负塑性铰线处的弯矩设计值      m1 = 36.9 kN·m/m
混凝土抗压强度设计值         fc = 19.1 N/mm^2
钢筋抗拉强度设计值           fy = 360 N/mm^2
-------------------------------------------------
混凝土有效高度              h0 = 220 mm
```

混凝土受压区高度	x = 9	mm
单位宽度所需钢筋面积	As = 476	mm^2/m
钢筋直径及间距	φ10 @ 200	mm

- -

混凝土有效高度	h0 = 220	mm
混凝土受压区高度	x = 9	mm
单位宽度所需钢筋面积	As = 476	mm^2/m
钢筋直径及间距	φ10 @ 200	mm

9.2　实用法计算正交异性双向板

9.2.1　项目描述

采用实用塑性铰线法计算钢筋混凝土双向板，混凝土双向板平面布置及塑性铰划分模式如图 9-2 所示。双向板为楼盖结构的角部板块，板块下边缘、左边缘下有可视作线支座的刚性梁，板块上边缘、右边缘为可视作简支线支座的砌体墙体，采用双层双向不等直径等间距的配筋模式，即为正交异性钢筋混凝土板，如图 9-3 所示。

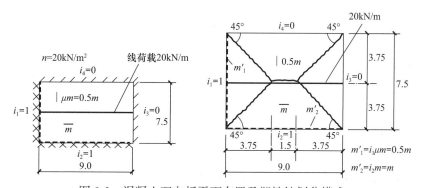

图 9-2　混凝土双向板平面布置及塑性铰划分模式

本项目的双向板的长为 9.0m，宽为 7.5m，板厚 250mm，采用 C30 混凝土，HRB400 级钢筋，混凝土保护层厚度为 20mm，均布面荷载设计值为 20kN/m^2，均布线荷载设计值为 20kN/m，x 向的塑性铰线为 m，y 向的塑性铰线为 $\mu m=0.5m$。

9.2.2　项目代码

本计算程序为实用塑性铰线法计算正交异性双向板，代码清单 9-2 的 ❶ 为计算混凝土的调整系数的函数，❷ 为定义实用塑性铰线法计算双向板内力的函数，❸ 为定义材料强度的函数，❹ 为确定板配筋的函数，❺ 为确定钢筋直径的函数，❻ 为双向板的荷载与平面尺寸，❼ 为由 ❷ 处定义函数确定内力，❽ 为输出板顶和板底的配筋。具体见代码清单 9-2。

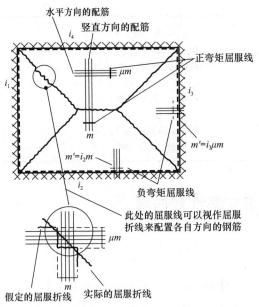

图 9-3　正交异性钢筋混凝土板塑性铰划分模式

代 码 清 单　　　　　　　　　　　9-2

```
# -*- coding: utf-8 -*-
from math import sqrt, pi
from datetime import datetime
import sympy as sp

def α11(fcuk):                                                    ❶
    α1 = min(1.0-0.06*(fcuk-50)/3, 1.0)
    return α1

def work_method_two_way_slab(q,qline,l,b,μ):                      ❷
    m = sp.symbols('m', real=True)
    m1 = μ*m

    Ea = q*b*b/3+q*(l-b)*b/2
    Eb = qline*b/2+qline*(l-b)*1
    E = Ea+Eb
    Da = 3*m1*b/(b/2)
    Db = 3*m*l/(b/2)
    D = Da+Db
    Eq = E-D
    m = min(sp.solve(Eq, m))

    m1 = μ*m
    Da = 3*m1*b/(b/2)
    Db = 3*m*l/(b/2)
    D = Da+Db
```

```
        return E, D, m, m1

def material_strength(Concret,reinfbar):                                    ❸
    con = {'C20':9.6,'C25':11.9,'C30':14.3,'C35':16.7,'C40':19.1,
           'C45':21.1,'C50':23.1,'C55':25.3,'C60':27.5,'C65':29.7,
           'C70':31.8,'C75':33.8,'C80':35.9}
    fc = con.get(Concret)

    reinf = {'HPB300':235,'HRB400':360,'HRB500':435}
    fy = reinf.get(reinfbar)
    return fc, fy

def slab(γ,h,as1,α1,fc,fy,M):                                               ❹
    M = M*10**6
    h0 = h-as1
    b = 1000
    x = sp.symbols('x', real=True)
    Eq = γ*M-α1*fc*b*x*(h0-x/2)
    x = min(sp.solve(Eq, x))
    As = α1*fc*b*x/fy
    return h0, x, As

def bar_diameter(As,renfdis):                                               ❺
    num = 1000/renfdis
    d = sqrt(4*As/pi/num)
    renfd = [6,8,10,12,14,16,18,20,22,25,28,32,36,40,50]
    for v, dd in enumerate(renfd):
        if d > dd:
            xx = v
    d = renfd[xx]
    return d

def main():
    '''                      q,  qline,  l,    b,    µ  '''
    q, qline, l, b, µ = 20, 20,     9.0, 7.5, 0.5             ❻
    '''                              γ,  h,  as1,Concret,reinfbar, renfdis'''
    γ,h,as1,Concret,reinfbar,renfdis = 1.0, 250, 30, 'C40','HRB400', 200

    E, D, m, m1 =  work_method_two_way_slab(q,qline,l,b,µ)    ❼
    fcuk = int(Concret[1:])
    α1 = α11(fcuk)
    fc, fy = material_strength(Concret,reinfbar)

    print(' 计算结果 :')
    print(f' 荷载效应设计值          E = {E:<3.1f} kN·m/m')
    print(f' 几何抗力设计值          D = {D:<3.1f} kN·m/m')
    print(f' 正塑性铰线处的弯矩设计值   m = {m:<3.1f} kN·m/m')
    print(f' 负塑性铰线处的弯矩设计值   m1 = {m1:<3.1f} kN·m/m')
    print(f' 混凝土抗压强度设计值      fc = {fc:<3.1f} N/mm^2')
```

```
        print(f' 钢筋抗拉强度设计值              fy = {fy:<3.0f} N/mm^2')

    for M in [m, m1]:                                                   ⑧
        h0, x, As = slab(γ,h,as1,α1,fc,fy,M)
        d = bar_diameter(As,renfdis)
        print('-'*many)
        print(f' 混凝土有效高度            h0 = {h0:<3.0f} mm')
        print(f' 混凝土受压区高度           x = {x:<3.0f}mm')
        print(f' 单位宽度所需钢筋面积       As = {As:<3.0f} mm^2/m')
        print(f' 钢筋直径及间距            φ{d:<2.0f} @ {renfdis} mm')

    print('-'*many)
    dt = datetime.now()
    localtime = dt.strftime('%Y-%m-%d   %H:%M:%S ')
    print (" 本计算书生成时间 :", localtime)

    filename = ' 实用法计算双向板 .docx'
    with open(filename,'w',encoding = 'utf-8') as f:
        f.write(' 计算结果 :\n')
        f.write(f' 荷载效应设计值            E = {E:<3.1f} kN\n')
        f.write(f' 几何抗力设计值            D = {D:<3.1f} kN\n')
        f.write(f' 正塑性铰线处的弯矩设计值    m = {m:<3.1f} kN·m/m\n')
        f.write(f' 负塑性铰线处的弯矩设计值   m1 = {m1:<3.1f} kN·m/m\n')
        f.write(f' 混凝土抗压强度设计值       fc = {fc:<3.1f} N/mm^2\n')
        f.write(f' 钢筋抗拉强度设计值        fy = {fy:<3.0f} N/mm^2\n')
        f.write(f' 混凝土有效高度           h0 = {h0:<3.0f} mm\n')
        f.write(f' 混凝土受压区高度          x = {x:<3.0f} mm\n')
        f.write(f' 单位宽度所需钢筋面积      As = {As:<3.0f} mm^2/m\n')
        f.write(f' 钢筋直径及间距           φ{d:<2.0f} @ {renfdis} mm')
        f.write(f' 本计算书生成时间 : {localtime}')

if __name__ == "__main__":
    many = 50
    print('='*many)
    main()
    print('='*many)
```

9.2.3 输出结果

运行代码清单 9-2，可以得到输出结果 9-2。

输 出 结 果	9-2

```
计算结果 :
荷载效应设计值              E = 592.5 kN·m/m
几何抗力设计值              D = 592.5 kN·m/m
```

正塑性铰线处的弯矩设计值	m = 58.1 kNm/m
负塑性铰线处的弯矩设计值	m1 = 29.0 kNm/m
混凝土抗压强度设计值	fc = 19.1 N/mm^2
钢筋抗拉强度设计值	fy = 360 N/mm^2

混凝土有效高度	h0 = 220 mm
混凝土受压区高度	x = 14 mm
单位宽度所需钢筋面积	As = 758 mm^2/m
钢筋直径及间距	φ12 @ 200 mm

混凝土有效高度	h0 = 220 mm
混凝土受压区高度	x = 7 mm
单位宽度所需钢筋面积	As = 373 mm^2/m
钢筋直径及间距	φ8 @ 200 mm

9.3 公式法计算连续单向板

9.3.1 项目描述

本项目为四跨连续混凝土单向板布置及塑性铰划分模式，如图 9-4 所示。四跨连续混凝土单向板的跨度为 7.5m，板厚 250mm，采用 C30 混凝土，HRB400 级钢筋，混凝土保护层厚度为 20mm，均布面荷载设计值为 16.8kN/m²，经计算得到四跨连续混凝土板弯矩如图 9-5 所示。

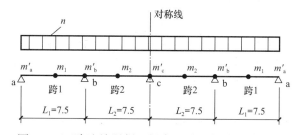

图 9-4　四跨连续混凝土板布置及塑性铰划分模式

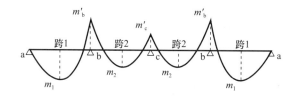

图 9-5　四跨连续混凝土板弯矩

9.3.2 项目代码

本计算程序为公式法计算连续单向板，代码清单 9-3 的 ❶ 为计算混凝土的调整系数的函数，❷为定义实用塑性铰线法计算双向板内力的函数，❸为定义材料强度的函数，❹为确定板配筋的函数，❺为确定钢筋直径的函数，❻为双向板的荷载与平面尺寸，❼为板的荷载分项系数，❽为由❷处定义函数确定内力，❾为输出板顶和板底的配筋。具体见代码清单 9-3。

代 码 清 单   9-3

```python
# -*- coding: utf-8 -*-
from math import sqrt, pi
from datetime import datetime
import sympy as sp

def α11(fcuk):                                                    ❶
    α1 = min(1.0-0.06*(fcuk-50)/3, 1.0)
    return α1

def work_method_two_way_slab(γslab,h,ga,qk,γG,γQ,L1,L2,ib,ic):    ❷
    h = h/1000
    gk = γslab*h+ga
    n = γG*gk+γQ*qk
    #--------------BAY1
    m1 = n*L1**2/(2*(1+sqrt(1+ib))**2)
    mb1 = ib*m1
    #--------------BAY2
    m2 = (n*L2**2-4*(mb1-mb1**2/(n*L2**2)))/(4*(1+0.5*ic+sqrt(1+ic)))
    mc1 = ic*m2
    return m1, mb1, m2, mc1

def material_strength(Concret,reinfbar):                          ❸
    con = {'C20':9.6,'C25':11.9,'C30':14.3,'C35':16.7,'C40':19.1,
           'C45':21.1,'C50':23.1,'C55':25.3,'C60':27.5,'C65':29.7,
           'C70':31.8,'C75':33.8,'C80':35.9}
    fc = con.get(Concret)

    reinf = {'HPB300':235,'HRB400':360,'HRB500':435}
    fy = reinf.get(reinfbar)
    return fc, fy

def slab(γ,h,as1,α1,fc,fy,M):                                     ❹
    M = M*10**6
    h0 = h-as1
    b = 1000
    x = sp.symbols('x', real=True)
    Eq = γ*M-α1*fc*b*x*(h0-x/2)
    x = min(sp.solve(Eq, x))
    As = α1*fc*b*x/fy
    return h0, x, As
```

```
def bar_diameter(As,renfdis):
    num = 1000/renfdis
    d = sqrt(4*As/pi/num)
    renfd = [6,8,10,12,14,16,18,20,22,25,28,32,36,40,50]
    for v, dd in enumerate(renfd):
        if d > dd:
            xx = v
    d = renfd[xx]
    return d

def main():
    '''                              γ,   h,  as1,Concret,reinfbar, renfdis'''
    γ,h,as1,Concret,reinfbar,renfdis = 1.0,250, 30,'C30','HRB400',200    ❻

    '''                              γslab, ga, qk, γG, γQ, L1,L2,ib,ic '''
    γslab,ga,qk,γG,γQ,L1,L2,ib,ic = 24,1.0,3.5,1.3,1.5,7.5,7.5,1,1    ❼

    fcuk = int(Concret[1:])
    α1 = α11(fcuk)
    fc, fy = material_strength(Concret,reinfbar)
    m1,mb1,m2,mc1= work_method_two_way_slab(γslab,h,ga,qk,γG,γQ,L1,L2,ib,
ic)                                                                   ❽

    print(' 计算结果 :')
    print(f' 负塑性铰线处的弯矩设计值       m1 = {m1:<3.1f} kNm/m')
    print(f' 负塑性铰线处的弯矩设计值       mb1 = {mb1:<3.1f} kNm/m')
    print(f' 负塑性铰线处的弯矩设计值       m2 = {m2:<3.1f} kNm/m')
    print(f' 负塑性铰线处的弯矩设计值       mc1 = {mc1:<3.1f} kNm/m')
    print(f' 混凝土抗压强度设计值          fc = {fc:<3.1f} N/mm^2')
    print(f' 钢筋抗拉强度设计值           fy = {fy:<3.0f} N/mm^2')

    for k,M in  enumerate([m1, mb1, m2, mc1]):                        ❾
        h0, x, As = slab(γ,h,as1,α1,fc,fy,M)
        d = bar_diameter(As,renfdis)
        print('-'*many)
        print(f' 第 {k+1:<2.0f} 边的计算结果 :')
        print(f' 混凝土有效高度            h0 = {h0:<3.0f} mm')
        print(f' 混凝土受压区高度           x = {x:<3.0f}mm')
        print(f' 单位宽度所需钢筋面积         As = {As:<3.0f} mm^2/m')
        print(f' 钢筋直径及间距            φ{d:<2.0f} @ {renfdis} mm')

    print('-'*many)
    dt = datetime.now()
    localtime = dt.strftime('%Y-%m-%d  %H:%M:%S ')
    print (" 本计算书生成时间 :", localtime)

    filename = ' 实用法计算双向板.docx'
    with open(filename,'w',encoding = 'utf-8') as f:
        f.write(' 计算结果 :\n')
```

```
            f.write(f' 混凝土抗压强度设计值        fc = {fc:<3.1f} N/mm^2\n')
            f.write(f' 钢筋抗拉强度设计值          fy = {fy:<3.0f} N/mm^2\n')
            f.write(f' 混凝土有效高度            h0 = {h0:<3.0f} mm\n')
            f.write(f' 混凝土受压区高度           x = {x:<3.0f} mm\n')
            f.write(f' 单位宽度所需钢筋面积        As = {As:<3.0f} mm^2/m\n')
            f.write(f' 本计算书生成时间 : {localtime}')

if __name__ == "__main__":
    many = 50
    print('='*many)
    main()
    print('='*many)
```

9.3.3 输出结果

运行代码清单 9-3，可以得到输出结果 9-3。

输 出 结 果   9–3

```
计算结果 :
负塑性铰线处的弯矩设计值      m1 = 69.2 kNm/m
负塑性铰线处的弯矩设计值      mb1 = 69.2 kNm/m
负塑性铰线处的弯矩设计值      m2 = 47.5 kNm/m
负塑性铰线处的弯矩设计值      mc1 = 47.5 kNm/m
混凝土抗压强度设计值        fc = 14.3 N/mm^2
钢筋抗拉强度设计值         fy = 360 N/mm^2
--------------------------------------------------
第 1 边的计算结果 :                                              ❶
混凝土有效高度          h0 = 220 mm
混凝土受压区高度          x = 23 mm
单位宽度所需钢筋面积       As = 923 mm^2/m
钢筋直径及间距          φ14 @ 200 mm
--------------------------------------------------
第 2 边的计算结果 :                                              ❷
混凝土有效高度          h0 = 220 mm
混凝土受压区高度          x = 23 mm
单位宽度所需钢筋面积       As = 923 mm^2/m
钢筋直径及间距          φ14 @ 200 mm
--------------------------------------------------
第 3 边的计算结果 :                                              ❸
混凝土有效高度          h0 = 220 mm
混凝土受压区高度          x = 16 mm
单位宽度所需钢筋面积       As = 622 mm^2/m
钢筋直径及间距          φ12 @ 200 mm
--------------------------------------------------
第 4 边的计算结果 :                                              ❹
```

混凝土有效高度	h0 = 220 mm
混凝土受压区高度	x = 16 mm
单位宽度所需钢筋面积	As = 622 mm^2/m
钢筋直径及间距	φ12 @ 200 mm

9.4　四边支承双向板

9.4.1　项目描述

采用实用塑性铰线法计算钢筋混凝土双向板，混凝土双向板平面布置及塑性铰划分模式如图 9-6 所示。

双向板为楼盖结构的角部板块，板块下边缘、左边缘下有可视作线支座的刚性梁，板块上边缘、右边缘为可视作简支线支座，采用双层双向不等直径等间距的配筋模式，即为正交异性钢筋混凝土板。

本项目的双向板的长为 9.0m，宽为 7.5m，板厚 250mm，采用 C30 混凝土，HRB400级钢筋，混凝土保护层厚度为 20mm，均布荷载设计值为 20kN/m²，x 向、y 向的塑性铰线 m 值相同。

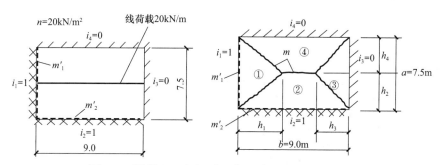

图 9-6　混凝土双向板平面布置及塑性铰划分模式

9.4.2　项目代码

本计算程序为计算四边支承双向板，代码清单 9-4 的 ❶ 为计算混凝土的调整系数的函数，❷ 为定义实用塑性铰线法计算双向板内力的函数，❸ 为定义检查双向板尺寸的函数，❹ 为定义板底反力函数，❺ 为定义材料强度的函数，❻ 为确定板配筋的函数，❼ 为确定钢筋直径的函数，❽～❾ 为以上函数赋初始值，❿ 为计算塑性铰线弯矩设计值。具体见代码清单 9-4。

代　码　清　单　　　　　　　　　　　9-4

```
# -*- coding: utf-8 -*-
```

```
from math import sqrt, pi
from datetime import datetime
import sympy as sp

def α11(fcuk):                                                        ❶
    α1 = min(1.0-0.06*(fcuk-50)/3, 1.0)
    return α1

def work_method_two_way_slab(l,b,n,α,β,i1,i2,i3,i4):                  ❷
    ar = 2*l /(sqrt(1+i2)+sqrt(1+i4))
    br = 2*b/(sqrt(1+i1)+sqrt(1+i3))
    n1 = n
    br1 = br
    m = n*ar*br/(8*(1+br/ar+ar/br))
    m11 = i1*m
    m21 = i2*m
    return m, m11, m21

def check_dim(m,n,a,i1,i2,i3,i4):                                     ❸
    ar = 2*a/(sqrt(1+i2)+sqrt(1+i4))
    h1 = sqrt(6*(1+i1)*m/n)
    h3 = sqrt(6*(1+i3)*m/n)
    h2 = ar/2*sqrt(1+i2)
    h4 = ar/2*sqrt(1+i4)
    return h1, h2, h3, h4

def reactions(m,n,l,b,i1,i2,i3,i4):                                   ❹
    ar = 2*l/(sqrt(1+i2)+sqrt(1+i4))
    br = 2*b/(sqrt(1+i1)+sqrt(1+i3))
    q1 = 4*m*(1/ar+1/br)*sqrt(1+i1)
    q2 = 4*m*(1/ar+1/br)*sqrt(1+i2)
    q3 = 4*m*(1/ar+1/br)*sqrt(1+i3)
    q4 = 4*m*(1/ar+1/br)*sqrt(1+i4)
    H12 = 2*m*sqrt(1+i1)*sqrt(1+i2)
    H23 = 2*m*sqrt(1+i2)*sqrt(1+i4)
    H34 = 2*m*sqrt(1+i3)*sqrt(1+i4)
    H41 = 2*m*sqrt(1+i1)*sqrt(1+i4)
    return q1, q2, q3, q4, H12, H23, H34, H41

def material_strength(Concret,reinfbar):                              ❺
    con = {'C20':9.6,'C25':11.9,'C30':14.3,'C35':16.7,'C40':19.1,
           'C45':21.1,'C50':23.1,'C55':25.3,'C60':27.5,'C65':29.7,
           'C70':31.8,'C75':33.8,'C80':35.9}
    fc = con.get(Concret)

    reinf = {'HPB300':235,'HRB400':360,'HRB500':435}
    fy = reinf.get(reinfbar)
    return fc, fy
```

```
def slab(γ,h,as1,α1,fc,fy,M):                                              ❻
    M = M*10**6
    h0 = h-as1
    b = 1000
    x = sp.symbols('x', real=True)
    Eq = γ*M-α1*fc*b*x*(h0-x/2)
    x = min(sp.solve(Eq, x))
    As = α1*fc*b*x/fy
    return h0, x, As

def bar_diameter(As,renfdis):                                             ❼
    num = 1000/renfdis
    d = sqrt(4*As/pi/num)
    renfd = [6,8,10,12,14,16,18,20,22,25,28,32,36,40,50]
    for v, dd in enumerate(renfd):
        if d > dd:
            xx = v
    d = renfd[xx]
    return d

def main():
    '''                                        i1,i2, 3,i4, l,  b, pa,pb, n '''
    i1, i2, i3, i4, l, b, pa, pb, n = 1, 1, 0, 0, 7.5, 9, 0, 0, 20        ❽
    '''                                    γ,h,as1,Concret,reinfbar, renfdis'''
    γ,h,as1,Concret,reinfbar,renfdis = 1.0,250,30,'C40','HRB400',200      ❾

    α, β = pa/(n*b), pb/(n*l)
    m, m11, m21 = work_method_two_way_slab(l,b,n,α,β,i1,i2,i3,i4)         ❿
    fcuk = int(Concret[1:])
    α1 = α11(fcuk)
    fc, fy = material_strength(Concret,reinfbar)

    print(f' 负塑性铰线处的弯矩设计值      m = {m:<3.1f} kN·m/m')
    print(f' 负塑性铰线处的弯矩设计值      m11 = {m11:<3.1f} kN·m/m')
    print(f' 负塑性铰线处的弯矩设计值      m21 = {m21:<3.1f} kN·m/m')
    print(f' 混凝土抗压强度设计值         fc = {fc:<3.1f} N/mm^2')
    print(f' 钢筋抗拉强度设计值          fy = {fy:<3.0f} N/mm^2')

    for  k,M in enumerate([m, m11, m21]):
        h0, x, As = slab(γ,h,as1,α1,fc,fy,M)
        d = bar_diameter(As,renfdis)
        print('-'*many)
        print(f' 第 {k+1:<2.0f} 边的计算结果 :')
        print(f' 混凝土有效高度            h0 = {h0:<3.0f} mm')
        print(f' 混凝土受压区高度          x = {x:<3.0f}mm')
        print(f' 单位宽度所需钢筋面积        As = {As:<3.0f} mm^2/m')
        print(f' 双层双向钢筋直径及间距       φ{d:<2.0f} @ {renfdis} mm')
```

```
print('-'*many)
q1, q2, q3, q4, H12, H23, H34, H41 = reactions(M,n,l,b,i1,i2,i3,i4)
h1, h2, h3, h4 = check_dim(m,n,l,i1,i2,i3,i4)

if h1+h3 <= b:
    print(f'{h1:<3.2f}m + {h3:<3.2f}m <= {b:<3.2f}m, 通过尺寸检验。')
else:
    print(f'{h1:<3.2f}m + {h3:<3.2f}m > {b:<3.2f}m, 不能通过尺寸检验。')
if h2+h4 <= l:
    print(f'{h2:<3.2f}m + {h4:<3.2f}m <= {l:<3.2f}m, 通过尺寸检验。')
else:
    print(f'{h2:<3.2f}m + {h3:<3.2f}m > {b:<3.2f}m, 不能通过尺寸检验。')

print('-'*many)
print(f' 板角的反力                    H12 = {H12:<3.1f} kN')
print(f' 板角的反力                    H23 = {H23:<3.1f} kN')
print(f' 板角的反力                    H34 = {H34:<3.1f} kN')
print(f' 板角的反力                    H41 = {H41:<3.1f} kN')

print('-'*many)
dt = datetime.now()
localtime = dt.strftime('%Y-%m-%d  %H:%M:%S ')
print (" 本计算书生成时间 :", localtime)

filename = ' 实用法计算双向板 .docx'
with open(filename,'w',encoding = 'utf-8') as f:
    f.write(' 计算结果 :\n')
    f.write(f' 正塑性铰线处的弯矩设计值      m = {m:<3.1f} kN·m/m\n')
    f.write(f' 混凝土抗压强度设计值         fc = {fc:<3.1f} N/mm^2\n')
    f.write(f' 钢筋抗拉强度设计值          fy = {fy:<3.0f} N/mm^2\n')
    f.write(f' 混凝土有效高度            h0 = {h0:<3.0f} mm\n')
    f.write(f' 混凝土受压区高度           x = {x:<3.0f} mm\n')
    f.write(f' 单位宽度所需钢筋面积        As = {As:<3.0f} mm^2/m\n')
    f.write(f' 本计算书生成时间 : {localtime}')

if __name__ == "__main__":
    many = 50
    print('='*many)
    main()
    print('='*many)
```

9.4.3 输出结果

运行代码清单 9-4，可以得到输出结果 9-4。

```
正塑性铰线处的弯矩设计值        m = 38.2 kN·m/m
负塑性铰线处的弯矩设计值        m11 = 38.2 kN·m/m
负塑性铰线处的弯矩设计值        m21 = 38.2 kN·m/m
混凝土抗压强度设计值           fc = 19.1 N/mm^2
钢筋抗拉强度设计值             fy = 360 N/mm^2
-------------------------------------------------
第 1 边的计算结果：
混凝土有效高度               h0 = 220 mm
混凝土受压区高度              x = 9  mm
单位宽度所需钢筋面积           As = 492 mm^2/m
双层双向钢筋直径及间距          φ10 @ 200 mm
-------------------------------------------------
第 2 边的计算结果：
混凝土有效高度               h0 = 220 mm
混凝土受压区高度              x = 9  mm
单位宽度所需钢筋面积           As = 492 mm^2/m
双层双向钢筋直径及间距          φ10 @ 200 mm
-------------------------------------------------
第 3 边的计算结果：
混凝土有效高度               h0 = 220 mm
混凝土受压区高度              x = 9  mm
单位宽度所需钢筋面积           As = 492 mm^2/m
双层双向钢筋直径及间距          φ10 @ 200 mm
-------------------------------------------------
4.79m + 3.38m <= 9.00m, 通过尺寸检验。
4.39m + 3.11m <= 7.50m, 通过尺寸检验。
-------------------------------------------------
板角的反力                  H12 = 152.7 kN
板角的反力                  H23 = 108.0 kN
板角的反力                  H34 = 76.4 kN
板角的反力                  H41 = 108.0 kN
```

9.5 无梁楼盖

9.5.1 项目描述

采用实用塑性铰线法计算钢筋混凝土无梁楼盖，混凝土双向板平面布置及塑性铰划分模式如图 9-7 所示；无梁楼盖柱顶塑性铰线破坏模式如图 9-8～图 9-11 所示。双向板为楼盖结构的角部板块，板块边缘下有可视作线支座的刚性梁，采用双层双向等直径等间距的配筋模式，即为正交同性钢筋混凝土板。

本项目的双向板的长为 7.5m，宽为 7.5m，板厚 250mm，采用 C30 混凝土，HRB400 级钢筋，混凝土保护层厚度为 20mm，均布荷载设计值为 20kN/m²，经计算无梁楼盖布筋如图 9-12 所示。

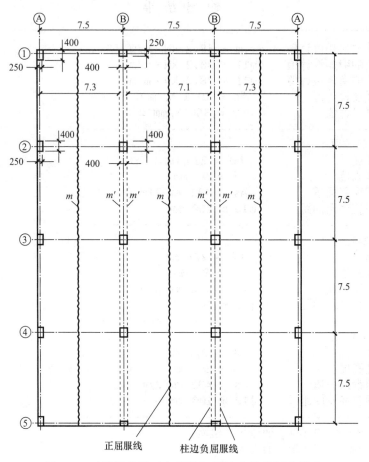

图 9-7　无梁楼盖平面布置及塑性铰直线状划分模式

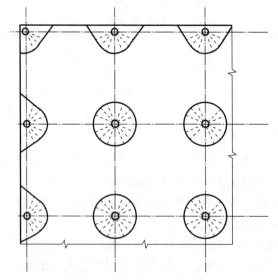

图 9-8　无梁楼盖柱顶伞状塑性铰线破坏模式（1）

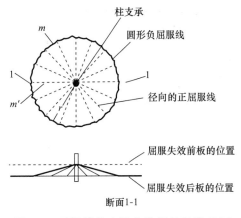

图 9-9 无梁楼盖中柱伞状塑性铰线破坏
模式（2）

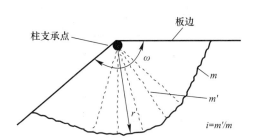

图 9-10 无梁楼盖角柱伞状塑性铰线破坏
模式（3）

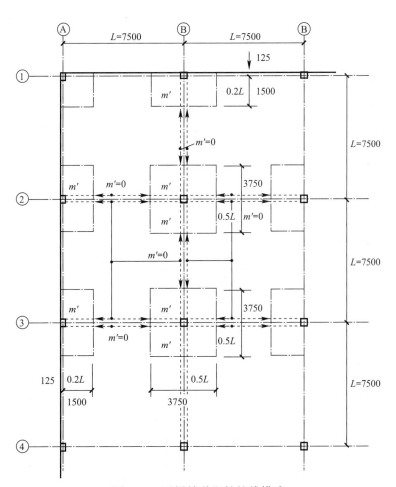

图 9-11 无梁楼盖塑性铰线模式

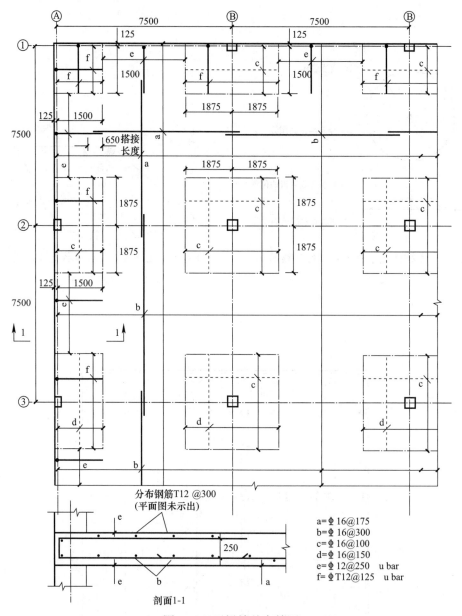

图 9-12　无梁楼盖布筋图

9.5.2　项目代码

本计算程序为塑性铰线法计算无梁楼盖，代码清单 9-5 的❶为计算混凝土的调整系数的函数，❷为定义实用塑性铰线法计算边板内力的函数，❸为定义实用塑性铰线法计算内板内力的函数，❹为定义局部破坏模式的函数，❺为定义实用塑性铰线法计算角柱内力的函数，❻为定义实用塑性铰线法计算中柱内力的函数，❼为定义材料强度的函数，❽为确定板配筋的函数，❾为确定钢筋直径的函数，❿～⓫为各个函数赋值，⓬为端部弯矩计算，⓭为板的配筋计算，⓮为内跨板的配筋计算，⓯为边跨板的配筋计算，⓰为角柱板的计算，⓱为边柱板的计算。具体见代码清单 9-5。

214

代 码 清 单

9-5

```
# -*- coding: utf-8 -*-
from math import sqrt, pi
from datetime import datetime
import sympy as sp

def α11(fcuk):                                                    ❶
    α1 = min(1.0-0.06*(fcuk-50)/3, 1.0)
    return α1

def end_bay(n,L,i2):                                              ❷
    m = n*L**2/(2*(1+sqrt(1+i2))**2)
    m1 = i2*m
    return m, m1

def internal_bay(n,L,i1,i2):                                      ❸
    i1 = i2 = 1
    m = n*L**2/(2*(sqrt(1+i1)+sqrt(1+i2))**2)
    return m

def check_local_failure(n,hc,bc):                                 ❹
    s = ((0.55*7.5)+3.75)**2*14.7
    A = hc*bc
    m = 910*0.95*0.214*0.435
    m1 = s*(1-(n*A/s)**(1/3))/(2*pi)-m
    return m, m1

def corner_columms(n,ω,hc,bc):                                    ❺
    m = sp.symbols('m', real=True)
    m1 = m
    s = 3.5*3.5*14.7
    A = hc*bc
    Eq = ω*m+(2+ω-pi)*m1-s*(1-(n*A/s)**(1/3))
    m = min(sp.solve(Eq, m))
    m1 = m
    return m1, m

def edge_columms(n,ω,hc,bc):                                      ❻
    m = sp.symbols('m', real=True)
    m1 = m
    s = 3.5*7.875*14.7
    A = 0.25*0.4
    Eq = ω*m+(2+ω-pi)*m1-s*(1-(n*A/s)**(1/3))
    m = min(sp.solve(Eq, m))
    m1 = m
    return m1, m

def material_strength(Concret,reinfbar):                          ❼
    con = {'C20':9.6,'C25':11.9,'C30':14.3,'C35':16.7,'C40':19.1,
```

```
                   'C45':21.1,'C50':23.1,'C55':25.3,'C60':27.5,'C65':29.7,
                   'C70':31.8,'C75':33.8,'C80':35.9}
        fc = con.get(Concret)

        reinf = {'HPB300':235,'HRB400':360,'HRB500':435}
        fy = reinf.get(reinfbar)
        return fc, fy

def slab(γ,h,as1,α1,fc,fy,M):
    M = M*10**6
    h0 = h-as1
    b = 1000
    x = sp.symbols('x', real=True)
    Eq = γ*M-α1*fc*b*x*(h0-x/2)
    x = min(sp.solve(Eq, x))
    As = α1*fc*b*x/fy
    return h0, x, As

def bar_diameter(As,renfdis):
    num = 1000/renfdis
    d = sqrt(4*As/pi/num)
    renfd = [6,8,10,12,14,16,18,20,22,25,28,32,36,40,50]
    for v, dd in enumerate(renfd):
        if d > dd:
            xx = v
    d = renfd[xx]
    return d


def main():
    '''                  L,    i1, i2,  n '''
    L, i1, i2,  n = 7.5,  1,   1,   20
    hc,bc = 0.4, 0.4
    ω = pi/2
    '''                                  γ,h,as1,Concret,reinfbar, renfdis'''
    γ,h,as1,Concret,reinfbar,renfdis = 1.0, 250, 30, 'C40','HRB400', 200

    fcuk = int(Concret[1:])
    α1 = α11(fcuk)
    fc, fy = material_strength(Concret,reinfbar)

    m, m1 = end_bay(n,L,i2)
    print(" 检查混凝土板局部破坏 :")
    print(f' 正塑性铰线处的弯矩设计值       m = {m:<3.3f} kN·m/m')
    print(f' 负塑性铰线处的弯矩设计值       m1 = {m1:<3.3f} kN·m/m')

    for  k,M in enumerate([m, m1]):
        h0, x, As = slab(γ,h,as1,α1,fc,fy,M)
        d = bar_diameter(As,renfdis)
```

⑧ ⑨ ⑩ ⑪ ⑫ ⑬

```
            print('-'*many)
            print(f' 第 {k+1:<2.0f} 边的计算结果 :')
            print(f' 混凝土有效高度            h0 = {h0:<3.0f} mm')
            print(f' 混凝土受压区高度          x = {x:<3.0f}mm')
            print(f' 单位宽度所需钢筋面积      As = {As:<3.0f} mm^2/m')
            print(f' 双层双向钢筋直径及间距    φ{d:<2.0f} @ {renfdis} mm')

print('='*many)
m = internal_bay(n,L,i1,i2)                                              ⑭
print(" 检查混凝土板局部破坏 :")
print(f' 正塑性铰线处的弯矩设计值      m = {m:<3.3f} kNm/m')
# for  k,M in enumerate([m, m1]):
h0, x, As = slab(γ,h,as1,α1,fc,fy,m)
d = bar_diameter(As,renfdis)
print('-'*many)
print(f' 混凝土有效高度            h0 = {h0:<3.0f} mm')
print(f' 混凝土受压区高度          x = {x:<3.0f}mm')
print(f' 单位宽度所需钢筋面积      As = {As:<3.0f} mm^2/m')
print(f' 双层双向钢筋直径及间距    φ{d:<2.0f} @ {renfdis} mm')

print('='*many)
m, m1 = check_local_failure(n,hc,bc)                                    ⑮
print(" 检查混凝土板局部破坏 :")
print(f' 正塑性铰线处的弯矩设计值      m = {m:<3.3f} kN·m/m')
print(f' 负塑性铰线处的弯矩设计值      m1 = {m1:<3.3f} kN·m/m')
for  k,M in enumerate([m, m1]):
    h0, x, As = slab(γ,h,as1,α1,fc,fy,M)
    d = bar_diameter(As,renfdis)
    print('-'*many)
    print(f' 第 {k+1:<2.0f} 边的计算结果 :')
        print(f' 混凝土有效高度            h0 = {h0:<3.0f} mm')
        print(f' 混凝土受压区高度          x = {x:<3.0f}mm')
        print(f' 单位宽度所需钢筋面积      As = {As:<3.0f} mm^2/m')
        print(f' 双层双向钢筋直径及间距    φ{d:<2.0f} @ {renfdis} mm')

print('='*many)
m1, m = corner_columms(n,ω,hc,bc)                                       ⑯
print(" 角柱板块配筋 :")
print(f' 正塑性铰线处的弯矩设计值      m = {m:<3.3f} kN·m/m')
print(f' 负塑性铰线处的弯矩设计值      m1 = {m1:<3.3f} kN·m/m')
for  k,M in enumerate([m, m1]):
    h0, x, As = slab(γ,h,as1,α1,fc,fy,M)
    d = bar_diameter(As,renfdis)
    print('-'*many)
    print(f' 第 {k+1:<2.0f} 边的计算结果 :')
        print(f' 混凝土有效高度            h0 = {h0:<3.0f} mm')
        print(f' 混凝土受压区高度          x = {x:<3.0f}mm')
        print(f' 单位宽度所需钢筋面积      As = {As:<3.0f} mm^2/m')
        print(f' 双层双向钢筋直径及间距    φ{d:<2.0f} @ {renfdis} mm')
```

```
print('='*many)
ω = pi
m1, m = edge_columms(n,ω,hc,bc)
print(" 边柱板块配筋 :")
print(f' 正塑性铰线处的弯矩设计值       m = {m:<3.3f} kNm/m')
print(f' 负塑性铰线处的弯矩设计值       m1 = {m1:<3.3f} kNm/m')
for  k,M in enumerate([m, m1]):
    h0, x, As = slab(γ,h,as1,α1,fc,fy,M)
    d = bar_diameter(As,renfdis)
    print('-'*many)
    print(f' 第 {k+1:<2.0f} 边的计算结果 :')
    print(f' 混凝土有效高度             h0 = {h0:<3.0f} mm')
    print(f' 混凝土受压区高度            x = {x:<3.0f}mm')
    print(f' 单位宽度所需钢筋面积         As = {As:<3.0f} mm^2/m')
    print(f' 双层双向钢筋直径及间距        φ{d:<2.0f} @ {renfdis} mm')

print('-'*many)
dt = datetime.now()
localtime = dt.strftime('%Y-%m-%d   %H:%M:%S ')
print (" 本计算书生成时间 :", localtime)

filename = ' 平板楼盖计算 .docx'
with open(filename,'w',encoding = 'utf-8') as f:
    f.write(' 计算结果 :\n')

    f.write(f' 本计算书生成时间 : {localtime}')

if __name__ == "__main__":
    many = 50
    print('='*many)
    main()
    print('='*many)
```

9.5.3 输出结果

运行代码清单 9-5，可以得到输出结果 9-5。

输 出 结 果　　　　　　　　　　　　　　　　9-5

```
检查混凝土板局部破坏 :
正塑性铰线处的弯矩设计值      m = 96.510 kN·m/m
负塑性铰线处的弯矩设计值      m1 = 96.510 kN·m/m
-------------------------------------------------
第 1 边的计算结果 :
混凝土有效高度            h0 = 220 mm
```

混凝土受压区高度 　　　　　　　x = 24 mm
单位宽度所需钢筋面积 　　　　　As = 1290 mm^2/m
双层双向钢筋直径及间距 　　　　φ18 @ 200 mm

- -

第 2 边的计算结果：
混凝土有效高度 　　　　　　　　h0 = 220 mm
混凝土受压区高度 　　　　　　　x = 24 mm
单位宽度所需钢筋面积 　　　　　As = 1290 mm^2/m
双层双向钢筋直径及间距 　　　　φ18 @ 200 mm

==

检查混凝土板局部破坏：
正塑性铰线处的弯矩设计值 　　　m = 70.312 kN·m/m

- -

混凝土有效高度 　　　　　　　　h0 = 220 mm
混凝土受压区高度 　　　　　　　x = 17 mm
单位宽度所需钢筋面积 　　　　　As = 924 mm^2/m
双层双向钢筋直径及间距 　　　　φ14 @ 200 mm

==

检查混凝土板局部破坏：
正塑性铰线处的弯矩设计值 　　　m = 80.476 kN·m/m
负塑性铰线处的弯矩设计值 　　　m1 = 42.564 kN·m/m

- -

第 1 边的计算结果：
混凝土有效高度 　　　　　　　　h0 = 220 mm
混凝土受压区高度 　　　　　　　x = 20 mm
单位宽度所需钢筋面积 　　　　　As = 1065 mm^2/m
双层双向钢筋直径及间距 　　　　φ16 @ 200 mm

- -

第 2 边的计算结果：
混凝土有效高度 　　　　　　　　h0 = 220 mm
混凝土受压区高度 　　　　　　　x = 10 mm
单位宽度所需钢筋面积 　　　　　As = 550 mm^2/m
双层双向钢筋直径及间距 　　　　φ10 @ 200 mm

==

角柱板块配筋：
正塑性铰线处的弯矩设计值 　　　m = 66.542 kN·m/m
负塑性铰线处的弯矩设计值 　　　m1 = 66.542 kN·m/m

- -

第 1 边的计算结果：
混凝土有效高度 　　　　　　　　h0 = 220 mm
混凝土受压区高度 　　　　　　　x = 16 mm
单位宽度所需钢筋面积 　　　　　As = 873 mm^2/m
双层双向钢筋直径及间距 　　　　φ14 @ 200 mm

- -

第 2 边的计算结果：
混凝土有效高度 　　　　　　　　h0 = 220 mm
混凝土受压区高度 　　　　　　　x = 16 mm
单位宽度所需钢筋面积 　　　　　As = 873 mm^2/m
双层双向钢筋直径及间距 　　　　φ14 @ 200 mm

```
===================================================
边柱板块配筋：
正塑性铰线处的弯矩设计值     m  = 65.385 kNm/m
负塑性铰线处的弯矩设计值     m1 = 65.385 kNm/m
---------------------------------------------------
第 1 边的计算结果：
混凝土有效高度               h0 = 220 mm
混凝土受压区高度              x  = 16 mm
单位宽度所需钢筋面积          As = 857 mm^2/m
双层双向钢筋直径及间距        φ14 @ 200 mm
---------------------------------------------------
第 2 边的计算结果：
混凝土有效高度               h0 = 220 mm
混凝土受压区高度              x  = 16 mm
单位宽度所需钢筋面积          As = 857 mm^2/m
双层双向钢筋直径及间距        φ14 @ 200 mm
```

9.6 实用法计算带孔洞双向板

9.6.1 项目描述

采用实用塑性铰线法计算带孔洞的混凝土板，混凝土双向板平面布置及塑性铰划分模式如图 9-13 所示。双向板为楼盖结构的角部板块，板块边缘下有可视作线支座的刚性梁。

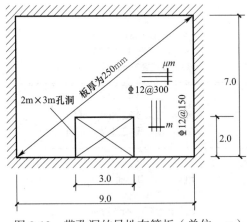

图 9-13 带孔洞的异性布筋板（单位：m）

本项目的双向板的长为 9.0m，宽为 7.0m，板厚 250mm，采用 C30 混凝土，HRB400 级钢筋，混凝土保护层厚度为 20mm，均布荷载设计值为 20kN/m^2，x 向的塑性铰线为 m，y 向的塑性铰线为 μm=0.5m。

带孔洞的混凝土板塑性铰线破坏模式如图 9-14、图 9-15 所示。

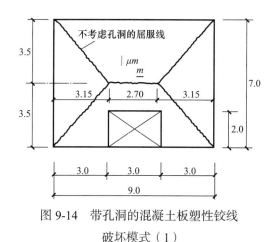

图 9-14 带孔洞的混凝土板塑性铰线
破坏模式（1）

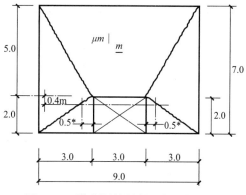

图 9-15 带孔洞的混凝土板塑性铰线
破坏模式（2）

9.6.2 项目代码

本计算程序为实用塑性铰线法计算带孔洞双向板，代码清单 9-6 的❶为计算混凝土的调整系数的函数，❷为定义材料强度的函数，❸为定义带孔洞的混凝土板塑性铰线破坏模式（1），❹为定义带孔洞的混凝土板塑性铰线破坏模式（2），❺～❻为以上函数赋初始值，❼为不考虑孔洞模式的计算，❽为考虑孔洞模式的计算。具体见代码清单 9-6。

代 码 清 单   9-6

```python
# -*- coding: utf-8 -*-
from math import pi
from datetime import datetime
import sympy as sp

def α11(fcuk):                                              ❶
    α1 = min(1.0-0.06*(fcuk-50)/3, 1.0)
    return α1

def material_strength(Concret,reinfbar):                   ❷
    con = {'C20':9.6,'C25':11.9,'C30':14.3,'C35':16.7,'C40':19.1,
           'C45':21.1,'C50':23.1,'C55':25.3,'C60':27.5,'C65':29.7,
           'C70':31.8,'C75':33.8,'C80':35.9}
    fc = con.get(Concret)

    reinf = {'HPB300':235,'HRB400':360,'HRB500':435}
    fy = reinf.get(reinfbar)
    return fc, fy

def hole_two_way_pattern_1(h,as1,L1,L2,α1,fc,fy,As1,γG,γQ,gk):  ❸
    h0 = h-as1
    As2 = As1/2
    b = 1000
```

```
        x1 = fy*As1/(α1*fc*b)
        m = α1*fc*b*x1*(h0-x1/2)/10**6
        x2 = fy*As2/(α1*fc*b)
        μm = α1*fc*b*x2*(h0-x2/2)/10**6

        n = sp.symbols('n', real=True)
        E = n*6.3*L2/3 + n*(L1-6.3)*L2/2
        D = 2*L1/(L2/2)*m + 2*L2/(6.3/2)*μm
        Eq = E-D
        n = min(sp.solve(Eq, n))/1.1
        p = (n-γG*gk)/γQ
        return m, μm, n, p

    def hole_two_way_pattern_2(h,as1,L1,L2,α1,fc,fy,As1,γG,γQ,gk):
        h0 = h-as1
        As2 = As1/2
        b = 1000

        x1 = fy*As1/(α1*fc*b)
        m = α1*fc*b*x1*(h0-x1/2)/10**6
        x2 = fy*As2/(α1*fc*b)
        μm = α1*fc*b*x2*(h0-x2/2)/10**6

        n = sp.symbols('n', real=True)
        E = n*(L1-3)*L2/3+n*3*L2/2
        D = 4.2*m+4.4*μm
        Eq = E-D
        n = min(sp.solve(Eq, n))/1.1
        p = (n-γG*gk)/γQ
        return m, μm, n, p

    def main():
        '''                                          h,as1,Conc,reinfbar,renfdis'''
        h,as1,Conc,reinfbar,renfdis,renf_d = 250, 30, 'C40','HRB400',150,12
        '''                      γG,   γQ,   gk,   L1,   L2 '''
        γG, γQ, gk, L1, L2 = 1.3, 1.5, 7.5, 9.0, 7.0

        As1 = (1000/renfdis)*(renf_d**2*pi/4)
        fcuk = int(Concret[1:])
        α1 = α11(fcuk)

        fc, fy = material_strength(Conc,reinfbar)
        print(' 计算结果 :')
        print(f' 混凝土抗压强度设计值          fc = {fc:<3.1f} N/mm^2')
        print(f' 钢筋抗拉强度设计值            fy = {fy:<3.0f} N/mm^2')

        hole_two_way_pattern_1(h,as1,L1,L2,α1,fc,fy,As1,γG,γQ,gk)
        m, μm, n, p =results
```

❹

❺

❻

❼

```
print('-'*many)
print(' 不考虑孔洞模式的计算结果 :')
print(f' 正塑性铰线处的弯矩设计值      m = {m:<3.1f} kN·m/m')
print(f' 负塑性铰线处的弯矩设计值     μm = {μm:<3.1f} kN·m/m')
print(f' 正塑性铰线处的弯矩设计值      n = {n:<3.1f} kN/m^2')
print(f' 板面可变荷载标准值          p = {p:<3.1f} kN/m^2')

m, μm, n, p = hole_two_way_pattern_2(h,as1,L1,L2,α1,fc,fy,As1,γG,γQ,gk)
print('-'*many)
print(' 考虑孔洞模式的计算结果 :')
print(f' 正塑性铰线处的弯矩设计值      m = {m:<3.1f} kN·m/m')
print(f' 负塑性铰线处的弯矩设计值     μm = {μm:<3.1f} kN·m/m')
print(f' 正塑性铰线处的弯矩设计值      n = {n:<3.1f} kN/m^2')
print(f' 板面可变荷载标准值          p = {p:<3.1f} kN/m^2')

print('-'*many)
dt = datetime.now()
localtime = dt.strftime('%Y-%m-%d  %H:%M:%S ')
print (" 本计算书生成时间 :", localtime)

filename = ' 实用法计算带空洞的双向板 .docx'
with open(filename,'w',encoding = 'utf-8') as f:
    f.write(' 计算结果 :\n')

    f.write(f' 本计算书生成时间 : {localtime}')

if __name__ == "__main__":
    many = 50
    print('='*many)
    main()
    print('='*many)
```
⑧

9.6.3 输出结果

运行代码清单 9-6，可以得到输出结果 9-6。

输 出 结 果 9-6

```
计算结果 :
混凝土抗压强度设计值       fc = 19.1 N/mm^2
钢筋抗拉强度设计值        fy = 360 N/mm^2
--------------------------------------------------
不考虑孔洞模式的计算结果 :
正塑性铰线处的弯矩设计值    m = 57.8 kN·m/m
负塑性铰线处的弯矩设计值   μm = 29.4 kN·m/m
正塑性铰线处的弯矩设计值    n = 16.1 kN/m^2
```

板面可变荷载标准值	p = 4.2 kN/m^2

考孔洞模式的计算结果：

正塑性铰线处的弯矩设计值	m = 57.8 kN·m/m
负塑性铰线处的弯矩设计值	μm = 29.4 kN·m/m
正塑性铰线处的弯矩设计值	n = 13.8 kN/m^2
板面可变荷载标准值	p = 2.7 kN/m^2

9.7 条带法计算混凝土板

9.7.1 项目描述

本项目采用条带法的第三种模式，如图 9-16 所示。荷载由最接近支座分担，在对角线附近，荷载被分为两个方向各分担一半。采用 C30 混凝土，HRB400 级钢筋。

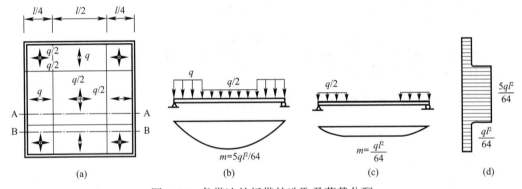

图 9-16 条带法的板带的选取及荷载分配

（a）荷载分配；（b）A-A 板带荷载及弯矩分布；（c）B-B 板带荷载及弯矩分布；（d）板跨中弯矩

9.7.2 项目代码

本计算程序为条带法计算混凝土板，代码清单 9-7 的❶为计算混凝土的调整系数的函数，❷为定义 x 向跨中板带函数，❸为定义 x 向柱上板带函数，❹为定义 y 向跨中板带函数，❺为定义 x 向柱上板带函数，❻为定义材料强度的函数，❼为确定板配筋的函数，❽为确定钢筋直径的函数，❾～❿为以上函数赋初始值，⓫为计算 x 向跨中板带弯矩值，⓬为计算 x 向柱上板带弯矩值，⓭为计算 y 向跨中板带弯矩值，⓮为计算 y 向柱上板带弯矩值，⓯为算 x 向跨中板带板顶和板底的配筋，⓰为算 x 向柱上板带板顶和板底的配筋，⓱为算 y 向跨中板带板顶和板底的配筋，⓲为计算 y 向柱上板带板顶和板底的配筋。具体见代码清单 9-7。

代 码 清 单   9-7

```
# -*- coding: utf-8 -*-
from math import sqrt, pi
from datetime import datetime
import sympy as sp

def α11(fcuk):                                                    ❶
    α1 = min(1.0-0.06*(fcuk-50)/3, 1.0)
    return α1

def x_midspan_bending_moment(w,b):                               ❷
    mx = w*b**2/32
    mxs = mx*(2/3)
    mxf = mx*(1/3)
    return mx, mxs, mxf

def x_bending_moment_on_column(w,b):                             ❸
    mx = w*b**2/64
    mxs = mx*(2/3)
    mxf = mx*(1/3)
    return mx, mxs, mxf

def y_midspan_bending_moment(w,b):                              ❹
    my = w*b**2/32
    mys = my*(2/3)
    myf = my*(1/3)
    return my, mys, myf

def y_bending_moment_on_column(w,b):                            ❺
    my = w*b**2/32
    mys = my*(2/3)
    myf = my*(1/3)
    return my, mys, myf

def material_strength(Concret,reinfbar):                        ❻
    con = {'C20':9.6,'C25':11.9,'C30':14.3,'C35':16.7,'C40':19.1,
           'C45':21.1,'C50':23.1,'C55':25.3,'C60':27.5,'C65':29.7,
           'C70':31.8,'C75':33.8,'C80':35.9}
    fc = con.get(Concret)

    reinf = {'HPB300':235,'HRB400':360,'HRB500':435}
    fy = reinf.get(reinfbar)
    return fc, fy

def slab(γ,h,as1,α1,fc,fy,M):                                   ❼
    M = M*10**6
    h0 = h-as1
    b = 1000
    x = sp.symbols('x', real=True)
```

```
        Eq = γ*M-α1*fc*b*x*(h0-x/2)
        x = min(sp.solve(Eq, x))
        As = max(α1*fc*b*x/fy, 0.15*b*h/100)
        return h0, x, As

def bar_diameter(As,renfdis):                                           ⑧
    num = 1000/renfdis
    d = sqrt(4*As/pi/num)
    renfd = [2,3,4,6,8,10,12,14,16,18,20,22,25,28,32,36,40,50]
    for v, dd in enumerate(renfd):
        if d > dd:
            xx = v
    d = renfd[xx]
    return d

def main():
    '''                              γ,h,as1,Concret,reinfbar, renfdis'''
    γ,h,as1,Concret,reinfbar,renfdis = 1.0, 110, 30, 'C30','HRB400', 250  ⑨

    γG, γQ, gk, qk = 1.3, 1.5, 8.5, 5.0
    L1, L2  = 9.0, 7.5                                                    ⑩
    b = min(L1, L2)/4
    w = γG*gk*γQ*qk
    fcuk = int(Concret[1:])
    α1 = α11(fcuk)
    fc, fy = material_strength(Concret,reinfbar)

    mx, mxs, mxf = x_midspan_bending_moment(w,b)                         ⑪
    mxz, mxsz, mxfz = x_midspan_bending_moment(w,b)                      ⑫
    my, mys, myf = y_midspan_bending_moment(w,b)                         ⑬
    myz, mysz, myfz = y_midspan_bending_moment(w,b)                      ⑭

    for k,M in enumerate([mx, mxs, mxf]):                               ⑮
        h0, x, As = slab(γ,h,as1,α1,fc,fy,M)
        d = bar_diameter(As,renfdis)
        print('-'*many)
        print(f'x 向中间板带计算结果 {k+1:<2.0f}:')
        print(f' 混凝土有效高度              h0 = {h0:<3.0f} mm')
        print(f' 混凝土受压区高度             x = {x:<3.0f}mm')
        print(f' 单位宽度所需钢筋面积         As = {As:<3.0f} mm^2/m')
        print(f' 钢筋直径及间距          ϕ{d:<2.0f} @ {renfdis} mm')

    for k,M in enumerate([mxz, mxsz, mxfz]):                            ⑯
        h0, x, As = slab(γ,h,as1,α1,fc,fy,M)
        d = bar_diameter(As,renfdis)
        print('-'*many)
        print(f'x 向柱上板带计算结果 {k+1:<2.0f}:')
        print(f' 混凝土有效高度              h0 = {h0:<3.0f} mm')
        print(f' 混凝土受压区高度             x = {x:<3.0f}mm')
```

```
        print(f' 单位宽度所需钢筋面积              As = {As:<3.0f} mm^2/m')
        print(f' 钢筋直径及间距                φ{d:<2.0f} @ {renfdis} mm')

    for k,M in enumerate([my, mys, myf]):                           ⑰
        h0, x, As = slab(γ,h,as1,α1,fc,fy,M)
        d = bar_diameter(As,renfdis)
        print('-'*many)
        print(f'y 向中间板带计算结果 {k+1:<2.0f}:')
        print(f' 混凝土有效高度               h0 = {h0:<3.0f} mm')
        print(f' 混凝土受压区高度              x = {x:<3.0f}mm')
        print(f' 单位宽度所需钢筋面积              As = {As:<3.0f} mm^2/m')
        print(f' 钢筋直径及间距                φ{d:<2.0f} @ {renfdis} mm')

    for k,M in enumerate([myz, mysz, myfz]):                        ⑱
        h0, x, As = slab(γ,h,as1,α1,fc,fy,M)
        d = bar_diameter(As,renfdis)
        print('-'*many)
        print(f'y 向柱上板带计算结果 {k+1:<2.0f}:')
        print(f' 混凝土有效高度               h0 = {h0:<3.0f} mm')
        print(f' 混凝土受压区高度              x = {x:<3.0f}mm')
        print(f' 单位宽度所需钢筋面积              As = {As:<3.0f} mm^2/m')
        print(f' 钢筋直径及间距                φ{d:<2.0f} @ {renfdis} mm')

    print('-'*many)
    dt = datetime.now()
    localtime = dt.strftime('%Y-%m-%d  %H:%M:%S ')
    print (" 本计算书生成时间 :", localtime)

    filename = ' 实用法计算带空洞的双向板 .docx'
    with open(filename,'w',encoding = 'utf-8') as f:
        f.write(' 计算结果 :\n')
        f.write(f' 本计算书生成时间 : {localtime}')

if __name__ == "__main__":
    many = 50
    print('='*many)
    main()
    print('='*many)
```

9.7.3　输出结果

运行代码清单 9-7，可以得到输出结果 9-7。

输 出 结 果　　　　　　　　9–7

x 向中间板带计算结果 1 :

227

混凝土有效高度　　　　　　　h0 = 80　mm
混凝土受压区高度　　　　　　　x = 8　mm
单位宽度所需钢筋面积　　　　As = 334　mm^2/m
钢筋直径及间距　　　　　　φ10 @ 250　mm

----

x 向中间板带计算结果　2 ：
混凝土有效高度　　　　　　　h0 = 80　mm
混凝土受压区高度　　　　　　　x = 5　mm
单位宽度所需钢筋面积　　　　As = 218　mm^2/m
钢筋直径及间距　　　　　　φ8　@ 250　mm

----

x 向中间板带计算结果　3 ：
混凝土有效高度　　　　　　　h0 = 80　mm
混凝土受压区高度　　　　　　　x = 3　mm
单位宽度所需钢筋面积　　　　As = 165　mm^2/m
钢筋直径及间距　　　　　　φ6 @ 250　mm

----

x 向柱上板带计算结果　1 ：
混凝土有效高度　　　　　　　h0 = 80　mm
混凝土受压区高度　　　　　　　x = 8　mm
单位宽度所需钢筋面积　　　　As = 334　mm^2/m
钢筋直径及间距　　　　　　φ10 @ 250　mm

----

x 向柱上板带计算结果　2 ：
混凝土有效高度　　　　　　　h0 = 80　mm
混凝土受压区高度　　　　　　　x = 5　mm
单位宽度所需钢筋面积　　　　As = 218　mm^2/m
钢筋直径及间距　　　　　　φ8　@ 250　mm

----

x 向柱上板带计算结果　3 ：
混凝土有效高度　　　　　　　h0 = 80　mm
混凝土受压区高度　　　　　　　x = 3　mm
单位宽度所需钢筋面积　　　　As = 165　mm^2/m
钢筋直径及间距　　　　　　φ6　@ 250　mm

----

y 向中间板带计算结果　1 ：
混凝土有效高度　　　　　　　h0 = 80　mm
混凝土受压区高度　　　　　　　x = 8　mm
单位宽度所需钢筋面积　　　　As = 334　mm^2/m
钢筋直径及间距　　　　　　φ10 @ 250　mm

----

y 向中间板带计算结果　2 ：
混凝土有效高度　　　　　　　h0 = 80　mm
混凝土受压区高度　　　　　　　x = 5　mm
单位宽度所需钢筋面积　　　　As = 218　mm^2/m
钢筋直径及间距　　　　　　φ8　@ 250　mm

----

y 向中间板带计算结果　3 ：
混凝土有效高度　　　　　　　h0 = 80　mm

混凝土受压区高度　　　　　　　x = 3　mm
单位宽度所需钢筋面积　　　　　As = 165　mm^2/m
钢筋直径及间距　　　　　　　　φ6　@ 250　mm

----

y 向柱上板带计算结果 1 :
混凝土有效高度　　　　　　　　h0 = 80　mm
混凝土受压区高度　　　　　　　x = 8　mm
单位宽度所需钢筋面积　　　　　As = 334　mm^2/m
钢筋直径及间距　　　　　　　　φ10　@ 250　mm

----

y 向柱上板带计算结果 2 :
混凝土有效高度　　　　　　　　h0 = 80　mm
混凝土受压区高度　　　　　　　x = 5　mm
单位宽度所需钢筋面积　　　　　As = 218　mm^2/m
钢筋直径及间距　　　　　　　　φ8　@ 250　mm

----

y 向柱上板带计算结果 3 :
混凝土有效高度　　　　　　　　h0 = 80　mm
混凝土受压区高度　　　　　　　x = 3　mm
单位宽度所需钢筋面积　　　　　As = 165　mm^2/m
钢筋直径及间距　　　　　　　　φ6　@ 250　mm

10 预应力混凝土结构

10.1 改进的预应力混凝土结构索梁分载法

10.1.1 项目描述

所谓的索梁分载法，是把预应力钢筋混凝土看作由索结构和普通钢筋混凝土梁，两个部分叠合而成。根据谢醒悔先生提出的索梁分载法，对索梁分载法进行适当的改进。

预应力混凝土构件计算中，按照谢醒悔先生的把混凝土受压区面积的宽度分为普通钢筋对应区和预应力钢筋对应区（混凝土受压区不再区分普通钢筋对应区和预应力钢筋对应区），即计算普通钢筋时，采用混凝土受压区宽度为 b_1（图 10-1）；计算预应力钢筋时，采用混凝土受压区宽度 b_2；在改进方法中，统一为混凝土受压区宽度为 $b=b_1+b_2$。采用把混凝土受压区的混凝土强度 f_{cd} 分为与普通钢筋混凝土对应的 f_{cy} 和与预应力钢筋对应的 f_{cpy}（图 10-2）。

如此改动，在物理概念和计算中更容易理解，使用索梁分载法更加顺畅、自然。

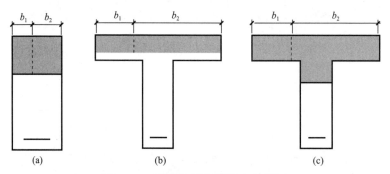

图 10-1 索梁分载法混凝土受压区

（a）矩形截面梁；（b）第一类 T 形截面梁；（c）第二类 T 形截面梁

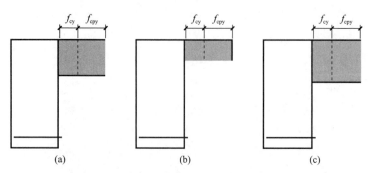

图 10-2 改进的索梁分载法混凝土受压区

（a）矩形截面梁；（b）第一类 T 形截面梁；（c）第二类 T 形截面梁

1. 单筋矩形截面混凝土梁

首先，讨论单筋矩形截面混凝土梁，并不考虑配置受压区钢筋的情况（包括预应力钢筋）。根据《混凝土结构设计规范》GB 50010—2010（2015 年版）第 6.2.10 条，在预应力混凝土梁的承载力极限状态，有 $f_cbx=f_yA_s+f_{py}A_p$，对受拉钢筋合力点取矩，有弯矩 $M_u=f_cbx\left(h_0-\dfrac{x}{2}\right)$，假定参数 $\beta=\dfrac{f_{cy}}{f_c}$ 为普通钢筋所对应的混凝土抗压强度设计值的比值，参数 $\eta=\dfrac{f_{cpy}}{f_c}$ 为预应力钢筋所对应的混凝土抗压强度设计值的比值，且有 $\beta+\eta=\dfrac{f_{cy}}{f_c}+\dfrac{f_{cpy}}{f_c}=1$，由此可得有 $\beta f_cbx=f_{py}A_s$，$\eta f_cbx=f_{py}A_p$，混凝土受压区可分为与普通钢筋随对应的抗力部分和与预应力钢筋对应的混凝土两个部分（图 10-2）。

2. T 形截面混凝土梁

先讨论第一类 T 形截面混凝土梁（$x\leqslant b_f'$），不考虑配置受压区钢筋的情况（包括预应力钢筋）。根据《混凝土结构设计规范》GB 50010—2010（2015 年版）第 6.2.10 条，在预应力混凝土梁的承载力极限状态，有 $f_cbx=f_yA_s+f_{py}A_p$。对受拉钢筋合力点取矩，有弯矩 $M_u=f_cb_f'x\left(h_0-\dfrac{x}{2}\right)$。可知，第一类 T 形截面混凝土梁与单筋矩形梁公式原理一致，仅仅是把混凝土受压区的宽度 b 改成 T 形翼缘的宽度 b_f'。

再讨论第二类 T 形截面混凝土梁（$x>b_f'$），不考虑配置受压区钢筋的情况（包括预应力钢筋）。根据《混凝土结构设计规范》GB 50010—2010（2015 年版）第 6.2.11 条，在预应力混凝土梁的承载力极限状态，有 $f_c[bx+(b_f'-b)h_f']=f_yA_s+f_{py}A_p$，对受拉钢筋合力点取矩，有弯矩 $M_u=f_c\left[bx\left(h_0-\dfrac{x}{2}\right)+(b_f'-b)h_f'\left(h_0-\dfrac{h_f'}{2}\right)\right]$。

10.1.2 项目代码

本计算程序计算索梁分载法，代码清单 10-1 的 ❶ 为定义材料设计值的函数，❷ 为定义混凝土的调整系数的函数，❸ 为定义预应力筋的函数，❹ 为定义结构内力及纵向普通钢筋面积的函数，❺ 为定义结构受剪的函数，❻ 为定义钢筋直径的函数，❼～❽ 为以上函数赋初始值，❾ 为结构内力及纵向普通钢筋面积参数值，❿ 为结构受剪的参数值，⓫ 为普通纵向钢筋直径，⓬ 为普通箍筋直径。具体见代码清单 10-1。

代 码 清 单　　　　　　　　10-1

```
# -*- coding: utf-8 -*-
from math import  ceil, sqrt, pi
from datetime import datetime


def force(Concret, reinforcment):                                    ❶
    conc = {'C20':9.6,'C25':11.9,'C30':14.3,'C35':16.7,'C40':19.1,
            'C45':21.1,'C50':23.1,'C55':25.3,'C60':27.5,'C65':29.7,
            'C70':31.8,'C75':33.8,'C80':35.9}
```

```
        fc = conc.get(Concret)
        cont = {'C20':1.10,'C25':1.27,'C30':1.43,'C35':1.57,'C40':1.71,
                'C45':1.80,'C50':1.89,'C55':1.96,'C60':2.04,'C65':2.09,
                'C70':2.14,'C75':2.18,'C80':2.22}
        ft = cont.get(Concret)

        reinf = {'HPB300':235,'HRB400':360,'HRB500':435}
        fy = reinf.get(reinforcment)
        return  fc, ft, fy

def α11(fcuk):
    α1 = min(1.0-0.06*(fcuk-50)/3, 1.0)
    return α1

def cable(fpy,Ap):
    Fp = 0.8*fpy*Ap/1000
    return Fp

def force_calcu(qGk,qQk,l0,f,γG,γQ,λp,α1,fc,fy,Fp,b,h,as1,hf):
    q = γG*qGk+γQ*qQk
    qp = λp*q
    n = ceil(qp*l0**2/(8*f*Fp))
    qp = 8*n*Fp*f/l0**2
    qs = q-qp
    h0 = h-as1
    As = (qs*l0**2)*10**6/(8*fy*(h0-as1-hf/2))
    Fp = Fp*1000
    x = (fy*As+n*Fp)/(α1*fc*b)
    return q, qp, n, qs, As, x

def shear(qs,l0,ft,b,h0,fy):
    fyv = fy
    V = qs*l0/2*1000
    Vc = 0.7*ft*b*h0
    Asv = max((V-Vc)/(fyv), 0.24*b*h0/100)
    return  V, Vc, Asv

def bar_diameter(As, num):
    d = sqrt(4*As/pi/num)
    renfd = [6,8,10,12,14,16,18,20,22,25,28,32,36,40,50]
    for v, dd in enumerate(renfd):
        if d > dd:
            xx = v
    d = renfd[xx]
    return d

def main():
    '''                            hf,  h,   b,   as1,  fpy,  Ap '''
    hf, h, b, as1, fpy, Ap = 0, 800, 300, 50, 1320, 140
```

❷ ❸ ❹ ❺ ❻ ❼

```
'''                                    qGk,    qQk,  l0,  γG,   γQ '''
qGk, qQk, l0, γG, γQ = 10.25, 4.8, 18, 1.2, 1.4
Concret, reinforcment = 'C50','HRB400'
f = 0.8*h/1000                                                      ❽

h0 = h-as1
fc, ft, fy = force(Concret, reinforcment)
fcuk = int(Concret[1:])
α1 = α11(fcuk)

Fp = cable(fpy,Ap)
λp = qGk/(qGk+qQk)
results = force_calcu(qGk,qQk,l0,f,γG,γQ,λp,α1,fc,fy,Fp,b,h,as1,hf)
q, qp, n, qs, As, x = results                                       ❾
V, Vc, Asv = shear(qs,l0,ft,b,h0,fy)                                ❿

ds_num = 2
ds = bar_diameter(As, ds_num)                                       ⓫
dsv_num = 4
dsv = bar_diameter(Asv, dsv_num)                                    ⓬

print(' 计算结果 :')
print(f' 初选预应力比               λp = {λp:<3.3f}')
print(f' 永久与可变荷载设计值        q = {q:<3.3f} kN/m')
print(f' 索分担荷载设计值          qp = {qp:<3.3f} kN/m')
print(f' 索的根数                  n = {n:<3.1f}')
print(f' 梁分担荷载设计值          qs = {qs:<3.3f} kN/m')
print(f' 混凝土受压区高度           x = {x:<3.1f} mm')
print(f' 受拉钢筋截面积            As = {As:<3.0f} mm^2')
print(f' 初选受拉钢筋 {ds_num} 根直径     ds = {ds:<3.0f}mm')
print(f' 梁分担剪力设计值           V = {V/1000:<3.3f} kN')
print(f' 混凝土抗剪承载力设计值      Vc = {Vc/1000:<3.1f} kN')
print(f' 箍筋截面积               Asv = {Asv:<3.0f} mm^2')
print(f' 初选箍筋 {dsv_num} 根直径        dsv = {dsv:<3.0f}mm')
print('-'*many)
dt = datetime.now()
localtime = dt.strftime('%Y-%m-%d  %H:%M:%S ')
print (" 本计算书生成时间 :", localtime)

filename = ' 索梁分载法 .docx'
with open(filename,'w',encoding = 'utf-8') as f:
    f.write(' 计算结果 :\n')
    f.write(f' 初选预应力比                λp = {λp:<3.3f}\n')
    f.write(f' 永久与可变荷载设计值         q = {q:<3.3f} kN/m\n')
    f.write(f' 索分担荷载设计值           qp = {qp:<3.3f} kN/m\n')
    f.write(f' 索的根数                   n = {n:<3.1f}\n')
    f.write(f' 梁分担荷载设计值           qs = {qs:<3.3f} kN/m\n')
    f.write(f' 混凝土受压区高度            x = {x:<3.1f} mm\n')
    f.write(f' 受拉钢筋截面积             As = {As:<3.0f} mm^2\n')
```

```
                f.write(f' 初选受拉钢筋直径              ds = {ds:<3.0f}mm\n')
                f.write(f' 梁分担剪力设计值              V = {V/1000:<3.3f} kN\n')
                f.write(f' 混凝土抗剪承载力设计值        Vc = {Vc/1000:<3.1f} kN\n')
                f.write(f' 箍筋截面积                    Asv = {Asv:<3.0f} mm^2\n')
                f.write(f' 初选箍筋直径                  dsv = {dsv:<3.0f}mm\n')
                f.write(f' 本计算书生成时间 : {localtime}')

if __name__ == "__main__":
    many = 50
    print('='*many)
    main()
    print('='*many)
```

10.1.3　输出结果

运行代码清单 10-1，可以得到输出结果 10-1。

输 出 结 果　　　　　　　　　　　10—1

```
计算结果：
初选预应力比            λp = 0.681
永久与可变荷载设计值      q = 19.020 kN/m
索分担荷载设计值        qp = 14.017 kN/m
索的根数                n = 6.0
梁分担荷载设计值        qs = 5.003 kN/m
混凝土受压区高度         x = 169.8 mm
受拉钢筋截面积          As = 804 mm^2
初选受拉钢筋 2 根直径   ds = 22 mm
梁分担剪力设计值         V = 45.023 kN
混凝土抗剪承载力设计值  Vc = 297.7 kN
箍筋截面积             Asv = 540 mm^2
初选箍筋 4 根直径      dsv = 12 mm
```

10.2　后张法预应力损失计算

10.2.1　项目描述

张拉端锚具变形和预应力筋内缩：

$$\sigma_{l1} = 2\sigma_{con}l_f\left(\frac{\mu}{r_c}+\kappa\right)\left(1-\frac{x}{l_f}\right)$$ （10-1）

反向摩擦影响长度：

$$l_f = \sqrt{\frac{aE_s}{1000\sigma_{con}(\mu/r_c + \kappa)}} \tag{10-2}$$

式中　x——从张拉端至计算截面的孔道长度；

　　　κ——考虑孔道每米长度局部偏差的摩擦系数；

　　　μ——预应力筋与孔道壁之间的摩擦系数；

　　　a——张拉端锚具变形和预应力筋内缩值（mm）；

　　　r_c——圆弧形曲线预应力筋的曲率半径（m）。

预应力筋的摩擦：

$$\sigma_{l2} = \sigma_{con}\left(1 - \frac{1}{e^{\kappa x + \mu\theta}}\right) \tag{10-3}$$

预应力筋的应力松弛：

$$\sigma_{l4} = 0.4\left(\frac{\sigma_{con}}{f_{ptk}} - 0.5\right)\sigma_{con} \tag{10-4}$$

式中　σ_{con}——预应力筋的张拉控制应力；

　　　θ——从张拉端至计算截面曲线孔道各部分切线的夹角之和（rad）；

　　　f_{ptk}——预应力筋极限强度标准值。

混凝土的收缩和徐变：

$$\sigma_{l5} = \frac{55 + 300\dfrac{\sigma_{pc}}{f'_{cu}}}{1 + 15\rho} \tag{10-5}$$

式中　σ_{pc}——受拉区预应力筋合力点处的混凝土法向压应力；

　　　f'_{cu}——施加预应力时的混凝土立方体抗压强度；

　　　ρ——受拉区预应力筋和普通钢筋的配筋率。

10.2.2　项目代码

本计算程序用于后张法预应力损失计算，代码清单 10-2 的❶为定义预应力筋的张拉控制应力的函数，❷为定义张拉端锚具变形和预应力筋内缩损失的函数，❸为定义预应力筋的摩擦损失的函数，❹为定义预应力筋的应力松弛损失的函数，❺为定义混凝土的收缩和徐变损失的函数，❻~❼为以上函数赋初始值，❽~❾为计算预应力损失及有效预应力值。具体见代码清单 10-2。

代 码 清 单　　　　　　　　　　**10-2**

```
# -*- coding: utf-8 -*-
from math import sqrt, exp
from datetime import datetime

def σcon1(A,I,e,N,Ap):                                    ❶
```

```
        σcon = 2*N/Ap
        return σcon

    def σl11(σcon,a,κ,μ,Es,at,l):                              ❷
        rc = (l**2/(8*at)+at/2)/1000
        lf = sqrt(a*Es/(1000*σcon*(μ/rc+κ)))
        l = l/1000
        x = l/2
        if x >= lf:
            σl1 = 0
        else:
            σl1 = 2*σcon*lf*(μ/rc+κ)*(1-x/lf)
        return σl1

    def σl21(σcon,a,κ,μ,Es,at,l):                              ❸
        x = l/2000
        rc = (l**2/(8*at)+at/2)/1000
        θ = x/rc
        σl2 = σcon*(1-exp(-(κ*x+μ*θ)))
        return σl2

    def σl41(σcon,ψ,fptk):                                     ❹
        σl4 = 0.4*ψ*(σcon/fptk-0.5)*σcon
        return σl4

    def σl51(σcon,σl1,Ap,As,A,I,e,fcuk):                       ❺
        Np = Ap*(σcon-σl1)
        y = e
        σpc = Np/A+Np*e*y/I
        An = A-Ap
        ρ = (Ap+As)/An
        σl5 = (55+300*σpc/fcuk)/(1+15*ρ)
        return σl5

    def main():
        '''                           b,  bf,  h,   hf, hf1, hf2 '''
        b, bf, h, hf, hf1, hf2 = 375, 100, 550, 150, 150, 50    ❻
        l, e, N = 16*1000, 134, 500*1000
        a = 1
        κ, μ = 0.0015, 0.25
        at1, at2 = 50, 268
        '''                           fcuk, fptk, Es,      Ap,  As, ψ '''
        fcuk, fptk, Es, Ap, As, ψ = 40, 1860, 1.95*10**5, 789.6, 0, 0.9

        A = b*h-(b-bf)*(hf+hf1)
        I = b*h**3/12-(b-bf)*(h-hf-hf1)**3/12-\
            2*(b-bf)*hf2**3/36-2*0.5*(b-bf)*hf2*((b+hf2)/3)**2  ❼

        σcon = σcon1(A,I,e,N,Ap)                                ❽
```

```
        σl1_1 = σl11(σcon,a,κ,μ,Es,at1,l)
        σl1_2 = σl11(σcon,a,κ,μ,Es,at2,l)
        σl1 = (σl1_1+σl1_2)/2

        σl2_1 = σl21(σcon,a,κ,μ,Es,at1,l)
        σl2_2 = σl21(σcon,a,κ,μ,Es,at2,l)
        σl2 = (σl2_1+σl2_2)/2

        σl4 = σl41(σcon,ψ,fptk)
        σl5 = σl51(σcon,σl1,Ap,As,A,I,e,fcuk)
        σl = max(σl1+σl2+σl4+σl5, 80)
        σpe = σcon-σl                                          ❾

        print(' 计算结果 :')
        if σcon <= 0.75*fptk:
            print(" 预应力控制值符合规范要求 ")
        print(f' 张拉控制应力                σcon = {σcon:<3.1f} N/mm^2')
        print(f' 锚具变形和钢筋回缩损失        σl1 = {σl1:<3.1f} N/mm^2')
        print(f' 摩擦损失                    σl2 = {σl2:<3.1f} N/mm^2')
        print(f' 钢筋应力松弛损失            σl4 = {σl4:<3.1f} N/mm^2')
        print(f' 收缩及徐变损失              σl5 = {σl5:<3.1f} N/mm^2')
        print(f' 预应力总损失值              σl = {σl:<3.1f} N/mm^2')
        print(f' 预应力筋有效应力            σpe = {σpe:<3.1f} N/mm^2')

        print('-'*m)
        dt = datetime.now()
        localtime = dt.strftime('%Y-%m-%d  %H:%M:%S ')
        print (" 本计算书生成时间 :", localtime)

        filename = ' 预应力损失计算 .docx'
        with open(filename,'w',encoding = 'utf-8') as f:
            f.write(' 计算结果 :\n')
            f.write(f' 张拉控制应力                σcon = {σcon:<3.1f} N/mm^2\n')
            f.write(f' 锚具变形和钢筋回缩损失        σl1 = {σl1:<3.1f} N/mm^2\n')
            f.write(f' 摩擦损失                    σl2 = {σl2:<3.1f} N/mm^2\n')
            f.write(f' 钢筋应力松弛损失            σl4 = {σl4:<3.1f} N/mm^2\n')
            f.write(f' 收缩及徐变损失              σl5 = {σl5:<3.1f} N/mm^2\n')
            f.write(f' 预应力总损失值              σl = {σl:<3.1f} N/mm^2\n')
            f.write(f' 预应力筋有效应力            σpe = {σpe:<3.1f} N/mm^2\n')
            f.write(f' 本计算书生成时间 : {localtime}')

if __name__ == "__main__":
    m = 50
    print('='*m)
    main()
    print('='*m)
```

10.2.3 输出结果

运行代码清单 10-2，可以得到输出结果 10-2。

输 出 结 果　　　　　　　　　　　　10–2

计算结果：
预应力控制值符合规范要求
张拉控制应力　　　　　　　　　σcon = 1266.5 N/mm^2
锚具变形和钢筋回缩损失　　　　σl1 = 2.5 N/mm^2
摩擦损失　　　　　　　　　　　σl2 = 27.4 N/mm^2
钢筋应力松弛损失　　　　　　　σl4 = 82.5 N/mm^2
收缩及徐变损失　　　　　　　　σl5 = 132.2 N/mm^2
预应力总损失值　　　　　　　　σl = 244.6 N/mm^2
预应力筋有效应力　　　　　　　σpe = 1021.9 N/mm^2

10.3　柱顶剪力架计算

10.3.1　项目描述

陶学康《后张预应力混凝土设计手册》P128：

$$l_a = \frac{u_{md}}{3\sqrt{2}} - \frac{b_c}{6} \tag{10-6}$$

$$u_{md} \geqslant \frac{F_{le}}{0.6 f_t h_0} \tag{10-7}$$

式中　l_a——剪力架伸臂长度（图 10-3）；

　　　u_{md}——设计截面周长；

　　　b_c——正方形柱的边长；

　　　F_{le}——距柱周边处的等效集中反力设计值。

当有侧向力作用时，

$$F_{le} = V + \frac{\alpha_0 M_{unb} a_{AB}}{J_c} u_m h_0 \tag{10-8}$$

$$M_{unb} = M_{unb,b} \pm V e_g \tag{10-9}$$

式中　V——竖向荷载 F_l 产生的剪力设计值，取值为 $V = F_l$；

　　　α_0——系数；

　　　a_{AB}——破坏截面重心至边缘在弯矩传递方向的距离；

　　　$M_{unb,h}$——侧向力作用方向的节点不平衡弯矩；

　　　J_c——破坏截面的极惯性矩；

　　　e_g——柱截面重心轴至破坏截面重心轴在弯矩作用方向的距离。

$$M_d = \frac{F_{le}}{2\eta}\left[h_a + \alpha_a\left(l_a - \frac{h_c}{2}\right)\right]$$　　　　　（10-10）

$$\frac{M_d}{W} \leqslant f_a$$　　　　　（10-11）

式中　h_a——剪力架每个伸臂型钢的全高；

　　　F_{le}——距柱周边 $h_0/2$ 处的等效集中反力设计值；

　　　h_c——计算弯矩方向的柱尺寸；

　　　η——型钢剪力架相同伸臂的数目；

　　　W——型钢剪力架每个伸臂的截面模量；

　　　f_a——钢材的抗拉强度设计值。

配置型钢剪力架（图 10-3）时，板的冲切承载力应满足下式要求：

$$F_l \leqslant 1.2 f_t u_m h_0$$　　　　　（10-12）

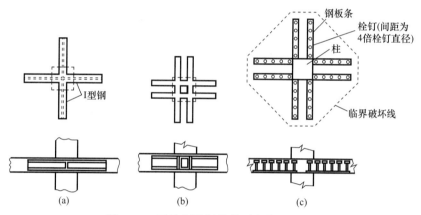

图 10-3　无柱帽楼板的抗冲切加强措施

10.3.2　项目代码

本计算程序可以计算柱顶剪力架，代码清单 10-3 的 ❶ 为定义柱顶剪力架的函数，❷～❸ 为以上函数赋初始值，❹ 为计算柱顶剪力架参数值。具体见代码清单 10-3。

代 码 清 单　　　　　　　　　　10-3

```
# -*- coding: utf-8 -*-
from math import sqrt
from datetime import datetime
import sympy as sp

def verif_basic_requir(Fl,Ec,Es,ha,A,I,W,As,ft,ucm,h0,bc,hc):      ❶
    ucm = Fl/(0.6*ft*h0)
    la = ucm/(3*sqrt(2))-bc/6
    αE = Es/Ec
```

```
    x = sp.symbols('x', real=True)
    Eq = ((bc+h0)/αE)*x**2/2-A*(150-x)-As*(260-x)
    x = max(sp.solve(Eq, x))

    Izu = (bc+h0)/αE*x**3/3+As*(260-x)**2+I+A*(150-x)**2
    αa = I/Izu
    Md = Fl*(ha+αa*(la-hc/2))/8
    σ = Md/W
    Mua = αa*Fl*(la-hc/2)/8
    return ucm, la, x, αa, σ, Mua

def main():
    '''              Fl,        As, Ec,        Es '''
    Fl, As, Ec, Es = 1050*1000, 783, 2.8*10**4, 2.1*10**5    ❷
    '''          ha, A, I,        W '''
    ha, A, I, W = 180, 3060, 1660*10**4, 185*10**3
    fcuk = 30
    '''                  ft,        ucm, h0,  bc,  hc '''
ft, ucm, h0, bc, hc = ft1(fcuk), 760, 260, 500, 500         ❸

    print(' 计算结果 :')
    if 0.6*ft*ucm*h0 <= Fl:
        print(" 需要采用剪力架增强措施 ")
    if 1.05*ft*ucm*h0 <= Fl:
        print(" 可以采用剪力架作为冲切承载力增强措施。")

    results = verif_basic_requir(Fl,Ec,Es,ha,A,I,W,As,ft,ucm,h0,bc,hc)
    ucm, la, x, αa, σ, Mua = results                         ❹

    print(f' 冲切控制周长                ucm = {ucm:<3.1f} mm')
    print(f' 剪力架伸臂允许长度          la = {la:<3.1f} mm')
    print(f' 型钢到混凝土底面的距离      x = {x:<3.1f} mm')
    print(f' 参数                        αa = {αa:<3.3f} ')
    if αa >= 0.15:
        print(" 方案可行 ")
    print(f' 剪力架的弯曲应力设计值      σ = {σ:<3.1f} N/mm^2')
    if σ <= 315:
        print(" 剪力架的应力符合规范要求。")
    print(f' 承担柱上板带的弯矩设计值    Mua = {Mua/10**6:<3.1f} kN·m')
    if Mua <= 49.7:
        print(" 弯矩满足设计要求 ")

    print('-'*m)
    dt = datetime.now()
    localtime = dt.strftime('%Y-%m-%d  %H:%M:%S ')
    print (" 本计算书生成时间 :", localtime)

    filename = ' 预应力损失计算 .docx'
```

```
    with open(filename,'w',encoding = 'utf-8') as f:
        f.write(' 计算结果 :\n')
        f.write(f' 冲切控制周长                ucm = {ucm:<3.1f} mm\n')
        f.write(f' 剪力架伸臂允许长度          la = {la:<3.1f} mm\n')
        f.write(f' 型钢到混凝土底面的距离       x = {x:<3.1f} mm\n')
        f.write(f' 参数                       αa = {αa:<3.3f} \n')
        f.write(f' 本计算书生成时间 : {localtime}')

if __name__ == "__main__":
    m = 50
    print('='*m)
    main()
    print('='*m)
```

10.3.3　输出结果

运行代码清单 10-3，可以得到输出结果 10-3。

输　出　结　果　　　　　　　　　　　10–3

```
计算结果 :
需要采用剪力架增强措施
可以采用剪力架作为冲切承载力增强措施。
冲切控制周长              ucm = 5177.5 mm
剪力架伸臂允许长度        la = 1137.0 mm
型钢到混凝土底面的距离     x = 82.6 mm
参数                     αa = 0.224
剪力架的弯曲应力设计值     σ = 268.5 N/mm^2
剪力架的应力符合规范要求。
承担柱上板带的弯矩设计值   Mua = 26.1 kN·m
```

10.4　预应力锚固区螺旋配筋局压验算

10.4.1　项目描述

局部受压计算参数如表 10-1 所示。

局部受压区的间接钢筋如图 10-4 所示，用《混规》式（6.6.3-1）求 β_{cor}、ρ_v，如流程图 10-1 所示。

x 小于等于 C50 时，取 $\alpha=1.0$；C80 时，取 $\alpha=0.85$；其间按内插法求得。d_{cor} 的取值：$d_{cor}=d-2c-2d_1$；其中，c 为螺旋式间接钢筋的混凝土保护层厚度；d_1 为螺旋式间接钢筋直径。

局部受压计算参数   表10-1

类型	图示	A_l	A_b	$\beta_l = \sqrt{\dfrac{A_b}{A_l}}$	备注
1	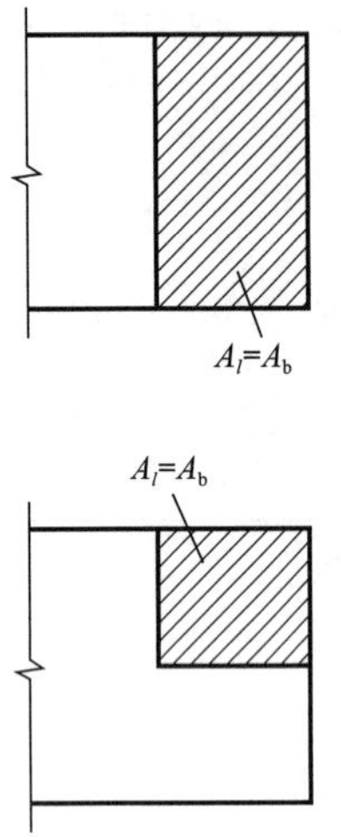	$A_l = A_b$		$\beta_l = 1$	—
2	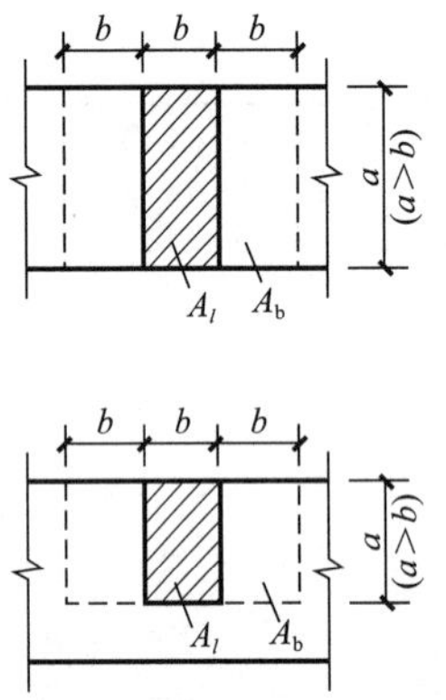	$A_l = a \cdot b$	$A_b = 3b \cdot a$	$\beta_l = \sqrt{3}$	$a > b$
3	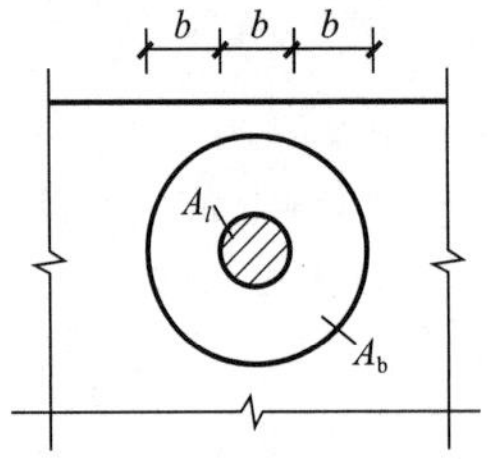	$A_l = \dfrac{\pi b^2}{4}$	$A_b = \dfrac{\pi(3b)^2}{4}$	$\beta_l = 3$	—
		$A_l = a \cdot b$	$A_b = 3b \cdot (2b + a)$	$\beta_l = \sqrt{\dfrac{3(2b+a)}{a}}$	$a > b$

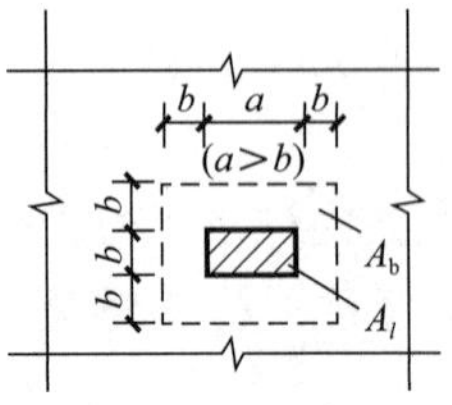

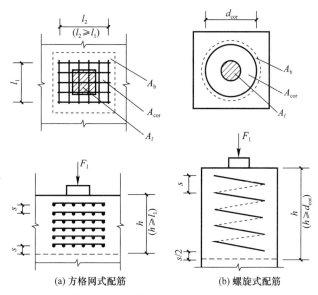

图 10-4　局部受压区的间接钢筋

A_l—混凝土局部受压面积；A_b—局部受压的计算底面积；

A_{cor}—方格网式或螺旋式间接钢筋内表面范围内的混凝土核心面积

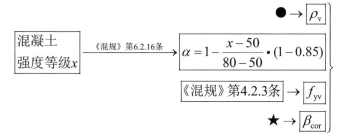

流程图 10-1　用《混规》式（6.6.3-1）求 β_{cor}、ρ_v（一）

$$《混规》式(6.6.3\text{-}1) \rightarrow \boxed{F_l \leqslant F_{lu} = 0.9(\beta_c\beta_l f_c + 2\alpha\rho_v\beta_{cor}f_{yv})A_{ln}}$$

流程图 10-1　用《混规》式（6.6.3-1）求 β_{cor}、ρ_v（二）

配置间接钢筋局部受压验算步骤：

步骤 1：求 β_c（流程图 10-2）

$$
\boxed{混凝土强度等级 x \leqslant C50} \rightarrow \boxed{\beta_c = 1.0}
$$
$$
\boxed{C50 < x < C80} \rightarrow \boxed{\beta_c = 1 - \frac{x-50}{80-50} \cdot (1-0.8)}
$$
$$
\boxed{混凝土强度等级 x = C80} \rightarrow \boxed{\beta_c = 0.8}
$$
$$\rightarrow \boxed{\beta_c} \rightarrow \bigstar$$

流程图 10-2　求 β_c

步骤 2：验算截面尺寸（流程图 10-3）

$$\boxed{《混规》图6.6.2} \xrightarrow{参见表10\text{-}1} \left\{ \begin{array}{c} \boxed{A_l} \\ \boxed{A_b} \end{array} \right. \xrightarrow{《混规》式(6.6.1\text{-}2)} \boxed{\beta_l = \sqrt{\dfrac{A_b}{A_l}}}$$

$$\boxed{《混规》表4.1.4\text{-}1} \rightarrow \boxed{f_c}$$
$$\bigstar \rightarrow \boxed{\beta_c}$$
$$\boxed{混凝土局部受压净面积} \rightarrow \boxed{A_{ln}}$$
$$\rightarrow \blacksquare$$

$$\blacksquare \xrightarrow{《混规》式(6.6.1\text{-}1)} \boxed{F_l \leqslant F_{lu} = 1.35\beta_c\beta_l f_c A_{ln}} \xrightarrow{符合要求} \boxed{《混规》式(6.6.3\text{-}1)}$$

流程图 10-3　验算截面尺寸

$$\boxed{\begin{array}{c}方格网\\式配筋\end{array}} \xrightarrow{《混规》式(6.3.3\text{-}2)} \boxed{\rho_v = \frac{n_1 A_{s1} l_1 + n_2 A_{s2} l_2}{A_{cor}s}}$$

$$\boxed{混凝土强度等级} \rightarrow \boxed{\alpha}$$
$$\boxed{《混规》第4.2.3条} \rightarrow \boxed{f_{yv}}$$
$$\boxed{A_{cor} > A_b} \rightarrow \boxed{\beta_{cor} = \sqrt{\dfrac{A_{cor}}{A_l}}}$$
$$\bigstar$$
$$\rightarrow \bullet$$

$$\bullet \xrightarrow{《混规》式(6.6.3\text{-}1)} \boxed{F_{lu} = 0.9(\beta_c\beta_l f_c + 2\alpha\rho_v\beta_{cor}f_{yv})A_{ln}}$$

流程图 10-4　方格网式配筋局部受压承载力计算

10.4.2　项目代码

本计算程序验算预应力锚固区螺旋配筋局压，代码清单 10-4 的❶为定义材料强度设计值的函数，❷为定义预应力锚固区螺旋配筋局压的函数，❸～❹为以上函数赋初始值，❺为计算预应力锚固区螺旋配筋局压参数值。具体见代码清单 10-4。

代 码 清 单　　　　　　　　　　　10－4

```python
# -*- coding: utf-8 -*-
from datetime import datetime
from math import sqrt, pi

def force(Concret, reinforcment):                                    ❶
    conc = {'C20':9.6,'C25':11.9,'C30':14.3,'C35':16.7,'C40':19.1,
            'C45':21.1,'C50':23.1,'C55':25.3,'C60':27.5,'C65':29.7,
            'C70':31.8,'C75':33.8,'C80':35.9}
    fc = conc.get(Concret)
    cont = {'C20':1.10,'C25':1.27,'C30':1.43,'C35':1.57,'C40':1.71,
            'C45':1.80,'C50':1.89,'C55':1.96,'C60':2.04,'C65':2.09,
            'C70':2.14,'C75':2.18,'C80':2.22}
    ft = cont.get(Concret)

    reinf = {'HPB300':235,'HRB400':360,'HRB500':435}
    fy = reinf.get(reinforcment)
    return  fc, ft, fy

def local_pressure(b,fc,fyv,α,Ass1,dcor,s):                          ❷
    Acor = pi*(dcor)**2/4
    Al = pi*b**2/4
    Ab = pi*(3*b)**2/4

    βl = sqrt(Ab/Al)
    βcor = sqrt(Acor/Al)
    ρv = 4*Ass1/(dcor*s)

    Flu1 = 1.35*βl*fc*Al
    Flu2 = 0.9*(βl*fc+2*α*ρv*βcor*fyv)*Al
    return  Al, Ab, Acor, Flu1, Flu2

def main():
    '''                     Fl,   b,    α,   Ass1, dcor,  s '''
    Fl,b,α,Ass1,dcor,s = 3600, 300, 1.0, 50.3, 450,  50    ❸
    Concret, reinforcment = 'C40','HRB400'                 ❹
    fc, ft, fyv = force(Concret, reinforcment)
    Al, Ab, Acor, Flu1, Flu2 = local_pressure(b,fc,fyv,α,Ass1,dcor,s)  ❺

    print(f' 混凝土局部受压面积       Al = {Al:<3.3f} mm^2')
    print(f' 局部受压的计算底面积     Ab = {Ab:<3.3f} mm^2')
```

```
    print(f' 局部受压面积                Acor = {Acor:<3.3f} mm^2')

    print(f' 局部压力设计值              Fl = {Fl:<3.1f} kN')
    print(f' 截面限制条件的压力        Flu1 = {Flu1/1000:<3.1f} kN')
    if Flu1>Fl*1000:
        print(" 满足《混规》第 6.6.1 条的截面限制条件。")
    else:
        print(" 不满足《混规》第 6.6.1 条的截面限制条件。")

    print(f' 局部压力设计值              Flu2 = {Flu2/1000:<3.1f} kN')
    if Flu2>Fl*1000:
        print(" 满足《混规》第 6.6.3 条的局压承载力要求。")
    else:
        print(" 不满足《混规》第 6.6.3 条的局压承载力要求。")

    dt = datetime.now()
    localtime = dt.strftime('%Y-%m-%d  %H:%M:%S')
    print('-'*many)
    print(" 本计算书生成时间 :", localtime)

    filename = ' 螺旋配筋局压验算 .docx'
    with open(filename,'w',encoding = 'utf-8') as f:
        f.write(' 计算结果 :\n')
        f.write(f' 混凝土局部受压面积          Al = {Al:<3.3f} mm^2\n')
        f.write(f' 局部受压的计算底面积        Ab = {Ab:<3.3f} mm^2\n')
        f.write(f' 局部受压面积                Acor = {Acor:<3.3f} mm^2\n')

        f.write(f' 局部压力设计值              Fl = {Fl:<3.1f} kN\n')
        f.write(f' 截面限制条件的压力        Flu1 = {Flu1/1000:<3.1f} kN\n')
        if Flu1>Fl*1000:
            f.write(" 满足《混规》第 6.6.1 条的截面限制条件。\n")
        else:
            f.write(" 不满足《混规》第 6.6.1 条的截面限制条件。\n")

        f.write(f' 局部压力设计值              Flu2 = {Flu2/1000:<3.1f} kN\n')
        if Flu2>Fl*1000:
            f.write(" 满足《混规》第 6.6.3 条的局压承载力要求。\n")
        else:
            f.write(" 不满足《混规》第 6.6.3 条的局压承载力要求。\n")
        f.write(f' 本计算书生成时间 : {localtime}')

if __name__ == "__main__":
    many = 50
    print('='*many)
    main()
    print('='*many)
```

10.4.3 输出结果

运行代码清单 10-4，可以得到输出结果 10-4。

输 出 结 果

混凝土局部受压面积　　　　Al = 70685.835 mm^2
局部受压的计算底面积　　　Ab = 636172.512 mm^2
局部受压面积　　　　　　Acor = 159043.128 mm^2
局部压力设计值　　　　　　Fl = 3600.0 kN
截面限制条件的压力　　　Flu1 = 5467.9 kN
满足《混规》第 6.6.1 条的截面限制条件。
局部压力设计值　　　　　Flu2 = 4259.7 kN
满足《混规》第 6.6.3 条的局压承载力要求。

---

11 混凝土基础设计

11.1 柱下独立基础受冲切、抗剪计算

11.1.1 项目描述

根据《建筑地基基础设计规范》GB 50007—2011（后面有时简称《地规》）第8.2.8条，冲切承载力验算如流程图 11-1 所示，各个参数含义如图 11-1 所示。

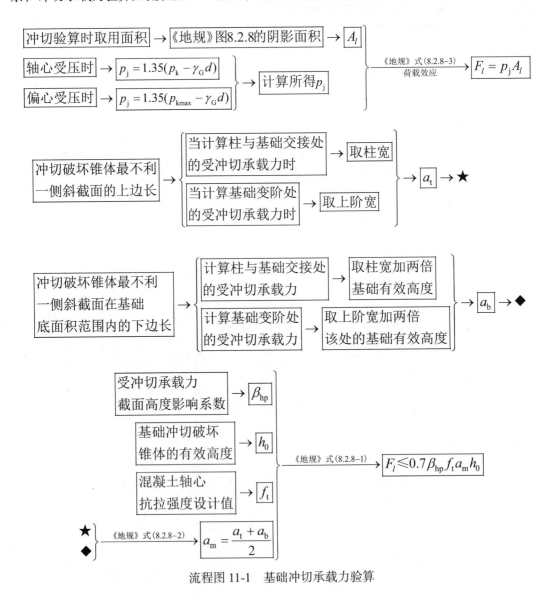

流程图 11-1 基础冲切承载力验算

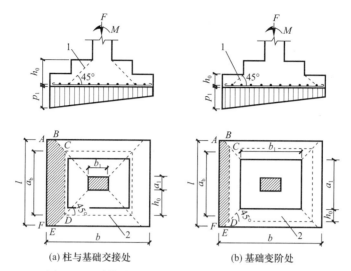

图 11-1 计算阶形基础的受冲切承载力截面位置

1—冲切破坏锥体最不利一侧的斜截面；2—冲切破坏锥体的地面线

11.1.2 项目代码

本计算程序可以验算基础冲切承载力，代码清单 11-1 的❶为定义混凝土抗拉强度设计值函数，❷为定义抗冲切系数函数，❸为定义冲切所需基础有效高度的函数，❹为定义抗剪所需基础有效高度的函数，❺为冲切承载力的判断，❻为受剪承载力的判断，❼为给各个函数参数赋初始值，❽为计算实际的冲切系数值，❾为 50mm，是为了取值符合工程惯例。具体见代码清单 11-1。

代 码 清 单　　　　　　　11-1

```
# -*- coding: utf-8 -*-
import sympy as sp
from datetime import datetime

def ft1(fcuk):                                              ❶
    δ = [0.21, 0.18, 0.16, 0.14, 0.13, 0.12, 0.12,
             0.11, 0.11, 0.1, 0.1, 0.1, 0.1, 0.1]
    i = int((fcuk-15)/5)
    α_c2 = min((1-(1-0.87)*(fcuk-40)/(80-40)),1.0)
    ftk = 0.88*0.395*fcuk**0.55*(1-1.645*δ[i])**0.45*α_c2
    ft = ftk/1.4
    return ft


def βhp1(h):                                                ❷
    if h<= 800:
        βhp = 1.0
    elif h >= 2000:
        βhp = 0.9
```

```
        else:
            βhp = 1-(h-800)/1200*0.1
        return    βhp

    def punching_height_of_foundation(βhp,ac,bc,l,b,pj,ft):
        h0 = sp.symbols('h0', real=True)
        am = bc+h0
        Al = (l/2-ac/2-h0)*b-(b/2-bc/2-h0)**2
        Fl = pj*Al
        Eq = Fl-0.7*βhp*ft*am*h0
        h0 = max(sp.solve(Eq,h0))
        return h0

    def shear_height_of_foundation(ac,bc,h1,l,b,pj0,ft):
        h0 = sp.symbols('h0', real=True)
        βhs = (800/h0)**(1/4)
        b1 = bc+2*50
        A0 = b*(h0-h1)+b1*h1+(b-b1)*0.5*h1
        Vs = pj0*(l/2-ac/2)*b
        Eq = Vs-0.7*βhs*ft*A0
        h0 = max(sp.solve(Eq,h0))
        return h0

    def Fl_Fu(l,b,bc,ac,pj,βhp,h,as1,ft):
        h0 = h-as1
        am = bc+h0
        Al = (l/2-ac/2-h0)*b-(b/2-bc/2-h0)**2
        Fl = pj*Al
        Fu = 0.7*βhp*ft*am*h0
        h = 50.0*((h//50)+1)
        h0 = h-as1
        if h >=800:
            βhp = βhp1(h)
        Fu = 0.7*βhp*ft*am*h0
        return Fl, Fu

    def Vs_Vu(h0,l,b,bc,ac,h1,pj0,ft):
        βhs = (800/h0)**(1/4)
        b1 = bc+2*50
        A0 = b*(h0-h1)+b1*h1+(b-b1)*0.5*h1
        Vs = pj0*(l/2-ac/2)*b
        Vu = 0.7*βhs*ft*A0
        return Vs, Vu

    def main():
        print('\n',punching_height_of_foundation.__doc__,'\n')
        ''' 计算式中各单位为 N、mm 制 '''
        '       ac,  bc,   l,    b ,  h1, pj0,   pj,   fcuk, as1  '
        para = 500, 500, 2400, 1800, 350, 0.226, 0.256, 30,    40
```

❸

❹

❺

❻

❼

```
    ac, bc, l, b, h1, pj0, pj, fcuk, as1 = para
    βhp = 1.0
    ft = ft1(fcuk)
    h01 = punching_height_of_foundation(βhp,ac,bc,l,b,pj,ft)
    h02 = shear_height_of_foundation(ac,bc,h1,l,b,pj0,ft)

    if h01<= h02:
        print(' 独立基础底板有效高度 : 由抗剪控制。')
    else:
        print(' 独立基础底板有效高度 : 由抗冲切控制。')
    h0 = max(h01, h02)

    h = h0+as1
    if h >=800:
        βhp = βhp1(h)
        h01 = punching_height_of_foundation(βhp,ac,bc,l,b,pj,fcuk)    ❽

    h0 = max(h01, h02)
    h = 50.0*((h//50)+1)                                             ❾
    Fl, Fu = Fl_Fu(l,b,bc,ac,pj,βhp,h,as1,ft)
    Vs, Vu = Vs_Vu(h0,l,b,bc,ac,h1,pj0,ft)

    print(f' 独立基础底板有效高度        h0 = {h0:<3.0f} mm')
    print(f' 独立基础底板高度            h = {h:<3.0f} mm')
    print(f' 独立基础底板冲切系数        βhp = {βhp:<3.3f} ')
    print(f' 独立基础底板冲切效应设计值 Fl = {Fl/1000:<3.2f} kN')
    print(f' 独立基础底板冲切抗力设计值 Fu = {Fu/1000:<3.2f} kN')
    print(f' 独立基础底板抗剪效应设计值 Vs = {Vs/1000:<3.2f} kN')
    print(f' 独立基础底板抗剪抗力设计值 Vu = {Vu/1000:<3.2f} kN')

    dt = datetime.now()
    localtime = dt.strftime('%Y-%m-%d  %H:%M:%S')
    print('-'*m)
    print(" 本计算书生成时间 :", localtime)

    with open(' 柱下独立基础受冲切受剪计算 .docx','w',encoding = 'utf-8') as f:
        f.write('\n'+ punching_height_of_foundation.__doc__+'\n')
        f.write(f' 独立基础底板有效高度        h0 = {h0:<3.2f} mm \n')
        f.write(f' 独立基础底板高度            h  = {h0:<3.2f} mm \n')
        f.write(f' 独立基础底板冲切效应设计值 Fl = {Fl/1000:<3.2f} kN \n')
        f.write(f' 独立基础底板冲切抗力设计值 Fu = {Fu/1000:<3.2f} kN \n')
        f.write(f' 本计算书生成时间 : {localtime}')

if __name__ == "__main__":
    m = 66
    print('='*m)
    main()
    print('='*m)
```

11.1.3 输出结果

运行代码清单 11-1，可以得到输出结果 11-1。输出结果 11-1 的❶为判断独立基础底板有效高度是由抗冲切控制还是由抗剪控制，❷为冲切系数的计算值，❸为冲切抗力设计值，❹为抗剪抗力设计值。

输 出 结 果   11-1

本计算程序可以直接确定独立基础底板高度，考虑了抗剪和抗冲切两个方面。

独立基础底板有效高度：由抗冲切控制。   ❶

独立基础底板有效高度   h0 = 319 mm

独立基础底板高度   h = 400 mm

独立基础底板冲切系数   βhp = 1.000   ❷

独立基础底板冲切效应设计值   Fl = 250.34 kN

独立基础底板冲切抗力设计值   Fu = 353.67 kN   ❸

独立基础底板抗剪效应设计值   Vs = 386.46 kN

独立基础底板抗剪抗力设计值   Vu = 460.59 kN   ❹

11.2 柱下矩形独立基础的受弯计算和配筋

11.2.1 项目描述

根据《建筑地基基础设计规范》GB 50007—2011 第 8.2.11 条，柱下矩形独立基础交接处截面的弯矩简化计算；矩形基础底板计算见流程图 11-2 和矩形基础底板的计算示意见图 11-2。

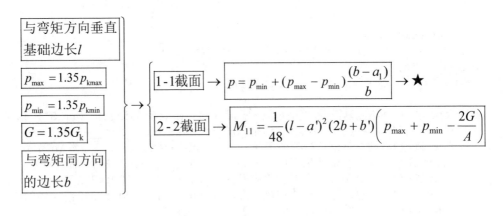

流程图 11-2   矩形基础底板计算

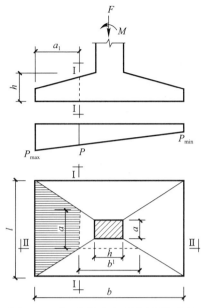

图 11-2　矩形基础底板的计算示意

11.2.2　项目代码

本程序可以进行柱下矩形独立基础的受弯计算和配筋，代码清单 11-2 的❶为定义柱下独立基础净反力的函数，❷为独立基础计算函数，❸及下一行代码为独立基础弯矩计算式，❹及下一行代码为考虑最小配筋率，❺及下一行代码为独立基础计算配筋，❻为初选钢筋直径计算值，❼为可选钢筋直径列表，❽为受力钢筋计算直径，❾为受力钢筋实际取用直径，❿为以上各个函数计算所需参数的初始值。具体见代码清单 11-2。

代 码 清 单　　　　　　　　11-2

```
# -*- coding: utf-8 -*-
from datetime import datetime
from math import ceil, sqrt, pi

def independ_foundation(F,M,l,b):                                        ❶
    A = b*l
    W = b*l**2/6
    pjmax = F/A+M/W
    pjmin = F/A-M/W
    pj = F/A
    return pjmax, pjmin, pj

def reinf_of_independ_foundation(l,b,ac,bc,pjmax,pj,h0,fy,renfdis):      ❷
    a1 = (l-ac)/2
    M1 = 1/12*a1**2*((2*l+ac)*(pjmax+pj)+(pjmax-pj)*l)                   ❸
    M2 = 1/48*(l-a1)**2*(2*b+bc)*(pjmax+pj)
```

```
    b = b*1000
    l = l*1000
    Asmin1 = 0.15/100*b*(h0+40)                               ❹
    Asmin2 = 0.15/100*l*(h0+40)
    As1 = max(M1*10**6/(0.9*fy*h0), Asmin1)                   ❺
    As2 = max(M2*10**6/(0.9*fy*h0), Asmin2)

    n1 = ceil(b/renfdis)
    d1 = sqrt(4*As1/(n1*pi))                                  ❻
    renfd = [6,8,10,12,14,16,18,20,22,25,28,32,36,40,50]      ❼
    for v,dd in enumerate(renfd):
        if d1 > dd:
            xx = v
    d1 = renfd[xx+1]                                          ❽
    n2 = ceil(l/renfdis)
    d2 = sqrt(4*As2/(n1*pi))
    for v,dd in enumerate(renfd):
        if d2 > dd:
            xx = v
    d2 = renfd[xx+1]                                          ❾

    return M1, As1, M2, As2, Asmin1, Asmin2, n1, n2, d1, d2

def main():
    print('\n',reinf_of_independ_foundation.__doc__,'\n')
    '''                 F,   M,   l,   b,   ac,  bc,  h,   fy   '''
    F,M,l,b,ac,bc,h,fy = 1700, 510, 3.4, 2.4, 0.4, 0.4, 0.55, 360    ❿
    renfdis = 150
    h0 = h*1000-40
    pjmax, pjmin, pj = independ_foundation(F,M,l,b)
    results = reinf_of_independ_foundation(l,b,ac,bc,pjmax,pj,h0,fy,renfdis)
    M1, As1, M2, As2, Asmin1, Asmin2, n1, n2, d1, d2 = results

    print(f' 独立基础底面净反力最大值      pjmax = {pjmax:<6.2f} kPa')
    print(f' 独立基础底面净反力最小值      pjmin = {pjmin:<6.2f} kPa')
    print(f' 独立基础底面净反力平均值        pj = {pj:<6.2f} kPa')
    print('-'*many)
    print(f' 独立基础弯矩设计值             M1 = {M1:<3.2f} kN·m')
    print(f' 独立基础配筋面积              As1 = {As1:<3.1f} mm^2')
    print(f' 独立基础最小配筋面积       Asmin1 = {Asmin1:<3.1f} mm^2')
    print(f' 独立基础宽度方向配筋：HRB400 {n1:<2.0f} φ {d1:<2.0f} @ {renfdis}')
    print('-'*many)
    print(f' 独立基础弯矩设计值             M2 = {M2:<3.2f} kN·m')
    print(f' 独立基础配筋面积              As2 = {As2:<3.1f} mm^2')
    print(f' 独立基础最小配筋面积       Asmin2 = {Asmin2:<3.1f} mm^2')
    print(f' 独立基础长度方向配筋：HRB400 {n2:<2.0f} φ {d2:<2.0f} @ {renfdis}')

    dt = datetime.now()
    localtime = dt.strftime('%Y-%m-%d  %H:%M:%S')
```

```
    print('-'*many)
    print(" 本计算书生成时间 :", localtime)

    with open(' 柱下独立基础受弯计算 .docx','w',encoding = 'utf-8') as f:
        f.write('\n'+ reinf_of_independ_foundation.__doc__+'\n')
        f.write(f' 独立基础底面净反力最大值   pjmax = {pjmax:<6.2f} kPa \n')
        f.write(f' 独立基础底面净反力最小值   pjmin = {pjmin:<6.2f} kPa \n')
        f.write(f' 独立基础底面净反力平均值     pj = {pj:<6.2f} kPa \n')
        f.write('-'*many)
        f.write(f' \n 独立基础弯矩设计值        M1 = {M1:<3.2f} kN·m \n')
        f.write(f' 独立基础配筋面积         As1 = {As1:<3.1f} mm^2 \n')
        f.write(f' 独立基础最小配筋面积    Asmin1 = {Asmin1:<3.1f} mm^2 \n')
        f.write(f' 基础宽度方向配筋 :HRB400{n1:<2.0f}φ{d1:<2.0f}@{renfdis}\n')
        f.write('-'*many)
        f.write(f' \n 独立基础弯矩设计值        M2 = {M2:<3.2f} kN·m \n')
        f.write(f' 独立基础配筋面积         As2 = {As2:<3.1f} mm^2 \n')
        f.write(f' 独立基础最小配筋面积    Asmin2 = {Asmin2:<3.1f} mm^2 \n')
        f.write(f' 独基长度方向配筋 :HRB400 {n2:<2.0f}φ{d2:<2.0f}@{renfdis}\n')
        f.write(f' 本计算书生成时间 : {localtime}')

if __name__ == "__main__":
    many = 66
    print('='*many)
    main()
    print('='*many)
```

11.2.3 输出结果

运行代码清单 11-2，可以得到输出结果 11-2。输出结果 11-2 的❶为独立基础宽度方向的弯矩设计值，❷为独立基础宽度方向的实配钢筋，❸为独立基础长度方向的弯矩设计值，❹为独立基础长度方向的实配钢筋。

输 出 结 果   11-2

--- 独立基础配筋计算 ---

独立基础底面净反力最大值	pjmax = 318.63 kPa
独立基础底面净反力最小值	pjmin = 98.04 kPa
独立基础底面净反力平均值	pj = 208.33 kPa

独立基础弯矩设计值   M1 = 781.71 kN·m   ❶
独立基础配筋面积   As1 = 4730.8 mm^2
独立基础最小配筋面积   Asmin1 = 1980.0 mm^2
独立基础宽度方向配筋 : HRB400 16 φ 20 @ 150   ❷

独立基础弯矩设计值   M2 = 206.09 kN·m   ❸

```
独立基础配筋面积            As2 = 2805.0 mm^2
独立基础最小配筋面积         Asmin2 = 2805.0 mm^2
独立基础长度方向配筋：HRB400 23 φ 16 @ 150
```

❹

11.3 平板式筏形基础

11.3.1 项目描述

根据《建筑地基基础设计规范》GB 50007—2011 第 8.4.7 条，柱冲切临界截面示意见流程图 11-3、图 11-3～图 11-5。

流程图 11-3 平板式筏形基础的冲切验算

根据《建筑地基基础设计规范》GB 50007—2011 第 8.4.10 条，角柱（筒）下筏板验算剪切部位示意见图 11-7，受剪承载力验算见流程图 11-4；内柱（筒）下筏板验算剪切部位示意见图 11-6，角柱（筒）下筏板验算剪切部位示意见图 11-7。

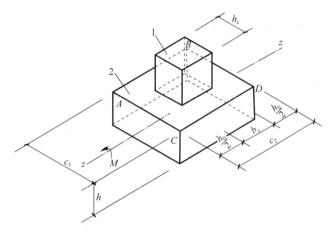

图 11-3　内柱冲切临界截面示意
1—筏板；2—柱

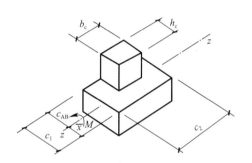

图 11-4　边柱冲切临界截面示意

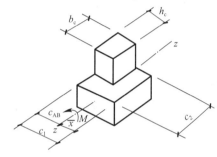

图 11-5　角柱冲切临界截面示意

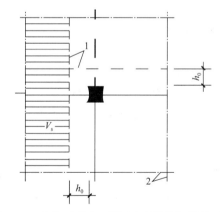

图 11-6　内柱（筒）下筏板验算剪切部位示意
1—验算剪切部位；2—板格中线

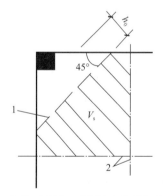

图 11-7　角柱（筒）下筏板验算剪切部位示意
1—验算剪切部位；2—板格中线

11.3.2　项目代码

本计算程序可以计算平板式筏形基础，代码清单 11-3 的 ❶ 为内柱对筏板冲切截面参数函数，❷ 为边柱对筏板冲切截面参数函数，❸ 为角柱对筏板冲切截面参数函数，❹ 为计

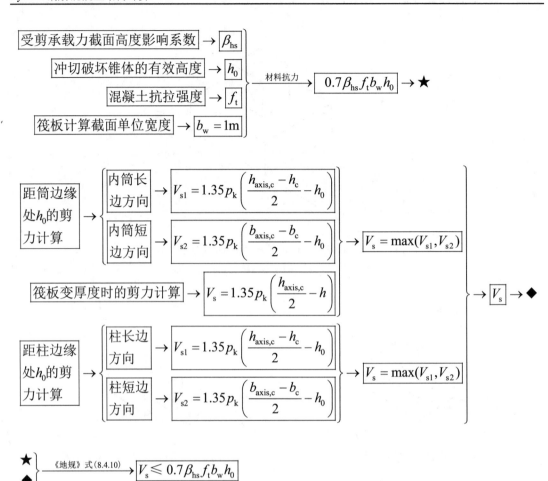

流程图 11-4　受剪承载力验算

算混凝土抗拉强度设计值函数，❺为剪应力抗力设计值函数，❻为剪应力荷载效应设计值函数，❼为抗剪函数，❽及下一行代码为上述函数参数赋初始值，❾为具体计算柱的位置，根据需计算柱的位置填入，❿及下一行代码为调用函数计算柱对平板式筏形基础荷载效应及相应的抗力。具体见代码清单 11-3。

代 码 清 单　　　　　　　　　　　　　11–3

```
# -*- coding: utf-8 -*-
from math import sqrt
from datetime import datetime

def inner_column(bc,hc,h,as1):                    ❶
    h0 = h-as1
    c1 = hc+h0
    c2 = bc+h0
    um = 2*c1+2*c2
```

```
        Is = c1*h0**3/6+c1**3*h0/6+c2*h0*c1**2/2
        return Is, um, c1, c2

    def side_column(bc,hc,h,as1):                              ❷
        h0 = h-as1
        c1 = hc+h0/2
        c2 = bc+h0
        um = 2*c1+c2
        x = c1**2/(2*c1+c2)
        Is = c1*h0**3/6+c1**3*h0/6+2*c1*(c1/2-x)**2+c2*h0*x**2
        return Is, um, c1, c2

    def corner_column(bc,hc,h,as1):                            ❸
        h0 = h-as1
        c1 = hc+h0/2
        c2 = bc+h0/2
        um = c1+c2
        x = c1**2/(2*(c1+c2))
        Is = c1*h0**3/12+c1**3*h0/12+h0*c1*(c1/2-x)**2+c2*h0*x**2
        return Is, um, c1, c2

    def ft1(fcuk):                                             ❹
        δ = [0.21, 0.18, 0.16, 0.14, 0.13, 0.12, 0.12,
                0.11, 0.11, 0.1, 0.1, 0.1, 0.1, 0.1]
        i = int((fcuk-15)/5)
        α_c2 = min((1-(1-0.87)*(fcuk-40)/(80-40)),1.0)
        ftk = 0.88*0.395*fcuk**0.55*(1-1.645*δ[i])**0.45*α_c2
        ft = ftk/1.4
        return ft

    def τr(h,hc,bc,fcuk):                                      ❺
        βs = max(hc/bc, 2)
        βhp = 1-0.1*(h-800)/(2000-800)
        ft = ft1(fcuk)
        τresis = 0.7*(0.4+1.2/βs)*βhp*ft
        return τresis

    def τmax(Is,um,h,as1,hc,bc,c1,c2,Mk,Fk,pj):                ❻
        Is = Is/10**12
        um = um/1000
        h0 = (h-as1)/1000
        hc = hc/1000
        bc = bc/1000
        αs = 1-1/(1+2/3*sqrt(c1/c2))
        cAB = (c1/2)/1000
        Fl = 1.35*(Fk-pj*(hc+2*h0)*(bc+2*h0))
        Munb = 1.35*Mk
        τ = (Fl/(um*h0)+αs*Munb*cAB/Is)/1000
        return Is, um, αs, cAB, Fl, Munb, τ
```

```
def Vu1(lc,h,hc,bw,as1,fcuk,pj):                                        ❼
    h0 = h-as1
    βhs = (800/h0)**0.25
    h0 = h0/1000
    ft = ft1(fcuk)
    Vu = 0.7*βhs*ft*bw*h0
    Vs = 1.35*pj*(lc-hc)/2/1000
    return Vu, Vs, βhs

def main():
    '''                       Fk,    Mk,   pj,  as1, fcuk '''
    Fk,Mk,pj,as1,fcuk = 16000, 200,  242,  50,   30             ❽
    '''                       bc,   hc,   h,    bw,   lc '''
    bc,hc,h,bw,lc =  600, 4000, 1200, 1000, 9450

    position = int(input(" 输入柱位置代号 :0-- 内柱 ;1-- 边柱 ;2-- 角柱 : ")) ❾
    τresis = τr(h,hc,bc,fcuk)
    if position == 0:
        Is, um, c1, c2 = inner_column(bc,hc,h,as1)
        print('-------------- 所设计的柱位置 : 内柱 --------------')
    elif position == 1:
        Is, um, c1, c2 = side_column(bc,hc,h,as1)
        print('-------------- 所设计的柱位置 : 边柱 --------------')
    else:
        Is, um, c1, c2 = corner_column(bc,hc,h,as1)
        print('-------------- 所设计的柱位置 : 角柱 --------------')
    Is,um,αs, cAB, Fl, Munb, τ = τmax(Is,um,h,as1,hc,bc,c1,c2,Mk,Fk,pj) ❿
    Vu, Vs, βhs = Vu1(lc,h,hc,bw,as1,fcuk,pj)

    print(f' 与弯矩方向一致的冲切临界截面的边长   c1 = {c1:<3.0f} mm')
    print(f' 垂直与 c1 的冲切临界截面的边长        c2 = {c2:<3.0f} mm')
    print(f' 冲切临界截面周长                    um = {um:<3.3f} m')
    print(f' 冲切临界截面的极惯性矩              Is = {Is:<3.3f} m^4')
    print(f' 筏板的截面宽度                      cAB = {cAB:<3.2f} ')
    print(f' 冲切临界截面上偏心剪力传递的分配系数 αs = {αs:<3.3f}')
    print('-'*many)
    print(f' 相应于作用的基本组合时集中力         Fl = {Fl:<3.1f} kN')
    print(f' 冲切临界截面重心的不平衡弯矩设计值 Munb = {Munb:<3.1f} kN·m')
    print(f' 冲切临界截面上最大剪应力            τmax = {τ:<3.4f} MPa')
    print(f' 剪应力抗力设计值                    τresis = {τresis:<3.4f} MPa')
    if τresis >=τ:
        print(' 受冲切满足《地规》GB 50007-2011 第 8.4.7 条要求。')
    else:
        print(' 受冲切不满足《地规》要求，可以加厚底板或提高混凝土强度等级。')
    print('-'*many)
    print(f' 筏板抗剪设计值                      Vu = {Vu:<3.1f} kN')
    print(f' 地基净反力平均值产生单位宽度剪力设计值 Vs = {Vs:<3.1f} kN')
    print(f' 筏板受剪切承载力截面高度系数         βhs = {βhs:<3.4f}')
```

```
    if Vu >= Vs:
        print('受剪满足《地规》GB 50007-2011 第 8.4.10 条要求。')
    else:
        print('受剪不满足《地规》要求，可以加厚底板或提高混凝土强度等级。')

    dt = datetime.now()
    localtime = dt.strftime('%Y-%m-%d  %H:%M:%S ')
    print('-'*many)
    print(" 本计算书生成时间 :", localtime)

    filename = ' 平板式筏形基础受冲切 .docx'
    with open(filename,'w',encoding = 'utf-8') as f:
        ''' 输出计算结果到 docx 文件中 '''
        f.write(f' 与弯矩方向一致的冲切临界截面的边长   c1 = {c1:<3.0f} mm \n')
        f.write(f' 垂直与 c1 的冲切临界截面的边长       c2 = {c2:<3.0f} mm \n')
        f.write(f' 冲切临界截面周长                    um = {um:<3.3f} m \n')
        f.write(f' 冲切临界截面的极惯性矩             Is = {Is:<3.3f} m^4 \n')
        f.write(f' 筏板的截面宽度                     cAB = {cAB:<3.2f}   \n')
        f.write(f' 冲切临界截面上偏心剪力传递的分配系数 αs = {αs:<3.3f} \n')
        f.write(f' 相应于作用的基本组合时集中力        Fl = {Fl:<3.1f} kN \n')
        f.write(f' 冲切临界截面重心的不平衡弯矩设计值 Munb ={Munb:<3.1f} kN·m \n')
        f.write(f' 冲切临界截面上最大剪应力           τmax = {τ:<3.4f} MPa \n')
        f.write(f' 剪应力抗力设计值                   τresis={τresis:<3.4f} MPa \n')
        if τresis >=τ:
            f.write(' 受冲切满足《地规》GB 50007-2011 第 8.4.7 条要求。 \n')
        else:
            f.write(' 受冲切不满足《地规》要求，可加厚底板或提高混凝土强度。 \n')
        f.write(f' 本计算书生成时间 : {localtime}')

if __name__ == "__main__":
    many = 60
    print('='*many)
    main()
    print('='*many)
```

11.3.3　输出结果

运行代码清单 11-3，可以得到输出结果 11-3。

输 出 结 果　　　　　　　　　11–3

```
输入柱位置代号 :0-- 内柱 ;1-- 边柱 ;2-- 角柱 : 0
-------------- 所设计的柱位置：内柱 --------------
与弯矩方向一致的冲切临界截面的边长      c1 = 5150 mm
垂直与 c1 的冲切临界截面的边长          c2 = 1750 mm
冲切临界截面周长                       um = 13.800 m
```

```
冲切临界截面的极惯性矩                      Is = 54.174 m^4
筏板的截面宽度                              cAB = 2.58
冲切临界截面上偏心剪力传递的分配系数        αs = 0.534
--------------------------------------------------------------
相应于作用的基本组合时集中力                Fl = 15631.2 kN
冲切临界截面重心的不平衡弯矩设计值          Munb = 270.0 kN·m
冲切临界截面上最大剪应力                    τmax = 0.9918 MPa
剪应力抗力设计值                            τresis = 0.5624 MPa
受冲切不满足《地规》要求，可以加厚底板或提高混凝土强度等级。
--------------------------------------------------------------
筏板抗剪设计值                              Vu = 1053.4 kN
地基净反力平均值产生单位宽度剪力设计值      Vs = 890.3 kN
筏板受剪切承载力截面高度系数                βhs = 0.9133
受剪满足《地规》GB 50007-2011 第 8.4.10 条要求。
```

11.4 梁板式筏形基础

11.4.1 项目描述

根据《建筑地基基础设计规范》GB 50007—2011 第 8.2.8 条、第 8.4.12 条，梁板式筏形基础的截面承载力计算见流程图 11-5，按冲切计算筏板厚度见流程图 11-6，底板的冲切计算示意见图 11-8；斜截面受剪承载力见流程图 11-7，梁板式筏形基础受剪面面积计算见图 11-9。

流程图 11-5 梁板式筏形基础的截面承载力计算

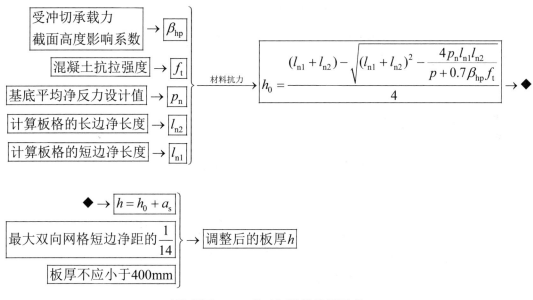

流程图 11-6　按冲切计算筏板厚度

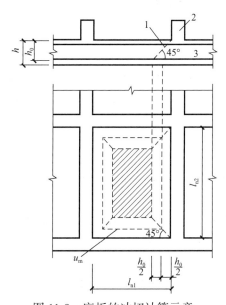

图 11-8　底板的冲切计算示意

1—冲切破坏锥体的斜截面；2—梁；3—底板

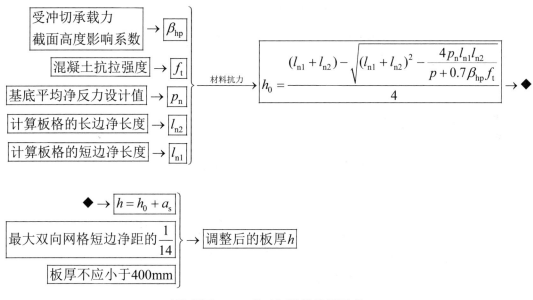

流程图 11-7　斜截面受剪承载力（一）

$$\text{基底平均净反力设计值} \rightarrow \boxed{p_{\mathrm{n}}}$$

$$\text{阴影的面积} \rightarrow \boxed{A = 2\left(\frac{l_{\mathrm{n1}}}{2} - h_0\right)\left(\frac{l_{\mathrm{n2}}}{2} - h_0\right) - \left(\frac{l_{\mathrm{n1}}}{2} - h_0\right)^2} \xrightarrow{\text{荷载效应}} \boxed{V_{\mathrm{s}} = p_{\mathrm{n}}A} \rightarrow \blacklozenge$$

$$\left.\begin{array}{c}\bigstar\\\blacklozenge\end{array}\right\} \xrightarrow{\text{式(8.4.12-3)}} \boxed{V_{\mathrm{s}} \leqslant 0.7\beta_{\mathrm{hs}}f_{\mathrm{t}}(l_{\mathrm{n2}} - 2h_0)h_0}$$

流程图 11-7　斜截面受剪承载力（二）

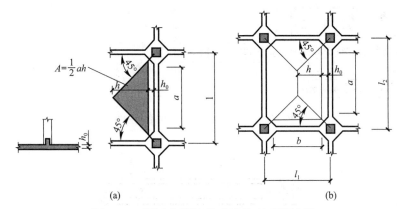

图 11-9　梁板式筏板基础受剪面面积计算

（a）正方形梁板式筏形基础受剪承载力计算；（b）矩形梁板式筏形基础受剪承载力计算

11.4.2　项目代码

本计算程序可以计算梁板式筏板基础冲切和配筋，代码清单 11-4 的 ❶ 为计算混凝土抗拉强度设计值，❷ 为计算混凝土抗压强度设计值，❸ 为计算冲切系数，❹ 为确定梁板式筏板的厚度，❺ 为梁板式筏板冲切抗力，❻ 为梁板式筏板剪切抗力，❼、❽ 为定义的各个函数参数赋初始值。具体见代码清单 11-4。

代 码 清 单　　　　　　　　11-4

```
# -*- coding: utf-8 -*-
from math import sqrt, pi
from datetime import datetime
import sympy as sp

def ft1(fcuk):                                                    ❶
    δ = [0.21, 0.18, 0.16, 0.14, 0.13, 0.12, 0.12,
            0.11, 0.11, 0.1, 0.1, 0.1, 0.1, 0.1]
    i = int((fcuk-15)/5)
    α_c2 = min((1-(1-0.87)*(fcuk-40)/(80-40)),1.0)
```

```
        ftk = 0.88*0.395*fcuk**0.55*(1-1.645*δ[i])**0.45*α_c2
        ft = ftk/1.4
        return ft

    def fc1(fcuk):                                                              ❷
        α_c1 = max((0.76+(0.82-0.76)*(fcuk-50)/(80-50)),0.76)
        α_c2 = min((1-(1-0.87)*(fcuk-40)/(80-40)),1.0)
        fck = 0.88*α_c1*α_c2*fcuk
        fc = fck/1.4
        return fc

    def βhp1(h):                                                                ❸
        if h<= 800:
            βhp = 1.0
        elif h >= 2000:
            βhp = 0.9
        else:
            βhp = 1-(h-800)/1200*0.1
        return  βhp

    def h1(ln1,ln2,pn,βhp,as1,fcuk,number):                                     ❹
        sp.init_printing()
        h = sp.symbols('h', real=True)
        f = sp.Function('f')
        ft = ft1(fcuk)
        h0 = ((ln1+ln2)-sqrt((ln1+ln2)**2-4*pn*ln1*ln2/(pn+0.7*βhp*ft)))/4
        f = h-h0-as1
        h = max(sp.solve(f,h))
        h = max(number*((h//number)+1), 400)
        return h

    def local_compres_of_concrete(bc,hc,coner,fcuk):                            ❺
        Al = bc*hc
        Ab = pi*(bc/sqrt(2)+coner)**2
        βl = sqrt(Ab/Al)
        fcc = 0.85*fc1(fcuk)
        Flu = βl*fcc*Al/1000
        return βl, Flu

    def Vu1(ln1,ln2,h,as1,ft,pn):                                               ❻
        h0 = h-as1
        βhs = (800/h0)**0.25
        Vu = 0.7*βhs*ft*(ln2-2*h0)*h0/1000

        l1 = ln1-2*h0
        l2 = ln2-2*h0
        Vs = ((l2-l1)+(ln2-2*h0))/2*(ln1-2*h0)/2*pn/1000
        return Vu, Vs, βhs
```

```
def main():
    '''      l1,    l2,    b,    pn,  βhp, as1,  fcuk,   number '''
    paras = 5300, 9050, 800, 0.32, 1.0, 0.050, 35,   0.050
    l1,l2,b,pn,βhp,as1,fcuk,number = paras
    ln1,ln2 = l1-b, l2-b
    h = h1(ln1,ln2,pn,βhp,as1,fcuk,number)
    βhp = βhp1(h)
    ft = ft1(fcuk)

    bc,hc,coner = 1450, 1450, 100
    β1, Flu = local_compres_of_concrete(bc,hc,coner,fcuk)
    Vu, Vs, βhs = Vu1(ln1,ln2,h,as1,ft,pn)
    print('------ 梁板式筏形基础受冲切 ------')
    print('-'*m)
    print(f' 筏板的截面厚度              h = {h:<3.0f} mm')
    print(f' 筏板的截面冲切系数        βhp = {βhp:<3.3f} ')
    print(f' 筏板的局部受压提高系数      β1 = {β1:<3.3f} ')
    print(f' 基础梁顶面局部受压承载力   Flu = {Flu:<3.1f} kN')
    print(f' 筏板的截面受剪系数        βhs = {βhs:<3.3f} ')
    print(f' 筏板的截面受剪承载力设计值   Vu = {Vu:<3.1f} kN')
    print(f' 筏板的截面剪切效应设计值     Vs = {Vs:<3.1f} kN')

    dt = datetime.now()
    localtime = dt.strftime('%Y-%m-%d  %H:%M:%S ')
    print('-'*m)
    print(" 本计算书生成时间 :", localtime)

    filename = ' 梁板式筏形基础受冲切 .docx'
    with open(filename,'w',encoding = 'utf-8') as f:
        f.write(f' 筏板的截面厚度              h = {h:<3.0f} mm \n')
        f.write(f' 筏板的截面冲切系数        βhp = {βhp:<3.3f}  \n')
        f.write(f' 筏板的局部受压提高系数      β1 = {β1:<3.3f}  \n')
        f.write(f' 基础梁顶面局部受压承载力   Flu = {Flu:<3.1f} kN \n')
        f.write(f' 筏板的截面受剪系数        βhs = {βhs:<3.3f}  \n')
        f.write(f' 筏板的截面受剪承载力设计值   Vu = {Vu:<3.0f} kN \n')
        f.write(f' 筏板的截面剪切效应设计值     Vs = {Vs:<3.0f} kN \n')
        f.write(f' 本计算书生成时间 : {localtime}')

if __name__ == "__main__":
    m = 50
    print('='*m)
    main()
    print('='*m)
```

11.4.3 输出结果

运行代码清单 11-4，可以得到输出结果 11-4。

输 出 结 果　　　　　　　　　11—4

```
------ 梁板式筏形基础受冲切 ------
-------------------------------------
筏板的截面厚度              h = 400 mm
筏板的截面冲切系数          βhp = 1.000
筏板的局部受压提高系数      βl = 1.376
基础梁顶面局部受压承载力    Flu = 41102.5 kN
筏板的截面受剪系数          βhs = 1.189
筏板的截面受剪承载力设计值  Vu = 3905.7 kN
筏板的截面剪切效应设计值    Vs = 3315.3 kN
```

11.5　确定桩基根数

11.5.1　项目描述

根据《建筑桩基技术规范》JGJ 94—2008（后面有时简称为《桩规》）第 5.2.1 条、第 5.1.1 条，计算桩基竖向承载力。

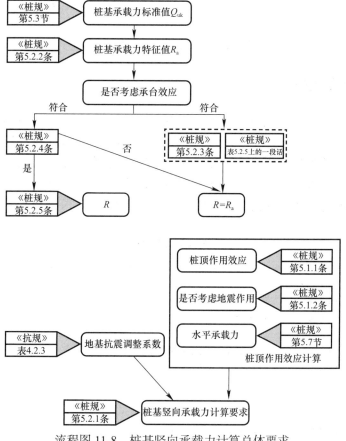

流程图 11-8　桩基竖向承载力计算总体要求

流程图 11-9　判断是否满足承载力要求

流程图 11-10　桩基竖向承载力计算

11.5.2　项目代码

本计算程序可以确定轴心荷载、偏心荷载作用下桩基根数，代码清单 11-5 的❶为定义轴心荷载作用下，桩基根数的计算函数，❷为定义偏心荷载作用下，最小偏心荷载确定桩基根数函数，❸为假定最小偏心荷载作用下桩为抗压桩的根数，❹为假定最小偏心荷载作用下桩为抗拔桩的根数，❺为定义偏心荷载作用下，最大偏心荷载确定桩基根数函数，❻为最大偏心荷载作用下桩为抗压桩的根数，❼为程序赋初始值。具体见代码清单 11-5。

代 码 清 单　　　　　　　　　　　　　　11-5

```
# -*- coding: utf-8 -*-
import sympy as sp
from datetime import datetime

def number_of_pile_axial_load(b,l,d,γG,Fk,Ra):      ❶
    n = sp.symbols('n', real=True)
    A = b*l
    Gk= γG*d*A
    Eq = (Fk+Gk)/n-Ra
    n = max(sp.solve(Eq,n))
```

```
        return n

def number_of_pile_eccentric_load_min(b,l,d,γG,Fk,Mxk,Ra_t,d_pile):    ❷
    n = sp.symbols('n', real=True)
    A = b * l
    Gk= γG*d*A
    y = 3*d_pile

    Eq = (Fk+Gk)/n-(Mxk*y)/(y**2)
    n1 = max(sp.solve(Eq,n))                                            ❸

    Eq = (Fk+Gk)/n-(Mxk*y)/(y**2)-Ra_t
    n2 = max(sp.solve(Eq,n))                                            ❹
    n = min(n1,n2)
    return n

def number_of_pile_eccentric_load_max(b,l,d,γG,Fk,Mxk,Ra_p,d_pile):    ❺
    n = sp.symbols('n', real=True)
    A = b*l
    Gk= γG*d*A
    y = 3*d_pile
    Eq = (Fk+Gk)/n+(Mxk*y)/(y**2)-1.2*Ra_p
    n = max(sp.solve(Eq,n))                                            ❻
    return n

def main():
    ''' 计算式中各单位为 kN、m 制 '''
    '''       b, l, d,   γG, Fk,   Mxk,  Ra,  Ra_t, Ra_p, d_pile'''   ❼
    para = 3, 5, 2.2, 20, 2650, 1060, 800, -130, 800,  0.8
    b,l,d,γG,Fk,Mxk,Ra,Ra_t,Ra_p,d_pile = para
    n1 = number_of_pile_axial_load(b,l,d,γG,Fk,Ra)
    n2 = number_of_pile_eccentric_load_min(b,l,d,γG,Fk,Mxk,Ra_t,d_pile)
    n3 = number_of_pile_eccentric_load_max(b,l,d,γG,Fk,Mxk,Ra_p,d_pile)
    n = max(n1,n2,n3)

    print(f' 轴心桩基根数       n1 = {n1:<2.0f} 根 ')
    print(f' 最小偏心桩基根数   n2 = {n2:<2.0f} 根 ')
    print(f' 最大偏心桩基根数   n3 = {n3:<2.0f} 根 ')
    print(f' 桩基根数包络值     n  = {n:<2.0f} 根 ')

    dt = datetime.now()
    localtime = dt.strftime('%Y-%m-%d  %H:%M:%S')
    print('-'*m)
    print(" 本计算书生成时间 :", localtime)

    with open(' 桩基根数 .docx','w',encoding = 'utf-8') as f:
        f.write(' 本计算程序为桩基根数确定程序 : \n')
        f.write(f' 轴心桩基根数       n1 = {n1:<2.0f} 根 \n')
        f.write(f' 最小偏心桩基根数   n2 = {n2:<2.0f} 根 \n')
```

```
        f.write(f' 最大偏心桩基根数    n3 = {n3:<2.0f} 根 \n')
        f.write(f' 桩基根数包络值      n  = {n:<2.0f} 根 \n')
        f.write(f' 本计算书生成时间 : {localtime}')

if __name__ == "__main__":
    m = 66
    print('='*m)
    main()
    print('='*m)
```

11.5.3　输出结果

运行代码清单 11-5，可以得到输出结果 11-5。

输 出 结 果　　　　　　　　　　　　11—5

```
轴心桩基根数      n1 = 4 根                          ①
最小偏心桩基根数   n2 = 7 根                          ②
最大偏心桩基根数   n3 = 6 根                          ③
桩基根数包络值     n  = 7 根                          ④
```

11.6　多桩承台

11.6.1　项目描述

根据《建筑桩基技术规范》JGJ 94—2008 第 5.9.8 条，四桩以上（含四桩）承台受角桩冲切的承载力见流程图 11-11 和图 11-10。

$$\beta_{1x} = \frac{0.56}{\lambda_{1x} + 0.2}$$
$$\beta_{1y} = \frac{0.56}{\lambda_{1y} + 0.2}$$

《桩规》式(5.9.8-1)

$$N_l \leqslant \left[\beta_{1x}(c_2 + a_{1y}/2) + \beta_{1y}(c_1 + a_{1x}/2)\right]\beta_{hp}f_th_0$$

流程图 11-11　四桩以上（含四桩）承台角桩冲切计算

11.6.2　项目代码

本计算程序可以计算多桩承台，代码清单 11-6 的 ❶为定义冲切系数函数，❷为确定桩布置及承台长边的尺寸，❸为确定桩的根数，❹为验算基桩竖向力特征值，❺为承台受剪计算，❻为承台冲切计算，❼为承台的纵向受力配筋面积，❽为单位为 kN、m 制参数

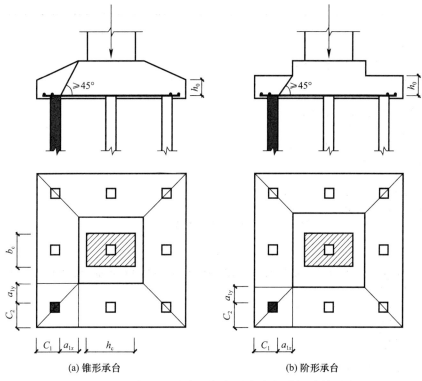

(a) 锥形承台　　　　　　　　　(b) 阶形承台

图 11-10　四桩以上（含四桩）承台角桩冲切计算示意

值，其中 A 为承台的长，B 为承台的宽，d 为桩径，γ_G 为承台及其回填土的重度，R_a 为单桩承载力特征值，F_k 为承台顶面以上的竖向荷载标准值，Q 为不计承台及其上土重，在荷载效应基本组合下冲切破坏锥体内各基桩的反力和，M_y 为弯矩标准值，❾ 的单位为 kN、mm 制，h 为承台厚度，a_{s1} 为保护层厚度，f_t 为混凝土抗拉强度设计值，f_y 为纵向钢筋抗拉强度设计值，❿ 为柱子截面尺寸，下一行代码为参与冲切的桩数。具体见代码清单 11-6。

代 码 清 单　　　　　　　　　11–6

```
# -*- coding: utf-8 -*-
from math import ceil
from datetime import datetime

def βhp1(h):                                                    ❶
    if h<= 800:
        βhp = 1.0
    elif h >= 2000:
        βhp = 0.9
    else:
        βhp = 1-(h-800)/1200*0.1
    return  βhp

def platform_size(A,d):                                         ❷
```

```
        sd = 3*d
        sb = d
        A = max(2*sd+2*sb, A)
        return A

    def numb(A,B,d,γG,Fk,Ra):                                              ❸
        Gk = (A*B*d) *γG
        n = ceil((Fk+Gk)/Ra)
        return n, Gk

    def Nk_Nkmax(Fk,Gk,Ra,Myk,n,d):                                        ❹
        Nk = (Fk+Gk)/n
        Nkmax = (Fk+Gk)/n+(Myk*3*d/(6*(3*d)**2))
        return Nk, Nkmax

    def cushion_cap_height(Nk,Nkmax,A,B,hc,h,d,as1,ft,num_cush):           ❺
        h0 = h-as1
        a0x = (A-hc)/2-(d+0.15)
        λx = a0x/h0
        α = 1.75/(λx+1)

        h0 = max(h0, 800)
        βhs = (800/h0)**0.25
        Vu = βhs*α*ft*B*h0
        V = num_cush*Nk*1.35
    return V, Vu

    def punching(A,B,d,hc,bc,h,as1,ft,F,Q,βhp):                            ❻
        h0 = h-as1
        a0x = (A-hc)/2-(d+d/2)
        λx = min(max(a0x/h0, 0.25), 1.0)
        β0x = 0.84/(λx+0.2)

        a0y = (B-bc)/2-(d+d/2)
        λy = min(max(a0y/h0, 0.25), 1.0)
        β0y = 0.84/(λy+0.2)

        FLu = 2*(β0x*(bc+a0y)+β0y*(hc+a0x))*ft*h0*βhp
        FL = 1.35*(F-Q)
    return  FL, Flu

    def reinforcement(Nk,Nkmax,fy,B,h,as1,d):                              ❼
        xi = 3.5*d
        h0 = h-as1
        M = 3*Nkmax*xi
        As = max(M*10**6/(0.9*fy*h0), 0.15*B*h/100)
        return As

    def main():
```

```
    ''' 以下各单位为 kN、m 制 '''
    '''                    A,    B,    d,    γG, Ra,   Fk,    Q,   My '''    ❽
    A,B,d,γG,Ra,Fk,Q,My = 2.8, 2.8, 0.5, 20, 350, 2300, 278, 530
    ''' 以下各单位为 N、mm 制 '''
    '''                    h,   as1,   ft,    fy'''
    h, as1, ft, fy = 900, 40,   1.43, 360                                    ❾
hc,bc = 0.5, 0.6                                                             ❿
num_cush = 3

    A = platform_size(A,d)
    n, Gk = numb(A,B,d,γG,Fk,Ra)
    Nk, Nkmax = Nk_Nkmax(Fk,Gk,Ra,My,n,d)
    βhp = βhp1(h)
    V, Vu = cushion_cap_height(Nk,Nkmax,A,B,hc,h,d,as1,ft,num_cush)
    FL, FLu = punching(A,B,d,hc,bc,h,as1,ft,Fk,Q,βhp)
    As = reinforcement(Nk, Nkmax,fy,B,h,as1,d)

    print(f' 轴心桩基根数             n = {n:<2.0f} 根 ')
    print(f' 调整后的承台长边尺寸      A = {A:<2.1f}m')
    print(f' 承台的自重               Gk = {Gk:<2.1f} kN')

    print(f' 单桩荷载效应             Nk = {Nk:<2.1f} kN')
    print(f' 单桩荷载效应最大值     Nkmax = {Nkmax:<2.1f} kN')
    print(f' 承台配筋面积             As = {As:<2.1f} mm^2')

    print(f' 冲切系数                βhp = {βhp:<2.3f} ')
    print(f' 冲切承载力设计值         FLu = {FLu:<2.1f} kN')
    print(f' 冲切荷载效应设计值        FL = {FL:<2.1f} kN')
    print(f' 剪力承载力设计值         Vu = {Vu:<2.1f} kN')
    print(f' 剪力荷载效应设计值         V = {V:<2.1f} kN')

    print(' 受剪承载力验算 :')
    if V <= Vu:
        print(f'V={V:<3.1f} kN <= Vu={Vu:<3.1f} kN, 满足桩基规范。')
    else:
        print(f'V = {V:<3.1f} kN <= Vu = {Vu:<3.1f} kN, 不满足桩基规范。')

    print(' 受冲切承载力验算 :')
    if FL <= FLu:
        print(f'FL = {FL:<3.1f} kN <= FLu = {FLu:<3.1f} kN, 满足桩基规范。')
    else:
        print(f'FL = {FL:<3.1f} kN <= FLu = {FLu:<3.1f} kN, 不满足桩基规范。')

    print(' 单桩竖向承载力验算 :')
    if Nk <= Ra:
        print(f'Nk = {Nk:<3.1f} kN <= Ra = {Ra:<3.1f} kN, 满足桩基规范。')
    else:
        print(f'Nk = {Nk:<3.1f} kN > Ra = {Ra:<3.1f} kN, 不满足桩基规范。')
    if Nkmax <= 1.2*Ra:
```

```
            print(f'Nkmax={Nkmax:<3.1f}kN<=1.2Ra={1.2*Ra:<3.1f}kN, 满足桩基。')
        else:
            print(f'Nkmax={Nkmax:<3.1f}kN>1.2Ra={1.2*Ra:<3.1f}kN, 不满足规范。')

    dt = datetime.now()
    localtime = dt.strftime('%Y-%m-%d  %H:%M:%S')
    print('-'*m)
    print(" 本计算书生成时间 :", localtime)

    with open(' 四桩承台计算 .docx','w',encoding = 'utf-8') as f:
        f.write(f' 轴心桩基根数            n = {n:<2.0f} 根 \n')
        f.write(f' 调整后的承台长边尺寸      A = {A:<2.1f}m \n')
        f.write(f' 承台的自重              Gk = {Gk:<2.1f} kN \n')

        f.write(f' 单桩荷载效应            Nk = {Nk:<2.1f} kN \n')
        f.write(f' 单桩荷载效应最大值    Nkmax = {Nkmax:<2.1f} kN \n')
        f.write(f' 承台配筋面积            As = {As:<2.1f} mm^2 \n')

        f.write(f' 冲切系数              βhp = {βhp:<2.3f}  \n')
        f.write(f' 冲切承载力设计值       FLu = {FLu:<2.1f} kN \n')
        f.write(f' 冲切荷载效应设计值      FL = {FL:<2.1f} kN \n')
        f.write(f' 剪力承载力设计值        Vu = {Vu:<2.1f} kN \n')
        f.write(f' 剪力荷载效应设计值       V = {V:<2.1f} kN \n')
        f.write(f' 本计算书生成时间 : {localtime}')

if __name__ == "__main__":
    m = 66
    print('='*m)
    main()
    print('='*m)
```

11.6.3　输出结果

运行代码清单 11-6，可以得到输出结果 11-6。

输 出 结 果

11-6

```
轴心桩基根数            n = 7 根
调整后的承台长边尺寸      A = 4.0m
承台的自重              Gk = 112.0 kN
单桩荷载效应            Nk = 344.6 kN
单桩荷载效应最大值    Nkmax = 403.5 kN
承台配筋面积            As = 7601.8 mm^2
冲切系数              βhp = 0.992
冲切承载力设计值       FLu = 11154.8 kN
冲切荷载效应设计值      FL = 2729.7 kN
```

剪力承载力设计值　　　　　Vu = 5910.5 kN
剪力荷载效应设计值　　　　　V = 1395.5 kN
受剪承载力验算：
V=1395.5 kN <= Vu=5910.5 kN，满足桩基规范。
受冲切承载力验算：
FL = 2729.7 kN <= FLu = 11154.8 kN，满足桩基规范。
单桩竖向承载力验算：
Nk = 344.6 kN <= Ra = 350.0 kN，满足桩基规范。
Nkmax = 403.5 kN <= 1.2Ra = 420.0 kN，满足桩基规范。

附录 希 腊 字 母

1. 项目描述

本代码可以实现直接采用希腊字母，输入各种钢筋混凝土结构构件公式，这样程序阅读时可与原始的公式相似，方便理解代码。

2. 项目代码

本计算程序可以实现得到希腊字母，具体见代码清单 f-1。

代 码 清 单   f-1

```
# -*- coding: utf-8 -*-

char = [chr(code) for code in range(945,970)]
codelist= [code for code in range(945,970)]
print(char)
```

3. 输出结果

运行代码清单 f-1，可以得到输出结果 f-1。

输 出 结 果   f-1

```
['α', 'β', 'γ', 'δ', 'ε', 'ξ', 'η', 'θ', 'ι', 'κ', 'λ', 'μ', 'ν',
'ξ', 'ο', 'π', 'ρ', 'ς', 'σ', 'τ', 'υ', 'φ', 'χ', 'ψ', 'ω']
```

参 考 文 献

［1］ 马瑞强.注册结构工程师专业考试考题精选［M］.北京：清华大学出版社，2020
（12）

［2］ 马瑞强.注册结构工程师专业考试易考点与流程图［M］.北京：中国电力出版社，
2018（4）

［3］ 陶学康.后张预应力混凝土设计手册［M］.北京：中国建筑工业出版社，1996（11）

［4］ 谢醒梅，等.现代予力混凝土结构设计理论及应用［M］.北京：机械工业出版社，
2007（1）

［5］ （美）尼尔森，等.混凝土结构设计：Ⅱ［M］.14版.哈尔滨：哈尔滨工业大学出版
社，2015（1）

［6］ The Concrete Centre.Practical Yield Line Design: Applied Yield Line Theory, 2004（9）

［7］ 本书编委会.建筑地基基础设计规范理解与应用［M］.北京：中国建筑工业出版社，
2012（3）

［8］ 刘金波.建筑桩基技术规范理解与应用［M］.北京：中国建筑工业出版社，2008
（9）